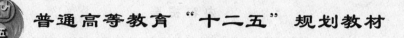

普通高等教育"十二五"规划教材

工程地质学

主　编　张　荫

副主编　宋战平　卢俊龙

U0315654

北　京

冶金工业出版社

2016

内 容 提 要

本书根据高校土木工程专业教学计划要求编写而成，系统论述了工程地质学的基本原理与方法，并分析了各类地质问题对工程建设的影响以及评价与对策。全书共 8 章，主要内容有：矿物与岩石、地壳运动与地质构造、地貌与第四纪沉积物、土的工程性质、水文地质基本原理、不良地质现象、特殊土的工程性质、岩土工程勘察。为便于学生掌握所学内容，章末附有复习思考题。

本书可作为高等院校土木工程专业本科生的教学用书，亦可供相关专业的硕士研究生、工程技术人员以及参加注册工程师执业资格考试的人员参考。

图书在版编目（CIP）数据

工程地质学/张荫主编 . —北京：冶金工业出版社，
2013.4 （2016.3 重印）
普通高等教育"十二五"规划教材
ISBN 978-7-5024-6219-2

Ⅰ.①工… Ⅱ.①张… Ⅲ.①工程地质—高等学校—
教材 Ⅳ.①P642

中国版本图书馆 CIP 数据核字（2013）第 066103 号

出 版 人 谭学余
地　　　址　北京市东城区嵩祝院北巷 39 号　邮编　100009　电话　（010）64027926
网　　　址　www.cnmip.com.cn　电子信箱　yjcbs@cnmip.com.cn
责任编辑　杨　敏　美术编辑　李　新　版式设计　孙跃红
责任校对　卿文春　责任印制　牛晓波
ISBN 978-7-5024-6219-2
冶金工业出版社出版发行；各地新华书店经销；固安华明印业有限公司印刷
2013 年 4 月第 1 版，2016 年 3 月第 2 次印刷
787mm×1092mm　1/16；15.5 印张；370 千字；235 页
32.00 元

冶金工业出版社　投稿电话　（010）64027932　投稿信箱　tougao@cnmip.com.cn
冶金工业出版社营销中心　电话　（010）64044283　传真　（010）64027893
冶金书店　地址　北京市东四西大街 46 号（100010）　电话　（010）65289081（兼传真）
冶金工业出版社天猫旗舰店　yjgycbs.tmall.com
（本书如有印装质量问题，本社营销中心负责退换）

前　言

　　随着我国土木工程建设持续高速发展，工程建造技术呈现多元化，特别在高度、深度、难度、复杂度等方面表现尤为突出，因此对场地的工程地质条件要求越来越高。为了保障工程建设的顺利进行及工程结构的可靠性，要求土木工程技术人员必须掌握工程地质学的基本原理及其相关知识和方法，为土木工程的勘察、设计与施工奠定基础。

　　本书依据土木工程专业教学计划编写而成，编写的指导思想及特点为：(1) 力求涵盖土木工程各学科领域对工程地质理论与知识的需求，如工业与民用建筑、道路与桥梁、港口与海岸工程等；(2) 力求反映科学技术的最新发展与成就，在贯穿我国现行规范内容的基础上，着重论述新理论与新技术；(3) 注重理论与实践的结合，在阐明基本原理与方法的基础上，配以实例，以培养学生的实际应用能力。本书在内容安排上，力争做到地质与工程相结合、定性与定量相结合、学科系统性与前瞻性相结合，力求充分反映目前国内外工程地质理论与实践的新进展。

　　本书由张荫担任主编，宋战平和卢俊龙担任副主编。具体分工为：第1章由张荫、宋战平编写，绪论、第2章由张荫编写，第3章由张荫、卢俊龙编写，第4章由张鹏、罗少锋编写，第5章由李瑞娥编写，第6章由宋战平编写，第7章由卢俊龙编写，第8章由张荫、王永刚编写。资料整理与图表绘制由贾正义、刘立芳、杨少华、孙焕伟完成。冯志焱审阅了书稿，并提出了宝贵的修改建议。

　　本书的编写工作，得到了土木工程界多位专家及同行的帮助与指导，编写过程中参考了许多单位及个人的科研成果与技术总结，在此一并致谢！

　　由于编者水平有限，书中不足之处，恳请各位读者批评指正。

编　者

2012 年 11 月

目　　录

绪　　论

地球是人类赖以生存的空间，地壳运动控制着海陆分布，影响着各种地质作用的发展，而人类的生存及一切活动与地壳息息相关。地壳是各类工程建筑实施、矿产资源开发、建筑材料利用的主要源地，也是地球科学研究的主要对象。

在人类改造地球而进行的工程建设中，经常会遇到各类工程地质问题，例如，软弱地基条件下工业和民用建筑的承载力及沉降，大规模的崩塌、滑坡，构造运动产生的强烈地震等。因此，必须对土木工程的地质环境进行足够的了解，特别对一些不良地质作用和现象必须进行深入的研究。

工程地质学是一门实用性很强的学科，研究土木工程中的地质问题，解决地质条件与人类活动的关系；研究在工程的设计、施工与使用中的安全性，以利于人类认识自然、利用自然、改造自然与控制自然。

A　工程地质学及其任务

地质学是一门研究地球固体表层物质及结构变化规律的学科，主要包含以下内容：

（1）组成地球的物质及相关学科方面的研究；

（2）研究地壳及地球的构造特征、岩石与岩石组合的空间分布，相关的分支学科有构造地质学、区域地质学、地球物理学等；

（3）研究地球的历史以及栖居在地质时期的生物及其演变规律，相关的分支学科包括古生物学、地史学、岩相古地理学等。

工程地质学是地质学的重要分支学科之一，它是运用地质学理论和方法研究工程地质环境，查明地质灾害的规律，研究相应的防治对策，以确保工程建设安全、正常运行。工程地质学是把地质学原理应用于工程实际的一门学科，研究地质构造及其运动规律，为工程建设的减灾防灾服务，是工程地质学的主要任务。

同时，所有的工程建设活动均是在一定的地质环境中进行的，且二者相互影响、相互制约，关系十分密切。工程地质学的主要任务，在于评价拟建场地的工程地质与水文地质条件、岩土特性、地质构造、不良地质现象的工程地质勘察等。

因此，具体而言，工程地质学的任务包括以下方面：

（1）评价工程地质条件，阐明地上和地下建筑工程兴建和运行的利弊因素，选定适宜的场地及建筑形式，保证规划、设计、施工、使用、维修的顺利进行；

（2）从地质条件与工程建设关系的角度出发，论证和预测相关工程地质问题发生的可能性、规模及发展趋势；

（3）提出改善、防治或利用有关工程地质条件的措施以及加固岩土体的方案；

（4）研究岩体、土体分类和分区及区域性特点；

（5）研究人类工程活动与地质环境之间相互作用的影响。

随着生产的发展和研究的深入，形成了一些新的分支学科，如环境工程地质、海洋工程地质等。

B　工程地质学的研究内容

工程地质学包括工程岩土学、工程地质分析、工程地质勘察三个基本部分，它们均已形成分支学科。工程岩土学是研究土石的工程性质以及这些性质的形成和它们在自然或人类活动影响下的变化。工程地质分析是研究工程活动的主要工程地质问题及其产生的工程地质条件、力学机制及其发展演化规律，以便正确评价和有效防治它们的不良影响。工程地质勘察是探讨调查研究方法，以便有效查明有关工程活动的地质因素。

各类建设工程都离不开岩土，它们或以岩土为材料，或与岩土介质接触并相互作用。对与工程有关的岩土体的充分了解，是进行工程设计与施工的重要前提，也是工程地质学的主要研究内容。要了解岩土体，就需要先查明其空间分布与工程性质，在此基础上才能对场地的稳定性、建设工程的适宜性以及不同地段地基的承载力、变形特征等做出评价。了解岩土体特性的基本手段，就是进行岩土工程勘察，为各类工程设计提供必需的工程地质资料，在定性的基础上做出定量的工程地质评价，并对相应的工程提出合理化建议。

C　工程地质学的学科发展

早在石器时代，人类就开始在地下采矿。随着社会与经济建设的发展，人们从工程项目的成功经验及失败的教训中得到了启示，开始深入浅出地去思考工程地质问题并在随后的工程实践中取得了显著成就。埃及的金字塔，中国的万里长城、京杭大运河、新疆坎儿井、都江堰水利工程、隋朝工匠李春等所修建的赵州桥、宏伟壮丽的宫殿寺院、遍布各地的巍巍高塔，美国于1831～1833年开始修建的第一条地铁，以及法国于1857～1870年打通穿越阿尔卑斯山的萨尼峰（Mont Cenis）的11km长的隧洞等，都是早期著名的工程活动。

工程地质学的发展与社会经济的发展相适应。封建时代劳动人民宝贵的工程实践经验，集中体现在能工巧匠的高超技艺上，但由于受到当时生产力水平的限制，还未能成为系统的科学理论。1929年，K. 太沙基（Terzaghi）出版了《工程地质学》（Engineering Geology）一书，带动了各国对本学科各方面的探索，不断取得进展。新中国成立后，国内各项工程建设项目的实施与研究，使人们对本学科的认识不断加深。特别是改革开放以后，工程建设项目的广泛性与前瞻性、工程地质条件的复杂性与多变性，使岩土工程界涌现出一个又一个的难题，如高层与超高层建筑、大型体育场馆的建造、青藏铁路与三峡大坝的修建，以及汶川大地震灾后重建工程等，经过努力，各种难题逐一得到解决，这极大地促进了本学科的发展。

D　"工程地质学"课程的学习要求

"工程地质学"是土木工程专业的一门专业基础课程，它结合了工程地质条件和路桥工程、建筑工程及港口工程的特点，为学习专业知识和开展有关问题的科学研究，提供必要的基础知识和理论。通过该课程的学习，可以了解工程勘察的基本内容、工作方法，熟悉搜集、分析和运用有关的工程地质资料，能够对一般的工程地质问题进行初步的分析评价和采取相应处理措施。学习该课程最重要的是要掌握其基本原理与方法，将理论知识与实践相结合，学会具体问题具体分析。学习要求如下：

（1）系统地掌握工程地质的基本知识与理论，能正确分析拟建场地的工程地质条件；

（2）能正确运用所学知识，进行工程地质勘察与评价；会编写勘察报告书；

（3）根据工程地质勘察资料，能对不良地质现象、场地的岩土工程问题，提出处理及整治措施与合理化建议；

（4）将所学工程地质知识与本专业其他学科密切联系，学会在实际工程中应用。

1 矿物与岩石

工程建设与岩石密切相关，如桥梁的墩基、道路的选线、地下工程建筑物的地基基础、隧道的开挖、矿山的开采、地下水的寻找等，须了解岩石的特性。影响岩石工程性质的主要因素在于其物质成分、组成结构、构造成因等。因此，掌握影响岩石强度和稳定性等各种因素及其类别具有重要的工程意义。

岩石（rock）是一种或多种矿物的集合体，岩石的特征及其工程性质，主要取决于它的矿物成分。在地壳中具有一定化学成分与物理性质和形态的天然元素或化合物称为矿物。组成岩石的矿物称为造岩矿物。地壳上目前已发现的矿物有 3000 多种，主要的造岩矿物仅有 100 多种。最常见的造岩矿物仅有十几种，绝大部分为固态，少数为液态和气态，如石英、长石、辉石、角闪石、云母、方解石、高岭石、绿泥石、石膏、赤铁矿、黄铁矿、石油、天然气等。岩体（rock mass）是包括各种结构面的单一或多种岩石构成的地质体，又被各种地质构造所切割，由大小不同，形状不一的岩块组合而成。

1.1 造岩矿物的主要物理性质

1.1.1 矿物的特征

矿物的特征主要包括矿物的形态、矿物的物理性质、矿物的力学性质等。

1.1.1.1 矿物的形态

矿物的形态是指矿物单体或集合体的形状，是由组成矿物的成分与生成环境所决定的。在自然界中，矿物多数是呈集合体出现。矿物依晶体的空间生成特征可分为单体和集合体两种形态。

A 矿物的单体形态

单体形态包括结晶形状、晶体大小与晶面花纹等。

造岩矿物绝大部分是结晶质。结晶质的基本特点是组成矿物的元素质点（原子、离子或分子），在矿物内部按一定的规律排列，形成稳定的结晶质子构造（见图 1-1），在生长过程中若条件适宜，能生成具有一定几何外形的晶体（见图 1-2），即晶形。晶体矿物大多呈规则的几何形状。晶体的单体形态一般按结晶特性分为三种：一向延长，晶体沿一向发育成柱状（角闪石）、针状（电气石）；双向延长，晶体成板状、片状如石膏、云母、绿泥石等；三向发育成粒状，如磁矿石、食盐的正立方晶体、石英的六方双锥晶体等。晶形是区分矿物的重要特征。

B 矿物集合体的形态

矿物集合体（见图 1-3）的形态取决于其单体的形态和它们的集合方式。集合体按矿物晶粒大小分为肉眼可辨认晶体颗粒的显晶矿物集合体和肉眼不可辨认的隐晶质或非晶质矿物集合体。显晶矿物集合体有规则连生的双晶集合体和不规则的粒状、块状、板状、片状、纤维状、针状等集合体；隐晶矿物集合体主要形态有球状、土状、结核状、鲕状、笋状、钟乳状等。

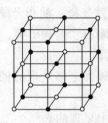

图 1-1　食盐晶格构造

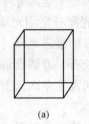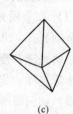

(a)　　　　(b)　　　　(c)

图 1-2　矿物晶体

(a) 食盐晶体；(b) 石英晶体；(c) 金刚石晶体

1.1.1.2　矿物的物理性质

矿物的物理性质取决于矿物的化学成分和内部构造，因而反映出不同的特性。矿物的物理性质是鉴别矿物的重要依据。

矿物的物理性质具有多样性。为便于用肉眼鉴别常见的造岩矿物，常用的物理鉴定主要有颜色、条痕、光泽、透明度等。

A　颜色

矿物的颜色是矿物对可见光波的吸收作用产生的，取决于其化学成分，按成色原因有自色、他色和假色之分。自色是矿物本身的固有颜色，造岩矿物成分复杂，颜色变化较大。一般认为：他色是矿物混入某些杂质所引起的，与矿物的本身性质无关。他色不固定，随杂质的不同而异，如纯净的石英晶体是无色透明的，混入杂质就呈紫色、玫瑰色、烟色等。矿物因混入成分含量、质点大小、分散程度不同，故他色一般不能作为鉴定矿物的特征。假色是由于矿物内部的裂隙或表面的氧化薄膜对光的折射、散射所引起的，与矿物本色无关，如斑铜矿表面常出现斑驳的蓝色和紫色。

B　条痕

矿物在白色粗糙瓷板上刻划时留下的线条称条痕，即矿物粉末的颜色，一般为白色。有的矿物颜色和条痕相同，如石墨；也有的矿物颜色与条痕不相同，如黄铁矿呈黄色，但条痕为黑色。赤铁矿有红色、钢灰色、铁黑色等多种颜色，但刻痕为樱红色。难以通过刻痕来对矿物进行区别。

通常与标准的矿物色作比较来描述矿物颜色，如：辉钼矿为铅灰色，雌黄为黄色，自然金为金黄色，黄铜矿为黄铜色，孔雀石为绿色等。

C　光泽

矿物的光泽是矿物表面的反射率的表现，按其强弱程度，可分为金属光泽、半金属光泽和非金属光泽三种，造岩矿物绝大部分属于非金属光泽。由于矿物表面的性质或矿物集合体的集合方式不同，又会反映出各种不同特征的光泽。矿物的光泽等级只是相对的，都是用某些最常见的物质光泽形象地描述矿物的反光强弱。

(1) 金属光泽。金属光泽是指金属矿物新鲜面所具有的最强光泽，矿物表面反光较好，如同光亮的金属器皿表面所呈现的光泽。有些不透明的矿物，如金、黄铁矿、方铅矿、辉锑矿等，均具有金属光泽。

（2）半金属光泽。其比金属光泽稍暗淡，如同没有磨亮的铁器上的那种暗淡而不刺目的光泽。如磁铁矿、赤铁矿等都为半金属光泽。

（3）非金属光泽。非金属光泽有金刚光泽、玻璃光泽、珍珠光泽、油脂光泽等。

金刚光泽：非金属矿物具有的最强光泽，耀眼夺目，如金刚石、闪锌矿等。

玻璃光泽：反光如镜，如长石、方解石解理面上呈现的光泽。

珍珠光泽：光线在解理面间发生多次折射和内反射，在解理面上多呈现的像珍珠一样的光泽，如云母等。

油脂光泽：矿物表面不平，使光线散射造成，如石英断口上呈现的光泽。

丝绢光泽：纤维状或细鳞片状矿物，由于对光的反射相互干扰，形成丝绢般的光泽，如纤维石膏和绢云母等。

蜡状光泽：致密状矿物表面所呈现的光泽。如蛇纹石、滑石等致密块体矿物表面的光泽。

土状光泽：疏松等粒矿物表面暗淡如土，如高岭土等。

D　透明度

光线投射于矿物表面时，部分光线为表面所反射，另一部分光线直射或折射而进入矿物内部。透明度是指矿物透光能力的大小，即光线透过矿物的程度。矿物的透明度分为透明、半透明、不透明三类。

（1）透明矿物。透明矿物是指光线大部分能透过的矿物，如水晶、冰洲石等。

（2）不透明矿物。不透明矿物是指光线不能透过或仅极少光线能透过的矿物，如黄铁矿、磁铁矿、石墨等。

（3）半透明矿物。半透明矿物是指吸收率较大，光线只能部分透过的矿物，如闪锌矿、辰砂等。

1.1.1.3　矿物的力学性质

矿物在外力作用下（如打击、刻划、挤压、拉伸等机械作用）所呈现的分裂、破碎、剪切、变形等性质。

A　解理

解理为结晶矿物特有的性质，矿物受外力打击后能沿一定方向裂开成光滑平面的性质。裂开后的光滑分裂面为矿物的解理面。不同的晶质矿物，由于内部构造不同，在受力作用后开裂的难易程度、解理数目以及解理面的完全程度也有差别。根据解理出现方向的数目，有一个方向的解理，如云母等；有两个方向的解理，如长石等；有三个方向的解理，如方解石等。按解理面的完善程度一般可分五种：

（1）极完全解理：极易裂开成薄片，解理面大而完整平滑，如云母等。

（2）完全解理：常沿解理方向裂成小块，解理面平整光滑，如方解石等。

（3）中等解理：矿物受外力作用下，不易沿一定方向分裂，解理面不连续。既有解理面，又有断口，如辉石、角闪石等。

（4）不完全解理：常出现断口，解理面很难出现，如磷灰石。

（5）极不完全解理：即岩石破碎后无解理，如石英等。

B　断口

矿物受外力打击后，不是沿一定的面裂开，而是形成凹凸不平的破裂面，即不具方向性的不规则破裂面。其形状有：

（1）贝壳状断口：断口呈不规则椭圆形曲面，曲面上常有不规则同心圆与贝壳相似，如石英断口。

（2）锯齿参差状断口：凡延展性强的矿物破碎后断面粗糙不平呈参差状和尖锐齿状，如黄铁矿、自然铜。

（3）纤维状及鳞片状断口：破碎断口面呈纤维状或错综的细片状，如蛇纹石。

（4）土状断口：断口粗糙，像土或砂粒土，如高岭土、铝矾土等。

C　硬度

硬度是指矿物新鲜面抵抗外力刻划的能力。各种矿物有其不同的硬度，一般选用十种主要造岩矿物的硬度特征作标准（见表1-1），以它们的硬度标定出十个硬度，以便把其他矿物与表中所列的矿物相刻划，从而定出其他矿物的硬度等级。

表1-1　矿物的硬度等级

硬度等级	矿物名称	简易鉴定	代用品硬度
1	滑石	用指甲易刻划	
2	石膏	用指甲可刻划	
3	方解石	用小刀很易刻划	
4	萤石	用小刀可刻划	
5	磷灰石	小刀刻划有痕迹	指甲 2～2.5 铁刀刃 3～3.5 窗玻璃 5～5.5 钢刀刃 6～6.5
6	长石	小刀刻划勉强留下痕迹	
7	石英	用小刀不能刻划	
8	黄玉	难于刻划石英	
9	刚玉	能刻划石英	
10	金刚石	能刻划石英	

矿物的硬度对岩石的强度影响明显。在鉴别矿物的硬度时，应在其新鲜晶面或解理面上进行。

1.1.1.4　矿物的其他性质

（1）比重（相对密度）。纯净、均匀的单矿物在空气中的重量与同体积的4℃时纯水重量之比，称为矿物比重（无量纲），其大小主要取决于矿物的化学成分和内部构造。大多数轻金属的氧化物及其盐类的比重为 1.0～3.5，硅酸盐类为 2.2～3.0，重金属化合物为 3.6～9.0。

（2）磁性。磁性是指矿物具有被磁铁吸引，或其本身能吸引铁屑等物体的性质，如磁铁矿。

（3）电性。矿物具有一定的导电性与荷电性。

1）导电性。导电性是指矿物对电流的传导能力。由于矿物内部构造不同，所以在导电性方面也不相同。根据导电性的大小，矿物一般分为良导体、半导体和非导体三种。金属矿物一般都是良导体，如黄铁矿、磁黄铁矿、辉钼矿、方铅矿等；绝大多数非金属矿物都属于非导体，其中云母为最好的非导体；介于二者之间属于半导体。

2）荷电性。矿物受外界能量作用，如摩擦、加热、加压等影响下常发生带电现象，如硫、金刚石、电气石等。

（4）放射性。含放射性元素的矿物具有放射性，如铀、钍等。

（5）发光性。当有些矿物受到加热、加压、溶解、紫外线照射后有发光现象，如萤石在暗处能发磷光。

另外，有些矿物具嗅觉（毒砂）、味觉（岩盐）、可燃性（煤、自然硫）等特性。常见的主要造岩矿物的特征见表 1-2。

表 1-2　常见的主要造岩矿物的特征

编号	矿物名称	形 状	颜 色	光 泽	硬度	解理	比重	其他特征
1	石英	块状、六方柱状	无色、乳白色	玻璃、油脂	7	无	2.6~2.7	晶面有平行条纹，贝壳状断口
2	正长石	柱状、板状	玫瑰色、肉红色	玻璃	6	完全	2.3~2.6	两组晶面正交
3	斜长石	柱状、板状	灰白色	玻璃	6	完全	2.6~2.8	两组晶面斜交，晶面上有条纹
4	辉石	短柱状	深褐色、黑色	玻璃	5~6	完全	2.9~3.6	
5	角闪石	针状、长柱状	深绿色、黑色	玻璃	5.5~6	完全	2.8~3.6	
6	方解石	菱形六面体	乳白色	玻璃	3	三组完全	2.6~2.8	滴稀盐酸起泡
7	云母	薄片状	银白色、黑色	珍珠、玻璃	2~3	极完全	2.7~3.2	透明至半透明，薄片具有弹性
8	绿泥石	鳞片状	草绿色	珍珠、玻璃	2~2.5	完全	2.6~2.9	半透明，鳞片无弹性
9	高岭石	鳞片状	白色、淡黄色	暗淡	1	无	2.5~2.6	土状断口，吸水膨胀滑黏
10	石膏	纤维状、板状	白色	玻璃、丝绢	2	完全	2.2~2.4	易溶解于水产生大量 SO_4^{2-}

1.1.2　矿物的分类

目前已发现的矿物大约有 4000 多种。为了系统地研究矿物，必须对矿物进行分类。一般矿物是按晶体化学原则进行分类的。

矿物的分类方法很多，有结晶分类、工业分类、成因分类、化学分类、结晶化学分类等。

（1）按矿物的化学成分分类。按化学成分可将矿物分为硅酸类、氧化物、氢氧化物、碳酸类、硫化物及硫酸类等。

（2）按矿物的形成先后分类。按矿物的形成先后可分为原生矿物和次生矿物。原生矿物一般由岩浆侵入地壳或喷出地面冷凝而成，如石英、长石、辉石、角闪石、云母等；次生矿物一般由原生矿物在水溶液中析出而成，如水溶液中析出的方解石（$CaCO_3$）和石膏（$CaSO_4 \cdot 2H_2O$）等，也可经风化作用等生成，如由长石风化而成的高岭石、由辉石或角闪石风化而成的绿泥石等。次生矿物主要有高岭石、伊利石与蒙脱石等黏土矿物。

1.1.3 黏土矿物

黏土矿物是指不溶于水的次生矿物。黏土矿物基本上是由两种原子层（称为晶片）构成的，一种是硅氧四面体，它的基本单元是 Si-O 四面体（见图1-3a）；另一种是铝氢氧八面体，它的基本单元是 Al-OH 八面体（见图1-3b），它们各自连接排列，构成硅氧四面体层、铝氢氧八面体层以及其他组合的层状结构，即形成不同性质的黏土矿物类别。黏土矿物主要有蒙脱石、伊利石和高岭石三类，其构造单元见图1-4。

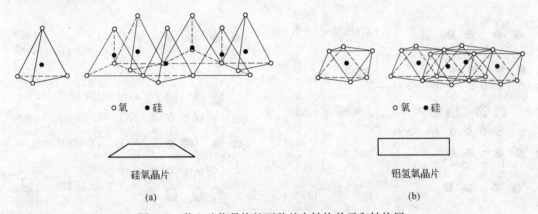

○氧　●硅　　　　　　　　　　　　　　　　　○氧　●硅

硅氧晶片　　　　　　　　　　　　　　　　　　铝氢氧晶片

(a)　　　　　　　　　　　　　　　　　　　　(b)

图1-3　黏土矿物晶格的两种基本结构单元和结构层

（a）硅氧四面体及其四面体层；（b）铝氢氧八面体及其八面体层

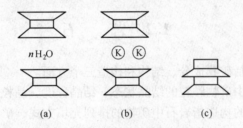

(a)　　　　　(b)　　　　　(c)

图1-4　黏土矿物构造单元示意图

（a）蒙脱石；（b）伊利石；（c）高岭石

（1）蒙脱石是化学风化的初期产物，其结构单元（晶胞）是由两层硅氧晶片之间夹一层铝氢氧晶片所组成的。由于晶胞的两个面都是氧原子，其间没有氢键，因此连接很弱，且不稳固（见图1-5）。水分子很容易进入晶胞之间，从而改变晶胞之间的距离，甚至达到完全分散到单晶胞为止；失水时晶格收缩。因此蒙脱石类黏土矿物与水作用很强烈，在土粒外围形成很厚的水化膜，当土中蒙脱石含量较大时，则具有较大的吸水膨胀和脱水收缩的特性。

由于黏土矿物是很细小的扁平颗粒，颗粒表面具有很强的与水相互作用的能力。表面积愈大，其能力就愈强。土粒大小不同而比表面值的变化，使土的性质发生突变。

（2）伊利石的结构单元类似于蒙脱石，所不同的是 Si-O 四面体中的 Si^{4+} 可以被 Al^{3+}、Fe^{3+} 所取代，因而在相邻晶胞间将出现若干一价正离子（K^+）以补偿晶胞中正电荷的不足，并将相邻晶胞连接。因此，伊利石的结晶构造没有蒙脱石那样活动，其亲水性不如蒙脱石。

（3）高岭石的结构单元是由一层铝氢氧晶片和一层硅氧晶片组成的晶胞。高岭石的矿物就是由若干重叠的晶胞构成的（见图1-6），这种晶胞一面露出氢氧基，另一面露出氧原子。晶胞之间的连接是氧原子与氢氧基之间的氢键，它具有较强的联结力，因此晶胞之间的距离不易改变，水分子不能进入。当然，在其晶格的断口，或由于离子同型置换，会有游离价的原子吸引部分水分子，而形成较薄的水化膜，因而主要由这类矿物组成的黏性土的膨胀性和压缩性等均较小，其亲水性比伊利石还小。

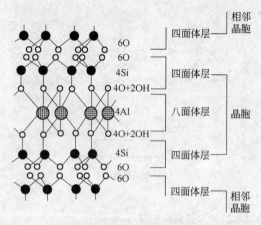 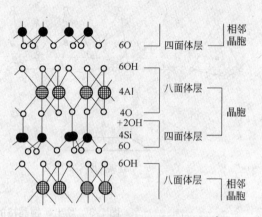

图1-5　蒙脱石结晶格架示意图　　　　　图1-6　高岭石结晶格架示意图

1.2 岩 石

岩石的主要特征包括矿物成分、结构和构造三个方面。

岩石的结构指岩石中矿物颗粒的结晶状态、结晶程度、晶粒大小、形状及其彼此间的组合方式等特征。岩石的构造指岩石中矿物的排列充填方式、矿物集合体之间的排列充填方式或矿物集合体与岩石其他组分之间的充填方式所反映出来的外表形态。不同类型的岩石，由于它们生成的地质环境条件不同，因而产生了各种不同的结构和构造。

自然界有各种各样的岩石，按成因可分为岩浆岩（火成岩）、沉积岩（水成岩）和变质岩三类。

岩浆岩是地下深处高温熔融状态的岩浆以侵入或喷出方式在地下或地表冷凝而形成的岩石。岩浆岩约占地表总质量的95%。

沉积岩是由岩石、矿物在内外力的作用下破碎呈碎屑物质后，再经水流、风力和冰川等的搬运、堆积在大陆低洼地带或海洋，再经胶结、压密等成岩作用而成的岩石。沉积岩的主要特征是具有层理。

变质岩是岩浆岩或沉积岩在高温、高压或其他因素作用下，经变质所形成的岩石。

1.2.1 岩浆岩

1.2.1.1 岩浆岩的形成

火山喷发时，从地壳深部喷出大量炽热气体和具有高温高压的熔融岩浆。从地壳深部向上侵入过程中，有的在地表下即冷凝结晶成岩石，称为侵入岩；有的喷射或溢出地表后才冷凝而成岩石，称为喷出岩。按侵入岩按距地表的深浅程度，可分为浅成岩和深成岩。岩浆岩按 SiO_2 含量（%）分为酸性、中性、基性、超基性。

1.2.1.2 岩浆岩的产状

岩浆岩产状是指岩体的大小、形状及其与围岩的接触关系。由于岩浆本身成分的不同，受地质条件的影响，岩浆岩的产状（见图 1-7）大致有下列几种：

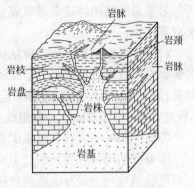

图 1-7 岩浆岩的产状

（1）岩基。岩基是指深层巨大的侵入岩体，范围很大，常与硅铝层连在一起。形状不规则，表面起伏不平。与围岩成不谐和接触，露出地面大小决定当地的剥蚀深度。

（2）岩株。岩株与围岩接触较陡，面积达几平方公里或几十平方公里，其下部与岩基相连，比岩基小。

（3）岩盘。岩盘是指岩浆冷凝成为上凸下平呈透镜状的侵入岩体，底部通过颈体和更大的侵入体连通，直径可大至几千米。

（4）岩脉。岩脉是指沿围岩裂隙冷凝成的狭长形的岩浆体，与围岩成层方向相交成垂直或近于垂直。另外，垂直或大致垂直地面为岩墙。

岩浆岩冷凝时地质环境是不同的。深成岩是岩浆侵入地壳深处（约距地表 3km）冷凝而成的岩石。由于岩浆应力和温度较高，温度降低缓慢，组成岩石的产物结晶良好。浅成岩是岩浆沿地壳裂缝上升距地表较浅处冷凝而成的岩石，组成岩石的矿物结晶较细小。喷出岩是火山作用形成的，岩浆以熔岩或熔岩流的形式喷出地表形成各种形状和产状的岩体，有中心式喷发（日本富士山、中国长白山等）与裂缝喷发（峨眉山等）。

浅成岩一般为小型岩体，产状包括岩脉、岩盘和岩枝等；深成岩常为大型岩体，产状包括岩基和岩株。火山锥和岩钟为喷出岩产状。火山锥是岩浆沿着一个孔道喷出地面形成的圆锥形岩体，是由火山口、火山颈及火山锥状体组成。熔岩流是岩浆流出地表顺山坡和河谷流动冷凝而形成的层状或条带状岩体，大面积分布的熔岩流称为熔岩被。

1.2.1.3 物质成分

根据组成岩浆岩的矿物颜色，可分为浅色矿物和深色矿物两类：浅色矿物包括石英、正长石、斜长石、白云母等；深色矿物包括黑云母、角闪石、辉石、橄榄石等。岩浆岩的矿物成分是岩浆岩化学成分的反映。

岩浆化学成分相当复杂，主要有 SiO_2、Al_2O_3、Fe_2O_3、MgO、K_2O 等氧化物。其中对岩石的矿物成分影响最大的是 SiO_2。根据 SiO_2 的含量，岩浆岩可分为下面几类：

（1）酸性岩类（SiO_2 含量大于 65%）矿物成分以石英、正长石为主，并含有少量的黑云母和角闪石。岩石的颜色浅，比重小。

（2）中性岩类（SiO_2 含量 52% ~65%）矿物成分以正长石、斜长石、角闪石为主，并含有少量的黑云母及辉石。岩石的颜色比较深，比重比较大。

（3）基性岩类（SiO_2 含量 45% ~52%）矿物成分以斜长石、辉石为主，含有少量的角闪石及橄榄石。岩石的颜色深，比重也比较大。

（4）超基性岩类（SiO_2含量小于45%）矿物成分以橄榄石、辉石为主，其次有角闪石，一般不含硅铝矿物。岩石的颜色很深，比重很大。

1.2.1.4　岩浆岩的结构

岩浆岩的结构特征是岩浆成分和岩浆冷凝时地理环境的综合反映。岩浆岩的结构可分为以下几类：

（1）全晶质结构。全晶质结构即岩石全部由结晶矿物组成，多见于深成岩中。岩石中的矿物颗粒较粗，凭肉眼或借助放大镜能辨别出矿物的不同颗粒。一般划分为：粗粒（颗粒直径大于5mm）、中粒（颗粒直径为5~2mm）、细粒（颗粒直径为2~0.2mm）、微粒（颗粒直径小于0.2mm）。按组成矿物颗粒的相对大小均匀性又分为：

等粒结构——岩石中组成矿物绝大多数的粒度属于同一粒度的结构；

不等粒结构——岩石中的主要矿物的晶粒粒度从大到小连续变化的结构；

斑状结构——岩石由斑晶和基质两部分组成，斑晶为矿物颗粒，单颗粒分散地分布，分别被基质包围，而基质为玻璃状结构。

（2）半晶质结构。岩石由结晶的矿物颗粒和部分未结晶的玻璃质组成。结晶的矿物如颗粒粗大，晶形完好，就称为斑状结构。半晶质结构主要为浅成岩具有的结构，在部分喷出岩中有时可见。

（3）玻璃质结构。玻璃质结构又称非晶质结构，岩石全部由熔岩冷凝的玻璃质组成，岩石断面光滑具有玻璃光泽。其主要见于喷出岩。

1.2.1.5　岩浆岩的构造

岩浆岩的构造主要取决于岩浆冷凝时的环境。岩浆岩常见的构造主要有：

（1）块状构造。矿物在岩石中分布杂乱无层次，呈致密块状，它是岩浆岩最常见的一种构造，如花岗岩、花岗斑岩等一系列深成岩与浅成岩的构造。

（2）流纹状构造。由于熔岩流动，岩石中不同颜色的条纹、拉长了的气孔以及长条形矿物按一定方向排列形成的流动状构造。其反映了岩浆半凝固时的流动特点，是喷出岩中所具有的构造。

（3）气孔状构造。岩浆凝固时，挥发性的气体未能及时逸出，而在岩石中留下许多圆形、椭圆形或长管形的孔洞。一般玄武岩等喷出岩具有气孔状构造。

（4）杏仁状构造。岩石中的气孔被后来形成的矿物（如方解石、石英等）填充所形成的一种形似杏仁的构造，如某些玄武岩和安山岩的构造。气孔状构造和杏仁状构造，常分布于熔岩的表层。

1.2.1.6　常见的岩浆岩

（1）酸性岩。该类岩石暗色矿物减少，硅铝矿物增多，除含较多石英外（>25%），以钾长石和斜长石为主，少量暗色矿物主要有黑云母和角闪石。分布广，常呈岩基出现。

1）花岗岩。花岗岩属深成岩，呈肉红、浅灰、灰白等色，中粗粒等粒结构。主要矿物成分有石英和正长石，次要矿物有黑云母、角闪石等。花岗岩分布广泛，致密坚硬，强度高，是良好的建筑地基和建筑材料，如苏州暗色花岗岩、四川红花岗岩、浙江天目山花岗岩。

2）花岗斑岩。花岗斑岩属浅成岩，成分与花岗岩类似，不同的是具有斑状结构或似斑状结构。斑晶为长石或石英，基质由细小的长石、石英及黑云母组成块状构造。

3）流纹岩。流纹岩属浅成岩，呈红、灰白、紫灰或浅黄褐色。具有典型的流纹构造，斑状结构，斑晶为钾长石，偶见黑云母、角闪石等。基质为隐晶质至玻璃质。常见流纹构造为气孔和杏仁构造。

（2）中性岩。在矿物成分上，该类岩石铁镁矿物相对减少，主要为角闪石，次为辉石、黑云母。硅铝矿增多，主要为斜长石，有时出现少量的钾长石和石英，因此这类岩石色泽以灰或浅灰色为主。

1）正长岩。正长岩属深成岩，多呈肉红、浅灰、浅黄色，全晶质等粒结构，具块状构造。它的主要矿物成分为正长石，其次为黑云母和角闪石，不含石英或石英含量极少。物理力学性质与花岗岩相似，但不如花岗岩坚硬，易风化。

2）正长斑岩。正长斑岩属浅成岩，呈棕灰色或浅红褐色，隐晶质结构，矿物成分同正长岩。与正长岩所不同的是具有斑状结构。斑晶主要是正长石，基质较致密。

3）粗面岩。粗面岩属喷出岩，呈浅灰、浅褐黄、淡红色，矿物成分同正长岩，斑状结构。斑晶多为正常，基质为隐晶质，具有细小孔隙，表面粗糙，块状构造或气孔状构造。

4）闪长岩。闪长岩属深成侵入岩，呈浅灰、深灰、黑灰、绿色，全晶质等粒结构，具块状构造。它的主要矿物成分为角闪石和斜长石，其次为黑云母和辉石。结构致密，强度高，具有较高的韧性和抗风化能力，是良好的建筑石料。

5）闪长玢岩。闪长玢岩属浅成岩，呈灰色、灰绿色，其矿物成分与闪长岩类似，斑状结构，具块状构造。斑晶主要为斜长石，有时为角闪石，岩石中常含有绿泥石、高岭石等次生矿物（如黄河三门峡的岩体）。

6）安山岩。安山岩属喷出岩，呈灰绿色、紫色，斑状结构，具杏仁状或气孔状构造。其矿物成分同闪长岩。斑晶主要为斜长石、辉石和角闪石。

（3）基性岩。该类岩石主要组成矿物为辉石、角闪石、橄榄石，还有斜长石与少量石英。

1）辉长岩。辉长岩属深成岩，呈灰黑、黑色、暗绿色，中、粗粒等粒结构，具块状构造。其主要矿物成分为斜长石和辉石，次要矿物为橄榄石、角闪石和黑云母。辉长岩强度高，抗风化能力强（如合肥西郊的大蜀山）。

2）辉绿岩。辉绿岩属浅成岩，呈灰绿、暗绿色，成分同辉长岩，具特殊的辉绿结构（辉石充填于斜长石晶体格架的空隙中），常含有绿泥石等次生矿物，具有良好的物理力学性质（如内蒙古中部）。

3）玄武岩。玄武岩属喷出岩，呈灰黑、绿黑、紫红色，成分同辉长岩，细粒，隐晶质结构，具斑状，气孔状或杏仁状构造。斑晶多为斜长石、辉石和橄榄石。玄武岩致密坚硬，强度很大，性脆，是良好的地基和建筑材料（如江苏的桂子山）。

（4）超基性岩。超基性岩主要包括橄榄。橄榄岩是深成岩，呈灰黑、褐至绿色，中、粗粒等粒结构，具块状构造。主要矿物成分为橄榄石、辉石等。部分为蛇纹石，新鲜的橄榄岩一般很少见。

1.2.1.7 岩浆岩的分类及肉眼鉴定方法

自然界中的岩浆岩是多种多样的，它们彼此之间存在着成分、构造、结构、产状及成因等多方面的差异。根据这些因素可将岩浆岩进行分类（见表1-3）。

表1-3　岩浆岩的分类表

		化学成分	含 Si、Al 为主		含 Fe、Mg 为主		产状
		酸基性	酸性	中性	基性	超基性	
		颜色	浅色的（浅灰、浅红、黄色）		深色的（深灰、绿色、黑色）		
		矿物成分	含正长石		含斜长石	不含长石	
			石英云母角闪石	黑云母角闪石辉石	角闪石辉石黑云母	辉石角闪石橄榄石	橄榄石、辉石
成因及结构	侵入岩	深成的 等粒状，有时为斑状，所有矿物皆能用肉眼鉴别	花岗岩	正长岩	闪长岩	辉长岩	橄榄岩、辉岩	岩基、岩株
		浅成的 斑状（斑晶较大且可分辨出矿物名称）	花岗斑岩	正长斑岩	玢岩	辉绿岩	未遇到	岩脉、岩床、岩盘
	喷出岩	玻璃状，有时为细粒斑状，矿物难用肉眼鉴别	流纹岩	粗面岩	安山岩	玄武岩	未遇到	熔岩流
		玻璃状或碎屑状	黑曜岩、浮石、火山凝灰岩、火山碎屑岩、火山玻璃					火山喷出的堆积物

肉眼鉴别法主要用肉眼和借助放大镜、小刀等简单工具，对岩石标本的外表结晶形态、颜色、结构与构造以及某些特殊的特征，进行观察辨识，通过对比分析和辨识，做出鉴定。具体步骤如下：

（1）了解其来源及野外产状。对岩石标本鉴定之前，初步了解其成因与产出的条件。

（2）颜色辨识，确定岩石标本的酸性或基性类别。岩石中的矿物总是有两种颜色，即深色和浅色，前者为基性，后者为酸性。观察标本深浅矿物所占比例的多少，初步确定岩石是属于基性、中性还是酸性岩类。

（3）辨识矿物成分，区分岩石类别。根据造岩矿物辨识方法，对岩石标本中矿物成分的颜色、晶形、解理等特征，进行识别，初步确定组成岩石的主要矿物和次要矿物的含量、颗粒的大小及其百分比等。

（4）观察识别岩石的结构与构造，确定岩石的名称。根据岩石的结构与构造特征进行辨识，在识别矿物成分的基础上，初定岩石的结构与构造、岩石的名称。

在现场对岩石鉴定时，只是初步的鉴定，要准确地定出岩石名称，必须结合室内仪器鉴定与室内外试验等综合研究，最后方可做出正确的分类与定名。

1.2.2　沉积岩

出露地表的各类岩石，在太阳能、大气水和生物等作用下，发生物理和化学风化，使原岩崩解成为岩石碎屑，或成为细粒黏土矿物，或成为其他溶解物质，经流水等运动介质搬运到河、湖、海洋等低洼地方沉积下来，成为松散的堆积物。这些松散的堆积物经长期压密、胶结、重结晶等复杂的地质过程，形成沉积岩。

沉积岩是地壳表面分布最广的一种岩石，虽然它的体积仅占地壳的5%，但出露面积约占陆地表面的75%。因此研究沉积岩的形成条件及其性质，对工程建设具有重要意义。

1.2.2.1　沉积岩的物质成分

沉积岩主要由原岩风化碎屑与沉积过程中产生的矿物组成的。

（1）碎屑物质。碎屑物质由先成岩石经物理风化作用产生碎屑物质组成。其中大部分是化学性质比较稳定，难溶于水的原生矿物的碎屑，如石英、长石、白云母等，以及其他方式生成的一些物质，如火山喷发产生的火山灰等。

（2）黏土矿物。黏土矿物主要是一些由含铝硅酸盐类矿物的岩石，经化学风化作用形成的次生矿物，如高岭石、伊利石、蒙脱石及水云母等。这类矿物的颗粒极细（小于0.005mm），具有亲水性、可塑性及膨胀性。

（3）化学沉积矿物。化学沉积矿物是由化学作用或生物化学作用从溶液中沉淀结晶产生的沉积矿物，如方解石、白云石、石膏、食盐、铁和锰的氧化物或氢氧化物等。

（4）有机质及生物残骸。由生物残骸或经由化学作用而形成的矿物，如贝壳、泥岩及其他有机质等。

沉积岩组成物质中还有胶结物，其是通过矿化水的运动带入沉积物中，或是来自原始沉积物组分的溶解与再沉淀。其胶结作用的强弱取决于胶结物的成分与含量。常见的胶结物有：

1）硅质胶结。硅质胶结由石英及其他二氧化硅胶结而成，颜色浅，强度很高，抗水及抗风化性强。

2）铁质胶结。铁质胶结由铁的氧化物及氢氧化物胶结而成，颜色深，呈红色，强度仅次于硅质胶结物。

3）钙质胶结。钙质胶结由方解石等碳酸钙类的物质胶结而成，颜色浅，强度比较低，具有可溶性。

4）泥质胶结。泥质胶结由细粒黏土矿物胶结而成，多呈黄褐色，胶结松散，强度低，易湿软、风化。

1.2.2.2 沉积岩的构造

岩层产状是指岩层在空间的位置。

沉积岩的构造是指沉积岩各个组成部分的空间分布和相互排列方式，主要包括：

（1）层理构造。层理是沉积岩在形成过程中由于沉积环境的改变所引起的沉积物质的成分、颗粒大小、形状或颜色在垂直方向发生变化而显示成层的现象。层理是沉积岩最重要的一种构造特征，是沉积岩区别于岩浆岩和变质岩的最主要标志。根据层理的形态，可将层理分为下列几种类型（见图1-8）：

1）水平层理。水平层理是由平直且层面平行的一系列细层组成的层理（见图1-8a），主要见于细粒岩石中。它是在比较稳定的水动力条件下，从悬浮物或溶液中缓慢沉积而成的。

2）单斜层理。单斜层理是由一系列与层面斜交的细层组成的，细层的层理向同一方向倾斜并相互平行（见图1-8b）。它与上下层面斜交，上下层面互相平行。它是由单向水流所造成的，多见于河床或滨海三角洲沉积物中。

3）交错层理。交错层理是由多组不同方向的斜层理相互交错重叠而成的（见图1-8c），是由于水流的运动方向频繁变化所造成的，多见于河流沉积层中。

此外，还有呈波状的波状层理以及层内从底到顶粒度由粗向细逐渐变化的序粒层理等类型。

层与层之间的界面，称为层面。上下两个层面间成分基本均匀一致的岩石，称为岩

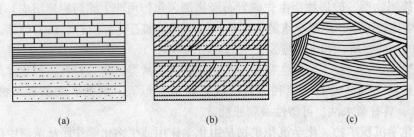

图 1-8　层理类型

（a）水平层理；（b）单斜层理；（c）交错层理

层。层面反映了沉积过程中气候的变化，也反映了沉积过程中隔一定时间重复出现的沉积作用的停顿。一个岩层上下层之间的垂直距离称为岩层的厚度。在短距离内，岩层厚度的减小称为变薄；厚度变薄以致消失称为尖灭；两端尖灭就称为透镜体；大厚度岩层中所夹的薄层，称为夹层，如图 1-9 所示。

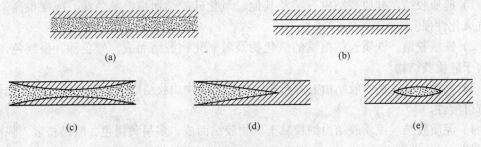

图 1-9　岩层的几种形态

（a）正常层；（b）夹层；（c）变薄；（d）尖灭；（e）透镜体

（2）层面构造。层面构造指岩层层面上由于水流、风、生物活动、阳光曝晒等作用而留下的痕迹，如波痕、泥裂、雨痕等。

波痕是由于风力、流水或波浪的作用，在沉积层表面所形成的波状起伏现象。

泥裂主要是由于沉积物尚未固结时即露出水面，经曝晒后呈现张开的多边形网状裂缝，断面呈 V 形。刚形成时泥裂是空的，以后被砂、粉砂或其他物质填充。

雨痕是雨滴落于松软的泥质沉积物表面后，在沉积物表面上形成的圆形或椭圆形凸穴。

（3）结核。结核是成分、结构、构造及颜色等与周围沉积物（岩）不同的、规模不大的团块体。结核形态很多，有球状、不规则团块状等。

（4）生物成因构造。由于生物的生命活动和生态特征而在沉积物中形成的构造称为生物成因构造，如生物礁体、叠层构造、虫迹、虫孔等。在沉积过程中，若有各种生物遗体或遗迹（如动物的骨骼、甲壳、蛋卵、足迹及植物的根茎、叶等）埋藏于沉积物中，后经石化保存于岩石中，则称为化石。根据化石种类可以确定岩石形成的环境和地质年代。

1.2.2.3　沉积岩的结构

沉积岩的结构是指沉积岩的组成物质、颗粒大小、形状及结晶程度。它不仅取决于岩性特征，也反映了形成条件。沉积岩的结构可分为以下四种：

（1）碎屑结构。碎屑物质被胶结物胶结而成的结构，称为碎屑结构。

1）碎屑结构按碎屑颗粒粒径大小分为：

① 砾状结构。碎屑颗粒粒径大于 2mm 的称为砾。其中，碎屑带棱角者为角砾状结构，碎屑被磨圆的为砾状结构。

② 砂质结构。碎屑粒径介于 2 ~ 0.05mm 的结构。其又分为粗粒结构（粒径为 2 ~ 0.5mm）、中粒结构（0.5 ~ 0.25mm）、细粒结构（0.25 ~ 0.05mm，如细砂岩）。

③ 粉砂质结构。碎屑粒径介于 0.05 ~ 0.005mm 之间，如粉砂岩。

2）碎屑结构按其胶结物划分为：

① 硅质胶结。由石英及其他二氧化硅胶结而成，呈浅色，强度高。

② 铁质胶结。由铁的氧化物或氢氧化物胶结而成，颜色深，强度仅次于硅。

③ 钙质胶结。由碳酸盐一类物质为胶结物胶结而成，颜色浅，强度低，易溶解。

④ 泥质胶结。由细颗粒黏土为胶结物胶结而成，强度低，容易松散。

（2）生物结构。由生物遗体或屑片所组成的岩石，如贝壳结构、珊瑚结构等，是生物化学岩所具有的结构。

（3）泥质结构。由小于 0.005mm 的黏土粒所组成的结构，是泥岩、页岩等黏土岩的主要结构。

（4）结晶结构。由溶液中沉淀或重结晶所形成的结构，由于沉淀生成的晶粒极细，经重结晶作用晶粒变粗，但一般多小于 1mm，肉眼不易分辨。结晶结构是石灰岩、白云岩等化学岩的主要结构。

1.2.2.4　沉积岩的分类（造岩矿物）

常见的沉积岩分类，如表 1-4 所示。

表 1-4　沉积岩的分类

成 因	硅 质	泥 质	灰 质	其他成分
碎屑沉积	石英砾岩、石英角砾岩、燧石角砾岩、砂岩、石英岩	泥岩、页岩、黏土岩	石灰砾岩、石灰角砾岩、多种石灰岩	集块岩
化学沉积	硅化、燧石、石髓岩	泥铁石	石笋、石钟乳、石灰华、白云岩、石灰岩、泥灰岩	岩盐、石膏、硬石膏、硝石
生物沉积	硅藻土	油页岩	白垩、白云岩、珊瑚石、灰岩	煤炭、油砂、某种磷酸盐岩石

1.2.2.5　常见的沉积岩

常见的沉积岩有碎屑岩、黏土岩、化学岩及生物化学岩。

A　碎屑岩

（1）火山碎屑岩。火山碎屑岩是由火山喷发的碎屑物质在地表经短距离搬运或就地沉积而成，主要包括以下几种：

1）火山集块岩。主要由粒径大于 100mm 的粗火山碎屑物质组成，胶结物主要为火山灰或熔岩，有时为碳酸钙、二氧化硅或泥质。

2）火山角砾岩。其中火山碎屑占 90% 以上，粒径一般为 2 ~ 100mm，多呈棱角状，常为火山灰或硅质胶结。颜色常呈暗灰、蓝灰或褐灰色。

3）凝灰岩。一般由小于 2mm 的火山及细碎屑组成。碎屑主要包括晶屑、矿屑及岩屑。胶结物为火山灰等。凝灰岩孔隙率高，容重小，易风化。

（2）沉积碎屑岩。沉积碎屑岩又称正常碎屑岩。它是由原来形成的岩石风化剥蚀的碎屑物质，经搬运、沉积、胶结而成的岩石。常见的有砾岩及角砾岩、砂岩、粉砂岩等。

1）砾岩及角砾岩由50%以上大于2mm的碎屑颗粒胶结而成。由磨圆度较好的砾石胶结而成的称为砾岩；由带棱角的角砾胶结而成的称为角砾岩。角砾岩是由于带棱角的岩块搬运距离不远即沉积胶结而成，如洞穴砾岩、滨岸角砾岩等；砾岩则是岩屑经较长距离搬运磨蚀后再沉积、胶结而成的。砾石成分主要是矿物碎屑。砾岩按砾石成分可分为单成分砾岩和复成分砾岩。胶结物的成分与胶结类型对砾岩的物理力学性质有很大影响，如硅质基底胶结的石英砾岩非常坚硬，难以风化，而泥质胶结的砾岩则基底较差。

2）砂岩是由50%以上2~0.05mm粒级的颗粒胶结而成的。按粒度大小可细分为粗粒、中粒、细粒砂岩。根据其主要碎屑成分又可分为石英砂岩、长石砂岩和岩屑砂岩。石英砂岩中90%以上的碎屑物质是石英，碎屑粒度均一，分选好，磨圆度好，一般为硅质胶结，呈白色，质地坚硬，多为滨海沉积物。在长石砂岩的碎石屑中，长石含量大于25%，岩屑含量小于10%，呈红色或黄色，一般为中、粗粒，分选性和磨圆度变化大，常为钙质或泥质胶结。岩屑砂岩中的岩屑占碎屑总量的25%以上，长石含量小于10%，岩屑成分多样，胶结物多为硅质、钙质，碎屑的分选性不好，颜色较深，呈灰、灰绿、灰黑等色。

3）粉砂岩是0.05~0.005mm粒径、颗粒含量大于50%的岩石，碎屑成分以石英为主，长石次之，碎屑的磨圆度差，分选好，胶结物常为黏土、钙质和铁质，常呈棕红色或暗褐色，具有薄的水平层理。粉砂岩的性质介于砂岩与黏土岩之间。

砂岩随胶结物成分和胶结类型不同，抗压强度也不同。由于多数砂岩岩性坚硬而质脆，在地质构造作用下裂隙发育，所以，砂岩常具有较强的透水性。

B　黏土岩

黏土矿物的粒径小于0.005mm。常见的黏土矿物有高岭石、蒙脱石、水云母等。黏土岩中的其他成分有石英、长石、云母、伊利石等。黏土具有可塑性、烧结性、吸附性、吸水性、耐火性等特性。黏土岩质地软，强度低，易产生压缩变形，抗风化能力差，尤其是含蒙脱石等矿物的黏土岩，遇水后膨胀、失水后收缩等特性。主要的黏土岩有以下两大类：

（1）泥岩。泥岩是由黏土经脱水固结而形成的。其特点是：固结不紧密、不牢固；层理不发育，常呈厚层状、块状；强度较低，一般干试样的抗压强度为5~35MPa；遇水易泥化，强度显著降低，饱水试样的抗压强度可降低到50%左右。

（2）页岩。页岩是由黏土经脱水胶结而成的，大部分有明显的薄层理，能沿层理分成薄片，这种特征也称页理，风化后多呈碎片状或泥土状。根据混入物的成分或岩石的颜色可分为钙质页岩、铁质页岩、硅质页岩、黑色页岩及炭质页岩等。除硅质页岩强度稍高外，其余的页岩易风化，质地较软，侵水后强度显著降低。

C　化学岩及生物化学岩

最常见的是由碳酸盐组成的岩石，以石灰岩和白云岩分布最为广泛。鉴别岩石时，要特别注意对盐酸试剂的反应。石灰岩在常温下遇稀盐酸剧烈起泡；泥灰岩遇稀盐酸起泡后留有泥点；白云岩在常温下遇稀盐酸不起泡，但加热或研成粉末后则起泡。多数岩石结构致密，质地坚硬，强度较高。但主要特性是具有可溶性，在水流的作用下形成溶蚀裂隙、洞穴、地下暗河等岩溶现象。

（1）石灰岩。矿物成分以方解石为主，可含白云石、燧石等硅质矿物和黏土矿物等，常呈深灰、浅灰色，多呈致密状。另外在形成过程中，由于风浪振动，常形成一些特殊结构，如竹叶状、团块状、鲕状结构等，还有生物碎屑灰岩等类型。

（2）白云岩。白云岩矿物成分主要为白云石，此外还有少量的方解石等。常呈浅灰色或灰白色，呈隐晶质或细晶粒状结构。岩石风化面上常有刀砍状溶蚀沟纹。纯白云岩可作耐火材料。

石灰岩和白云岩之间的过渡类型有灰质白云岩、白云质灰岩等。

（3）泥灰岩。当石灰岩中黏土矿物含量达 25% ~ 50% 时，称为泥灰岩，颜色呈灰色、黄色、褐色、红色等。其强度低，易风化。泥灰岩可作水泥原料。

1.2.2.6 肉眼鉴定

沉积岩的肉眼鉴定，一般按如下步骤进行：

（1）区分岩石类别，确定属于沉积岩后再做进一步分析。

1）沉积岩主要的组成成分为沉积岩矿物，如岩石碎屑、砾石、砂、黏土及黏土矿物、方解石和白云石等。

2）具有明显的层理构造，层面光滑清晰，易辨认。

3）具有碎屑结构、泥质结构和单一全晶质结构。

（2）区分沉积岩的结构特征，确定沉积岩类型。一般分为碎屑结构、泥质结构、结晶结构和生物结构四种。

（3）按照组成岩石的矿物成分和颗粒大小，确定岩石的名称。在碎屑结构岩类中，主要成分为砾石者称为砾岩；主要成分为石英砂者称为石英砂岩；在泥质结构岩类，以黏土矿物为主胶结而成者为页岩；在化学生物岩类中，以方解石为主要成分者为石灰岩。

在沉积岩地区进行工程建设应注意层理构造、碎屑颗粒的胶结程度与地基土的不均匀性。

1.2.3 变质岩

岩浆岩或沉积岩在高温、高压或其他因素作用下，经变质作用（促使原有岩石发生性质改变的作用称为变质作用）而形成的岩石。引起变质作用的主要因素是：高温、高压和新化学成分的加入。原来母岩经变质作用后，不仅矿物重新结晶，或生成新矿物，同时岩石的结构、构造也发生变化，一般情况下，大多数仍保存着原岩的产状。

1.2.3.1 变质作用

根据变质作用的主要因素和地质条件，可将变质作用分为以下几种类型：

（1）接触变质作用。在高温条件下，岩浆的侵入使接触带的围岩产生重结晶或产生新的矿物即为接触变质，如石灰岩重结晶形成大理石，石英砂岩接触变质后形成石英岩。接触变质作用主要发生在岩浆体周围接触带的围岩中。接触变质带的岩石一般较破碎，裂隙发育，透水性强，强度较低。

接触变质作用可分为两类：

　　1）热接触变质作用。以热力（高温）作用为主，原岩发生重结晶，而化学成分没有显著改变，没有明显的交代作用，如斑点板岩、角岩等。

　　2）接触交代变质作用。除热力作用外，伴随有显著的交代作用，原岩的化学成分发生明显改变，如矽卡岩等。

　　（2）区域变质作用。在大规模地壳运动和岩浆活动引起的高温高压作用下，广大地区的岩石发生的变质作用称为区域变质作用。这种变质作用方式以重结晶、重组合为主。由区域变质作用形成的岩石有片麻岩、片岩等。

　　（3）动力变质作用。岩石因构造运动而产生的变质作用称动力变质作用（碎裂变质作用）。其特征是常与较大的断层带伴生，原岩挤压破碎、变形并有重结晶现象。由动力变质作用产生的岩石有断层角砾岩和糜棱岩。

　　（4）热液变质作用。岩浆侵入地壳时，岩浆与围岩相互作用，挥发出气体和分离出热液，在高温高压条件下，使围岩的化学成分改变，形成新的矿物，如橄榄岩变质成蛇纹岩，花岗岩变质成石英岩等。

　　（5）混合岩化作用。指原有的区域变质岩体与岩浆状的流体相互交代而形成新岩石的作用。液体的来源可能是原来的变质岩体局部熔融产生的重熔岩浆，也可能是地壳深部富含 K、Na、Si 的热液引起的再生岩浆。

　　大多数变质岩与母岩的产状一致。

1.2.3.2　变质岩的物质成分

　　组成变质岩的矿物，一部分是与原岩（岩浆岩或沉积岩）所共有的，如石英、长石、云母、角闪石、辉石、方解石等；另一部分是变质作用后产生的特有变质矿物，如红柱石、夕线石、蓝晶石、硅灰石、刚玉、绿泥石、绿帘石、绢云母、滑石、叶蜡石、蛇纹石、石榴子石、石墨等。

1.2.3.3　变质岩的结构形式

　　变质岩的结构在变质过程中使矿物重结晶并形成新的矿物，主要可分为变余结构、变晶结构和碎裂结构。

　　（1）变余结构。由于变质重结晶进行得不完全，原来岩石的矿物成分和结构特征被部分地保留下来，形成变余结构。变余结构常见于变质过程较浅的变质岩中。若原岩的粒度愈粗，矿物成分愈稳定，愈易形成变余结构。

　　（2）变晶结构。岩石在固态条件下由重结晶和变质结晶作用形成的结构称为变晶结构。变晶结构是变质岩中最常见的结构。变晶结构中的矿物多呈定向排列。

　　（3）碎裂结构。由于岩石在低温下受定向压力作用，当压力超过其强度极限时发生碎裂、错动，形成碎块甚至粉末后又被胶结在一起的结构，其常具条带和片理，是动力变质岩中常见的结构。

1.2.3.4　变质岩的构造

　　变质岩的构造主要包括变余构造和变成构造。

　　（1）变余构造。岩石经变质后仍保留有原岩部分的构造特征的构造称为变余构造。变余构造是恢复原岩的重要依据，如变余气孔构造、变余杏仁构造、变余层理构造等。

　　（2）变成构造。由变质作用形成的新构造称为变成构造，主要有以下几种：

　　1）板状构造。板状构造为一般泥质或硅质岩受应力后产生的一组平行破裂面，使岩石呈板状玻璃，板状劈理常与原始层理斜交。岩石可伴有轻微的重结晶，但肉眼分不出矿物颗粒，表面光滑平整。

　　2）千枚状构造。这种构造的岩石中各组分已基本重结晶，而且矿物已初步有定向排列，但结晶程度较弱，肉眼不能分辨矿物颗粒，仅在岩石的自然破裂面上有强烈的丝绢光泽。

　　3）片状构造。这是变质岩最常见、最典型的构造。其特点是岩石中所含大量片状和粒状矿物都呈平行排列，它是岩石组分在定向压力下产生变形、转动或溶解、再结晶而成。岩石中各组分全部重结晶，而且肉眼可以分出矿物颗粒，这一点与定向构造不同。

　　4）片麻状构造。岩石具显晶质变晶结构，以粒状矿物为主，片状或柱状矿物定向排列，但因数量不多而使得彼此不连接，被粒状矿物（长石、石英）隔开。

　　5）块状构造。岩石中的矿物均匀分布、结构均一、无定向排列，这种构造称为块状构造，如大理岩和石英岩。

1.2.3.5　变质岩的分类及常见的变质岩

　　（1）变质岩的分类，见表1-5。

表1-5　变质岩的分类

岩石类别	岩石名称	主要矿物成分	鉴定特征
片状的岩石类	片麻岩	石英、长石、云母	片麻状构造，浅色长石带和深色云母带相互交错，结晶粒状或斑状结构
	云母片岩	云母、石英	具有薄片理，片理面上有强的丝绢光泽，石英凭肉眼常看不到
	绿泥石片岩	绿泥石	绿色，常为鳞片状或叶片状的绿泥石块
	滑石片岩	滑石	鳞片状或叶片状的滑石块，用指甲可刻划，有滑感
	角闪石片岩	普通角闪石、石英	片理常常表现不明显，坚硬
	千枚岩、板岩	云母、石英等	具有片理，肉眼不易识别矿物，锤击有清脆声，并具有丝绢光泽，千枚岩表现得很明显
块状的岩石类	大理岩	方解石、少量白云石	结晶粒状结构，遇盐酸起泡
	石英岩	石英	致密的、细粒的块体、坚硬，硬度接近7，玻璃光泽、断口贝壳状或次贝壳状

　　（2）常见的变质岩。

　　1）片理状岩类。

　　① 片麻岩。片麻状构造，变晶或多余结构，因发生重结晶，一般晶粒粗大，肉眼可辨识。主要矿物为石英和长石，其次有云母、角闪石、辉石等。有时含少许石榴子石等变质矿物。片麻岩强度较高，若云母含量增多，强度相应降低。因具片理构造，故较易风化。

　　② 片岩。具片状构造，变晶结构。矿物成分主要是一些片状矿物，如云母、绿泥石、滑石等，此外尚含有少许石榴子石等变质矿物。片岩的片理一般比较发育，片状矿物含量高，强度低，抗风化能力差，极易风化剥落，岩体也易沿片理倾向塌落。

　　③ 千枚岩。多由黏土岩变质而成。矿物成分主要为石英、绢云母、绿泥石等，结晶程度比片岩差，晶粒极细，肉眼不能直接辨识，外表常呈黄绿、褐红、灰黑等色。由于含

有较多的绢云母，片理面常有微弱的丝绢光泽。千枚岩质地松软，强度低，抗风化能力差，容易风化剥落，沿片理倾向容易产生塌落。

2）块状岩类。

① 大理岩。由石灰岩或白云岩经重结晶变质而成，等粒变晶结构，块状构造。主要矿物成分为方解石，遇稀盐酸强烈起泡，可与其他浅色岩石相区别。大理岩常呈白色、浅红色、淡绿色、深灰色等颜色，常因含有其他带色杂质而呈现出美丽的花纹。

② 石英岩。结构和构造与大理岩相似，一般由较纯的石英砂岩变质而成，常呈白色，因含杂质，可出现灰白色、灰色、黄褐色或浅紫红色。强度很高，抵抗风化的能力强，是良好的建筑石料，开采加工困难。

1.3　岩石的工程性质

岩石和岩体均为自然地质历史的产物，但两者的概念不同。岩石是矿物的集合体，而岩体是指包括各种地质界面——如层面、层理、节理、断层、软弱夹层等结构面的单一或者多种岩石构成的地质体，它被各种结构面切割，由大小不同的、形状不一的岩块（即结构体）所组合而成。因此，岩体是指某一地点一种或多种岩石中的各种结构面、结构体的总称，且岩体不能以小型的完整单块岩石作为代表。

岩石的性质包括岩石的物理性质和力学性质两个方面。其影响因素主要为矿物成分、结构构造与风化作用。

1.3.1　岩石的物理性质

（1）比重（相对密度）。岩石的比重是指岩石固体（不包括孔隙）部分单位体积的重量。在数值上，等于岩石固体颗粒的重量与同体积的水在4℃时重量的比。

$$G = \frac{W_s}{V_s \cdot \gamma_w} \tag{1-1}$$

式中　W_s——体积 V 的岩石固体部分的重量，kN；

　　　V_s——岩石固体部分（不包括孔隙）的体积，m^3；

　　　γ_w——单位体积水（4℃）的重量，kN/m^3。

岩石比重的大小，取决于组成岩石的矿物的比重及其在岩石中的相对含量。组成岩石的矿物的比重大、含量多，则岩石的比重就大。常见的岩石，其比重一般介于 2.4 ~ 3.3 之间。

（2）重度。重度也称容重，是指岩石单位体积的重量，在数值上它等于岩石试件的总重量（包括孔隙中的水重）与其总体积（包括孔隙体积）之比。

$$\gamma = \frac{W}{V} \tag{1-2}$$

式中　W——岩石试件重量，kN；

　　　V——岩石试件的体积（包括孔隙体积），m^3。

岩石重度的大小，取决于岩石中矿物的比重，岩石的孔隙性及其含水状况。岩石孔隙中完全没有水存在时的重度，称为干重度。干重度的大小取决于岩石的空隙性及矿物的比重。岩石中的孔隙全部被水充满时的重度，则称为岩石的饱和重度。

（3）孔隙度。岩石的孔隙度是指岩石孔隙体积与岩石总体积之比，以百分数表示。岩石孔隙度大小，主要取决于岩石的结构和构造，同时也受外力因素的影响。未受风化或构造作用的侵入岩和某些变质岩，其孔隙度一般很小，而砾岩、砂岩等一些沉积岩类的岩石，则常具有较大的孔隙度。

岩石的水理性质指岩石与水相互作用时所表现的性质，通常包括岩石吸水性、透水性、软化性、抗冻性、溶解性等（见第5章）。

1.3.2 岩石的力学性质

岩石在外力作用下，首先发生变形，当外力继续增加到某一数值后，就会产生破坏。因此，在研究岩石的力学性质时，既要考虑岩石的变形特性，也要考虑岩石的强度特性。

（1）岩石的变形特性。表示岩石变形的指标主要有弹性模量、变形模量和泊松比。

1）弹性模量 E 是应力 σ 与弹性应变 ε_e 的比值，即

$$E = \frac{\sigma}{\varepsilon_e} \tag{1-3}$$

岩石的弹性模量越大，变形越小，说明岩石抵抗变形的能力越强。

2）变形模量 E_o 是应力 σ 与总应变的比值，即

$$E_o = \frac{\sigma}{\varepsilon_e + \varepsilon_p} \tag{1-4}$$

3）泊松比。岩石在轴向压力的作用下，除产生纵向压缩外，还会产生横向膨胀，这种横向应变与纵向应变的比值，称为泊松比，即

$$\mu = \frac{\varepsilon_1}{\varepsilon} \tag{1-5}$$

泊松比越大，表示岩石受力后的横向变形越大。岩石的泊松比一般为 0.2 ~ 0.4。

（2）岩石的强度。岩石抵抗外荷作用而不被破坏的能力称为岩石的强度。按外荷作用方式不同，岩石的强度可分为抗压、抗剪及抗拉强度。岩石的强度单位用 kPa 表示。

1）抗压强度。抗压强度是岩石在单向压力作用下，抵抗压碎破坏的能力，即

$$R = \frac{P}{F} \tag{1-6}$$

式中　R——岩石抗压强度，kPa；

　　　P——岩石破坏时的压力，kN；

　　　F——岩石受压面积，m^2。

各种岩石抗压强度值差别很大，这主要取决于岩石的矿物成分、结构和构造。

2）抗拉强度。抗拉强度是岩石单向拉伸时抵抗拉断破坏的能力，以拉断破坏时的最大张应力表示。岩石的抗压强度一般远大于抗拉强度。

3）抗剪强度。抗剪强度是岩石抵抗剪切破坏的能力。根据实验形式不同，岩石抗剪强度可分为抗剪断强度和抗剪强度。

① 抗剪断强度是在剪断面上有一定垂直压应力作用，被剪断时的最大剪应力，即

$$\tau = \sigma \tan\varphi + c \tag{1-7}$$

式中　　τ——岩石抗剪断强度，kPa；

　　　　σ——断裂面上的法向应力，kPa；

　　　　φ——岩石的内摩擦角，(°)；

　　　　c——岩石的内聚力，kPa。

② 抗剪强度是岩石沿已有的破裂面或软弱面剪切滑动时的最大剪应力，即

$$\tau = \sigma \tan\varphi \qquad\qquad (1\text{-}8)$$

显然，抗剪强度大大低于抗剪断强度。

1.3.3　岩石按工程特性分类

（1）岩石坚硬程度按饱和单轴抗压强度分类，见表1-6。

表1-6　岩石按坚硬程度分类

坚硬程度	坚硬岩	较硬岩	较软岩	软　岩	极软岩
饱和单轴抗压强度/MPa	$f_r>60$	$60 \geqslant f_r>30$	$30 \geqslant f_r>15$	$15 \geqslant f_r>5$	$f_r \leqslant 5$

注：1. 当无法取得饱和单轴抗压强度数据时，可用点荷载试验强度换算，换算方法按现行国家标准《工程岩体分级标准》（GB 50218）执行。

　　2. 当岩体完整程度为极破碎时，可不进行坚硬程度分类。

（2）岩石按坚硬程度划分，见表1-7。

表1-7　岩石按坚硬程度的定性分类

坚硬程度		锤击鉴定	代表性岩石
硬质岩	坚硬岩	锤击声清脆，有回弹，震手，难击碎，基本无吸水反应	未风化~微风化的花岗岩、闪长岩、辉绿岩、玄武岩、安山岩、片麻岩、石英岩、石英砂岩、硅质砾岩、硅质石灰岩等
	较硬岩	锤击声较清脆，有轻微回弹，稍震手，较难击碎，有轻微吸水反应	（1）微风化的坚硬岩； （2）未风化~微风化的大理岩、板岩、石灰岩、白云岩、钙质砂岩等
软质岩	较软岩	锤击声不清脆，无回弹，较易击碎，侵水后指甲可刻出印痕	（1）中等风化~强风化的坚硬岩或较硬岩； （2）未风化~微风化的凝灰岩、千枚岩、泥灰岩、砂质泥岩等
	软　岩	锤击声哑，无回弹，有凹痕，易击碎，侵水后可掰开	（1）强风化的坚硬岩或较硬岩； （2）中等风化~强风化的较软岩； （3）未风化~微风化的页岩、泥岩、泥质砂岩等
极软岩		锤击声哑，无回弹，有较深凹痕，手可捏碎，侵水后可捏成团	（1）全风化的各种岩石； （2）各种半成岩

（3）岩石按软化程度分类。岩石按软化系数 K_R 可分为软化岩石和不软化岩石。当软化系数 K_R 值小于或等于 0.75 时，为软化岩石；当软化系数 K_R 大于 0.75 时，为不软化岩石。

当岩石具有特殊成分、特殊结构或特殊性质时，应定为特殊性岩石，如易溶性岩石、膨胀性岩石、崩解性岩石、盐渍化岩石等。

1.3.4 影响岩石工程性质的主要因素

影响岩石工程性质的因素很多，其主要有两个：一是岩石的地质特征，如岩石的矿物成分、结构、构造及成因等；二是岩石形成后所受外部因素的影响，如水的作用及风化作用等。

（1）矿物成分。岩石是由矿物组成的，岩石的矿物成分对岩石的物理力学性质产生直接的影响，如辉长岩的比重较花岗岩大，因为辉长岩的主要矿物成分辉石和角闪石的比重比石英和正长石大的缘故，又如石英岩的抗压强度比大理岩要高得多，这是因为石英的强度比方解石高的缘故。这说明岩类相同，结构和构造也相同，如果矿物成分不同，岩石的物理力学性质会有明显的差别。但也不能简单地认为，含有高强度矿物的岩石，其强度一定就高。因为当岩石受力作用后，内部应力是通过矿物颗粒的直接接触来传递的，如果强度较高的矿物在岩石中互不接触，则应力的传递必然会受到中间低强度矿物的影响，岩石不一定就能显示出高的强度。因此，只有在矿物分布均匀，高强度矿物在岩石的结构中形成牢固的骨架时，才能起到增高岩石强度的作用。

在对岩石的工程性质进行分析和评价时，更应注意那些可能降低岩石强度的因素。如花岗岩中的黑云母含量是否过高，石灰岩、砂岩中黏土类矿物的含量是否过高等。因为黑云母是硅酸盐类矿物中硬度低、解理最发育的矿物之一，其容易遭受风化而剥落，也易于发生次生变化，而成为强度较低的铁的氧化物和黏土类矿物。石灰岩和砂岩的黏土矿物含量大于20%时，就会直接降低岩石的强度和稳定性。

（2）岩石结构。岩石的结构特征是影响岩石物理力学性质的一个重要因素。根据岩石的结构特征，可将岩石分为两类：一类是结晶联结的岩石，如大部分的岩浆岩、变质岩和一部分沉积岩；另一类是由胶结物联结的岩石，如沉积岩中的碎屑岩等。

结晶联结是由岩浆或溶液中结晶或重结晶形成的。矿物的结晶颗粒靠直接接触产生的力牢固地固结在一起，结合力强，孔隙度小，结构致密、容重大、吸水率变化范围小，比胶结的岩石具有较高的强度和稳定性。但是，结晶颗粒的大小对岩石的强度有明显的影响。

胶结联结是矿物碎屑由胶结物联结在一起的。胶结联结的岩石，其强度和稳定性主要取决于胶结物的成分和胶结形式，同时也受碎屑成分的影响，变化很大。一般硅质胶结的强度和稳定性高，泥质胶结的强度和稳定性低，钙质和铁质胶结的介于两者之间。

（3）岩石的构造。构造对岩石物理力学性质的影响，主要是由矿物成分在岩石中分布的不均匀性和岩石结构的不连续性所决定的，如岩石所具有的片状构造、板状构造、千枚状构造、片麻构造以及流纹构造等。岩石的这些构造，致使矿物成分在岩石中的分布极不均匀。一些强度低、易风化的矿物，一般沿一定方向富集，或呈条带状分布，或者成为局部的聚集体，从而使岩石的物理力学性质在局部发生很大变化。不同的矿物成分虽然在岩石中的分布是均匀的，但由于存在着层理、裂隙和各种成因的孔隙，致使岩石结构的连续性与整体性受到一定程度的影响，从而使岩石的强度和透水性在不同的方向上发生明显的差异。一般情况下，垂直层理的抗压强度大于平行层面的抗压强度，平行层面的透水性大于垂直层面的透水性，使岩石的强度和稳定性将降低。

（4）地下水。岩石被水饱和后会使岩石的强度降低。当岩石受到水的作用时，水就沿着岩石中可见和不可见的孔隙、裂隙侵入。侵湿岩石全部自由表面上的矿物颗粒，并继续沿着矿物颗粒间的接触面向深部侵入，削弱矿物颗粒间的联结，使岩石的强度受到影响。如石灰岩和砂岩被水饱和后其极限抗压强度会降低25%～45%左右。像花岗岩、闪长岩及石英岩等一类的岩石，被水饱和后，其强度也均有一定程度的降低。降低程度在很大程度上取决于岩石的孔隙度。当其他条件相同时，孔隙度大的岩石，被水饱和后其强度降低的幅度也大。

与上述的几种影响因素相比较，水对岩石强度的影响，在一定程度内是可逆的，当岩石干燥后其强度仍然可以得到恢复。但是如果发生干湿循环，化学溶解可能使岩石的结构状态发生改变，则岩石强度的降低，即为不可逆的过程。

（5）风化作用。风化是在温度、水、气体及生物等综合因素影响下，改变岩石状态、性质的物理化学过程。它是自然界最普遍的一种地质现象。

风化作用促使岩石的原有裂隙进一步扩大，并产生新的风化裂隙，使岩石矿物颗粒间的联结松散和使矿物颗粒沿解理面崩解。风化作用的这种物理过程，能促使岩石的结构、构造和整体性遭到破坏，孔隙度增大，重度减小，吸水性和透水性显著增高，强度和稳定性大为降低。随着化学过程的加强，会引起岩石中的某些矿物发生次生变化，从而改变了岩石原有的工程特性。

1.4　岩石的风化作用

地壳表层的岩石，在大气和水的联合作用以及温度变化和生物活动的影响下，经过各种的外力地质作用，在原地产生的一系列崩解、破碎和变质作用，称为岩石的风化作用。岩石在地表受风化、破碎、分解以后，再经过搬运、沉积，最后胶结成岩。风化作用是其他外力作用的先导，它为剥蚀作用的进行创造了极有利的条件，在各种地貌和沉积物的形成和发展上起着重要作用。

岩石风化按自然因素和风化物质的性质不同，可划分为物理风化作用、化学风化作用和生物风化作用。

1.4.1　岩石的物理风化作用

一切只改变岩石的完整性或改变已碎裂的岩石颗粒大小和形状，而未能产生新矿物的风化作用（含植物根系的劈裂作用以及搬运过程中的破碎、磨圆过程）称为物理风化作用或机械风化作用。

物理风化的类型如下：

（1）温度应力引起的胀缩作用。这种作用通常发生在类似沙漠等有很大的每日温差的地方。温度在日间升高，在晚间则急剧下降；岩石在日间受热膨胀，在晚间冷却收缩。应力通常都会施加在外层。此应力令岩石外层以薄片状态剥落（见图1-10）。虽然此现象由温差造成，但水汽的存在令热膨胀的效果加强。

（2）裂隙中的冰以及其他结晶体（硫酸钙结晶体）产生的膨胀应力引起的劈裂作用。一旦岩石中出现了细微裂缝，大气降水就会深入其中，水分的进入或者会在低温时形成冰体沿裂缝两侧挤压岩石，或者与岩石中的某些物质反应形成结晶膨胀体挤压岩石，使岩

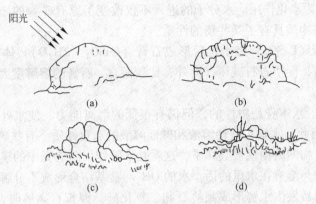

阳光

(a)

(b)

(c)

(d)

图 1-10　温度应力的胀缩作用

石中原有的裂缝加宽，增长，并为更多水分进入岩体内部创造了条件，逐步使岩石风化崩解。

（3）岩体因卸荷而引起的膨胀崩解。随着上覆岩石不断被风化剥蚀，原来处于地层深处的岩体距地表面愈来愈近，上覆重力愈来愈小，在重力卸荷作用下，岩体会产生明显上弹（膨胀），严重时就会产生卸荷裂隙。

（4）树木生长过程中的根劈作用。岩石的裂缝中除含有一定的水分外，还会充填入一定量的尘土，这样一来树木就可在其中生存，随着树木的成长，其根系也不断壮大；更加之岩石表层裂隙中的水分有限，为了获取树木生长所需的更充足的水分，岩石裂隙中的植物根系更为发达。植物根系的生长壮大必然挤压岩石裂缝，使其扩大，增密，导致岩石产生风化，并为风化向岩石内部发展创造了条件。

（5）重力作用下的岩块碎裂和搬运过程中的碰撞。在自身重力作用下，在岩石的碎裂块体从高处向山坡下方滚动的过程中，在风力及流水搬运岩石碎裂块体的过程中，岩石的碎裂块体之间或碎裂块体与地面之间会不断发生碰撞，碰撞过程中，岩石块体会变得浑圆起来并进一步破碎变小。

（6）风的剥蚀作用。季节风的作用是干旱和半干旱地区岩石风化不可忽略的一个因素。风力将崩裂的岩石碎块从母岩上剥离，同时又为风化进一步深入岩石深部创造了条件。

1.4.2　岩石的化学风化作用

化学风化是指岩石在水、水溶液和空气中的氧与二氧化碳等的作用下所发生的溶解、水解、碳酸化和氧化等一系列化学变化的作用。这类风化作用的结果不仅仅改变了原有岩石的连续性和完整性，而且在改变岩石物质状态的同时改变了岩石中原有的矿物成分。因此，我们将一切改变了岩石中原有矿物成分的风化作用统称为化学风化作用。化学风化就是质变风化。

化学风化的类型分为：

（1）水的风化作用。水的风化作用可细分为水化作用、水解作用、溶解溶蚀和再结晶作用。

1）水化作用。有些矿物能够吸收一定量的水参加到矿物晶格中，形成含水分子的矿物（结晶水），称为水化作用。水分子的进入不仅改变了原有矿物的结构形态，并增加了物质成分，也使该物质具有了某些新的性质。

例如，硬石膏（$CaSO_4$）经水化后形成石膏（$CaSO_4 \cdot 2H_2O$），体积膨胀约59%，对周围岩石产生压力，促使岩石破坏（此外，比较而言，石膏的溶解度大，硬度低，也加快了它的风化速度）。

2）水解作用。水本身是中性的，但仍有很低的解离能力，使水处于解离状态，成为H^+和OH^-离子。因此，水具有酸性溶液和碱性溶液的双重性质。有些矿物溶解于水后，由于这种性质，该矿物的结构就被破坏了，这就是水解作用。地壳中的矿物大部分是弱酸强碱的硅酸盐化合物，溶解在水里的话，水的OH^-与盐基结合形成不分解的碱分子。

例如，钾长石易发生水解形成高岭石和二氧化硅。钾长石离解时，形成的KOH呈真溶液随水迁移，析出的SiO_2呈胶体状态流失，铝硅酸根与一部分氢氧根离子结合形成高岭石残留原地。

在湿热气候条件下，高岭石还要进一步水解，形成铝土矿，如SiO_2被水带走，铝土矿可以富集起来成为矿床。

3）溶解溶蚀和再结晶作用。任何矿物，都或多或少可溶解于水中。不同的矿物具有不同的溶解度，主要取决于元素本身的性质和外界的条件。且温度、压力、pH值的大小等外部条件也直接影响着矿物的溶解度；即使是同一矿物，因其形状和大小的不同，溶解度也有差异，一般是粒径小的更易于溶解。常见矿物的溶解度大小顺序为：石盐、石膏、方解石、橄榄石、辉石、角闪石、滑石、蛇纹石、绿帘石、钾长石、黑云母、白云母、石英。

组成岩石的矿物既然有不同的溶解度，溶解度大的矿物首先流失，岩石中的易溶矿物溶蚀以后，其坚实程度降低，最终只残留一部分难溶矿物，原来的岩石也就被破坏了。

岩溶水从岩石缝隙渗出时，水分蒸发，溶解于水中的$CaCO_3$等物质从水中析出，重新结晶的过程称为再结晶作用。

（2）气体的风化作用主要有以下几种：

1）氧化作用。二价铁氧化成三价铁，使许多矿物和岩石表面染成红褐色。其反应式为：

$$2FeS_2(黄铁矿)+7O_2+2H_2O =\!=\!= 2FeSO_4+2H_2SO_4$$

2）碳酸化作用。溶于水中的CO_2形成HCO_3^-和CO_3^{2-}，它们能夺取盐类矿物中的K^+、Na^+、Ca^{2+}等金属离子，结合成易溶的碳酸盐而随水迁移，使原有矿物分解。其反应式为：

$$K_2O \cdot Al_2O_3 \cdot 6SiO_2(正长石)+2H_2O+CO_2 =\!=\!=$$
$$Al_2O_3 \cdot 2SiO_2 \cdot 2H_2O(高岭石)+K_2CO_3(石英)+4SiO_2$$

3）酸雨及硫酸化作用。空气中的酸性物质随雨水降落地面，与岩石产生化学反应，如：

$$CaCO_3+H_2SO_4 =\!=\!= CaSO_4+H_2O+CO_2$$
$$CaSO_4+SO_2+H_2O =\!=\!= Ca(HSO_3)_2$$

1.4.3 岩石的生物风化作用

生物及其生命活动对岩石、矿物产生的破坏作用称为生物风化作用，表现为物理与化学的两种形式。如树根在岩隙中长大，穴居动物的挖掘等，都引起岩石的崩解和破碎，属于生物的物理风化。生物的化学风化方面，如生命活动与动植物残体的分解所产生的大量二氧化碳，在碳化方面起着重要作用。生物活动所产生的有机酸、无机酸对岩石的腐蚀，还有生物体对某些矿物的直接分解，以及因生物的存在使局部温度、湿度及化学环境的改变，而使岩石矿物更容易风化。另外，人类活动如开矿、筑路、灌溉与耕作等对风化作用也有影响。

1.4.4 影响岩石风化作用的因素

岩石一经暴露地表，都会遭受不同程度的风化。影响风化作用的因素主要有气候、地形和植被等环境条件以及岩石本身的性质。

（1）气候因素。影响风化作用的气候因素主要指降水量与温度。降水量丰富且水循环快的地区有利于化学风化的进行；而温度则影响化学反应的速率，水中游离氧的含量和水的离解度随温度增高而加大，水中 CO_2 含量随温度增高而减少，但温度增高 $10℃$，反应速度则加快一倍，因此，氧化作用和水溶液的作用都随温度增高而加快，有利于化学风化作用的进行。另外，气候控制着岩石风化的数量和类型，它们对风化作用产生各不相同的影响。地球气候的分带性决定了风化作用速度及其产物类型的分带性。

（2）地形因素。在相对高程很大的中低纬度山区，可以看到不同高程上有不同的气候带因而有不同类型的风化作用。地形陡缓不同，风化作用也不同，陡坡地下水位低，植被稀少，物理风化相对强烈，产物不易保留，未风化的岩石不断暴露接受风化；缓坡平地化学风化和生物风化相对强烈，矿物分解彻底，风化产物残留原地，母岩被覆盖，不利于物理风化，最后形成大量黏土和残余矿床。坡向也有影响，中低纬度阳坡昼夜温差大，冰冻风化也比阴坡强烈，以致阳坡比阴坡更凹凸不平。

（3）地质因素。地质因素主要有岩石的矿物成分、岩石结构构造和运动的影响。

1）岩石的矿物成分。岩石的风化过程与组成岩石的矿物成分有直接的关系。按风化的难易程度，可将矿物划分为稳定性矿物、较稳定性矿物、不稳定性矿物。岩石中的不稳定性矿物含量越高，抗风化能力越低。

2）岩石的结构和岩性。岩性包括岩石的结构与构造、矿物颗粒大小与形状、孔隙率、吸水率、坚固性等物理力学性质。结构致密、岩性坚固、孔隙率和吸水率小的岩石其抗风化能力就好，反之就易风化。

3）地质构造与岩体结构。地质构造对岩体的结构性有很大的影响，而岩体的结构性（岩体结构面的产状、交汇切割情况、间距大小以及岩体裂隙的张开性、充填情况、渗透性等）又对岩体的抗风化能力有很大影响。岩体的结构面愈发育、裂隙愈大、充填情况愈差，渗透性愈好就愈易风化。

4）气候条件和地表水。气温高、雨量充足、湿度大、植物生长茂盛的我国南方地区以化学风化为主。温差大、雨量少、干燥、植被差、风力作用强烈的我国北方地区则以物理风化为主。

5）地貌与地下水。地貌对风化作用的影响与水、风、温差、地势及基岩埋藏条件等多种因素有关。地下水对岩石的风化则主要表现为溶解溶蚀和再结晶。

6）其他因素。人类活动形成的环境污染等也会成为影响化学风化的重要因素。

1.4.5　岩石风化作用的工程评价

岩石受风化作用影响，改变了其物理化学性质，岩性变化的情况随风化程度的轻重而不同。岩石的裂缝度、孔隙度、透水性、亲水性、胀缩性和可塑性等都随风化程度加深而增加，而岩石的抗压和抗剪强度随风化程度加深而降低。因此，岩石风化程度愈深的地区，工程建筑物的地基承载力愈低，岩石的边坡愈不稳定。因此，研究风化作用的影响具有不可忽略的重要意义。

在工程上，岩石风化的情况可通过两个方面来表述：一个是岩石的风化程度；另一个是岩石层的风化深度或称风化岩层的厚度。

岩石风化程度是风化作用对岩体的破坏程度，它包括岩体的解体和变化程度及风化深度。结合实际工程并综合考虑岩石的颜色变化、矿物成分变化、破碎程度、物理力学性质的改变等几方面的情况，《岩土工程勘察规范》（GB 50021—2009）把岩石按风化程度分为六个等级，具体划分情况见表 1-8。

表 1-8　岩石风化程度分类表

风化程度	野 外 特 征	风化程度参数指标	
		波速比 K_v	风化系数 K_f
未风化	岩质新鲜，偶见风化痕迹	0.9 ~ 1.0	0.9 ~ 1.0
微风化	岩土结构基本未变，仅节理面有渲染或略有变色，有少量风化裂隙	0.8 ~ 0.9	0.8 ~ 0.9
中等风化	岩土结构部分破坏，沿节理面有次生矿物、风化裂隙发育，岩体被切割成岩块，用镐可挖，岩芯钻方可钻进	0.6 ~ 0.8	0.4 ~ 0.8
强风化	岩土结构大部分破坏，矿物成分显著变化，风化裂隙很发育，岩体破碎，用镐可挖，干钻不易钻进	0.4 ~ 0.6	<0.4
全风化	岩土结构基本破坏，但尚可辨认，有残余结构强度，可用镐挖，干钻可钻进	0.2 ~ 0.4	—
残积土	岩土组织结构全部破坏，已风化成土状，锹镐易挖掘，干钻易钻进，具可塑性	<0.2	—

注：1. 波速比 K_v 为风化岩石与新鲜岩石压缩波速度之比；
　　2. 风化系数 K_f 为风化岩石与新鲜岩石饱和单轴抗压强度之比；
　　3. 岩石风化程度，除按表列野外特征和定量指标划分外，也可根据当地经验划分；
　　4. 花岗岩类岩石，可采用标准贯入试验划分，$N \geqslant 50$ 为强风化；$50 > N \geqslant 30$ 为全风化；$N < 30$ 为残积土；
　　5. 泥岩和半成岩，可不进行风化程度划分。

根据实践经验，物理风化为主的地区，风化深度一般不超过 10m 或 15m；而以化学风化为主的地区，岩石的风化深度则可以达到数十米，甚至 100 余米。在工程上，常常会根据具体工程的特点和需要，并根据岩石的风化情况来对其进行一定的加固或处理，以提高岩石的完整性和强度。这类处理方法处理方法有水泥灌浆、黏土灌浆、沥青灌浆、硅化法等。边坡工程中最常采用的是坡面防护。

1.5 岩体的工程性质

1.5.1 岩体结构

岩体结构是指岩体中结构面与结构体的组合方式，不同的组合方式形成了多种多样的岩体结构，不同的岩体结构具有不同的工程特性（如承载力、变形、抗风化能力、渗透性等）。

岩体结构面是指岩体中各种地质界面，它包括不同矿物成分及不连续面。其是在地质发展的历史中，在岩体内形成的具有不同方向、不同规模、不同形态以及不同特性的面、缝、层、带状的地质界面。

结构体是指由不同产状的各种结构面将岩体切割而成的单元体。

1.5.1.1 岩体结构面

结构面具有广义的性质。不同成因的结构面，其形态与特征、力学性质等也往往不同。按地质成因，结构面可分为原生结构面、构造结构面、次生结构面三大类。

（1）原生结构面是成岩时形成的，分为沉积结构面、火成结构面和变质结构面三种类型。

沉积结构面如层面、层理、沉积间断面和沉积软弱夹层等。一般的层面和层理结合是良好的，层面的抗剪强度并不低，但由于构造作用产生的顺层错动或风化作用会使其抗剪强度降低。软弱夹层是指介于硬层之间强度低，又易遇水软化，厚度不大的夹层；软弱夹层风化之后为泥化夹层，如泥岩、页岩、泥灰岩等。

火成结构面是岩浆岩形成过程中形成的，如原生节理（冷凝过程形成）、流纹面、与围岩的接触面、火山岩中的凝灰岩夹层等，其中的围岩破碎带或蚀变带、凝灰岩夹层等均属于火成软弱夹层。

变质结构面如片麻理、片理、板理都是变质作用过程中矿物定向排列形成的结构面，如片岩或板岩的片理或板理均易脱开。其中云母片岩、绿泥石片岩、滑石片等片理发育，易风化并形成软弱夹层。

（2）构造结构面。构造结构面是在构造应力作用下，于岩体中形成的断裂面、错动面、破碎带的统称。其中劈理、节理、断层面、层间错动面等属于破裂结构面。断层破碎带、层间错动破碎带均易软化、风化，其力学性质较差，属于构造软弱带。

（3）次生结构面。次生结构面是在风化、卸荷、地下水等作用下形成的风化裂隙、破碎带、卸荷裂隙、泥化夹层、夹泥层等。风化带上部的风化裂隙发育，往深部渐减。

泥化夹层是某些软弱夹层在地下水作用下形成的可塑黏土，因其摩阻力甚低，工程上应予以注意。

1.5.1.2 结构体的类型

由于各种成因的结构面的组合，在岩体中可形成大小、形状不同的结构体。

岩体中结构体的形状和大小是多种多样的，但根据其外形特征可大致归纳为柱状、块状、板状、楔形、菱形和锥形六种基本形态，如图 1-11 所示。

当岩体强烈变形破碎时，也可形成片状、碎块状、鳞片状等形式的结构体。

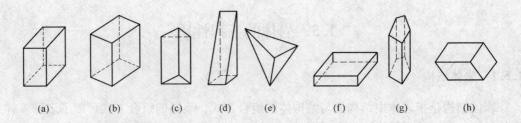

图 1-11　结构体的类型

（a）方柱体；（b）菱形柱体；（c）三菱柱体；（d）楔形体；（e）锥形体；

（f）板状体；（g）多角柱体；（h）菱形块体

结构体的形状与岩层产状之间有一定的关系，例如：在平缓产状的层状岩体中，一般由层面（或顺层裂隙）与平面上的 X 形断裂组合，常将岩体切割成方块体、三角形柱体等；在陡立的岩层地区，由于层面（或顺层错动面）、断层与剖面上的 X 形断裂组合，往往形成块体、锥形体和各种柱体。

1.5.1.3　岩体结构类型

岩体结构的基本类型可分为整体块状结构、块状结构、层状结构、破裂状结构和散体状结构。岩体结构类型及特征如表 1-9 所示。

表 1-9　岩体结构类型及特征

岩体结构类型	岩体地质类型	主要结构体形状	结构面发育情况	岩土工程特征	可能发生的岩土工程问题
整体状结构	巨块状岩浆岩、变质岩、巨厚层沉积岩	巨块状	以层面和原生构造节理为主，多呈闭合性，结构面间距大于 1.5m，一般为 1~2 组，无危险结构面组成的落石、掉块	整体性强度高、岩体稳定，在变形特征上可视为均质弹性各向同性体	要注意由结构面组合而成的不稳定结构体的局部滑动或坍塌，深埋硐室要注意岩爆
块状结构	厚层状沉积岩、块状岩浆岩、变质岩	块状、柱状	只具有少量贯穿性较好节理裂隙，结构面间距 0.7~1.5m。一般为 2~3 组，有少量分离体	整体强度较高，结构面互相牵制，岩体基本稳定，在变形特征上接近弹性各向同性体	
层状结构	多韵律的薄层及中厚层状沉积岩、副变质岩	层状、板状	层理、片理、节理裂隙，但以风化裂隙为主，常有层间错动面	岩体接近均一的各向异性体，其变形及强度特征受层面控制，可视为弹塑性体，稳定性较差	可沿结构面滑塌，可产生塑性变形
破裂状结构	构造影响严重的破碎岩层	碎块状	层理及层间结构面较发育，结构面间距 0.25~0.50m，一般在 3 组以上，有许多分离体	完整性破坏较大，整体强度很低，并受软弱结构面控制，多呈弹塑性体，稳定性很差	易引起规模较大的岩块失稳，地下水加剧岩体失稳
散体状结构	断层破坏带、强风化及全风化带	碎屑状	构造及风化裂隙密集，结构面错综复杂，多充填黏性土，形成无序小块和碎屑	完整性遭到极大破坏，稳定性极差，岩体属性接近松散体介质	

1.5.2 岩体的分类

（1）岩体按岩石的质量指标（RQD）分类。岩体按岩石质量指标分类如表1-10所示。

表1-10 岩体按岩石的质量指标（RQD）分类

岩体分类	好	较好	较差	差	极差
RQD/%	>90	75～90	50～75	25～50	<25

（2）岩体按完整程度分类。

1）岩体完整程度的定量划分，如表1-11所示。

表1-11 岩体完整程度分类

岩体完整性系数（K_v）	>0.75	0.75～0.55	0.55～0.35	0.35～0.15	<0.15
完整程度	完整	较完整	较破碎	破碎	极破碎

注：岩体完整性系数（K_v）按式 $K_v = (v_{p岩体}/v_{p岩石})^2$ 计算，式中 $v_{p岩体}$ 和 $v_{p岩石}$ 分别为岩体和岩石的压缩波速度（m/s）。

2）岩体完整程度的定性划分，如表1-12所示。

表1-12 岩体完整程度的定性分类

完整程度	结构面发育程度		主要结构面的结合程度	主要结构面类型	相应结构类型
	组数	平均间距/m			
完整	1～2	>1.0	结合好或结合一般	裂隙、层面	整体状或巨厚状结构
较完整	1～2	>1.0	结合差	裂隙、层面	块状或厚层状结构
	2～3	1.0～0.4	结合好或结合一般		块状结构
较破碎	2～3	1.0～0.4	结合差	裂隙、层面、小断层	裂隙块体或中厚层状结构
	≥3	0.4～0.2	结合好		镶嵌碎裂结构
			结合一般		中、薄层状结构
破碎	≥3	0.4～0.2	结合差	各种类型结构面	裂隙块状结构
		≤0.2	结合一般或结合差		碎裂状结构
极破碎	无序	—	结合很差	—	散体状结构

注：平均间距指主要结构面（1～2组）间距的平均值。

（3）岩体基本质量等级分类。岩体基本质量等级划分如表1-13所示。

表1-13 岩体基本质量等级分类

完整程度 / 坚硬程度	完整	较完整	较破碎	破碎	极破碎
坚硬岩	I	II	III	IV	V
较硬岩	II	III	IV	IV	V
较软岩	III	IV	IV	V	V
软岩	IV	IV	V	V	V
极软岩	V	V	V	V	V

1.5.3 岩体的工程性质

岩体的工程性质取决于岩体结构类型与特征，以及组成岩体的岩石性质（或结构体本身的性质）。例如，散体结构的花岗岩岩体的工程性质往往要比层状结构的页岩岩体的工程性质要差。因此，在分析岩体的工程性质时，必须首先分析岩体的结构特征及其相应的工程特性，其次再分析组成岩体的工程性质，有条件时配合必要的室内和现场岩体（或岩块）的物理力学性质试验，加以综合分析，才能确切地把握和认识岩体的工程性质。

不同结构类型岩体的工程性质：

（1）整体块状结构岩体的工程性质。整体块状结构岩体因结构面稀疏、延展性差、结构体块度大且常为硬质岩石，故整体强度高、变形特征接近于各向同性的均质弹性体，变形模量、承载能力与抗滑能力均较高，抗风化能力一般也较强，所以这类岩体具有良好的工程特性，往往是较理想的各类工程建筑地基、边坡岩体及硐室围岩。

（2）层状结构岩体的工程性质。层状结构岩体中结构面以层面与不密集的节理为主，结构面多闭合～微张状、一般风化微弱、结合力一般不强，结构体块度较大且保持着母岩岩块性质，而这类岩体总体变形模量和承载能力均较高。作为工程建筑地基时，其变形模量和承载力一般可满足要求。若结构面结合力不强，又有层间错动面或软弱夹层存在时，则其强度和变形特性均具各向异性特点，一般沿层面方向的抗剪强度明显比垂直层面方向的低，特别当有软弱结构面存在时，更为明显。这类岩体作为边坡岩体时，当结构面倾向坡外要比倾向坡里的工程性质差。

（3）碎裂结构岩体的工程性质。碎裂结构岩体中节理、裂隙发育，常有泥质充填物质，结合力不强，其中层状岩体常有平行层面的软弱结构面发育，结构体块度不大，岩体完整性破坏较大。其中镶嵌结构岩体因其结构体为硬质岩石，且具较高的变形模量和承载能力，工程性质较好；而层状碎裂结构和碎裂结构岩体则变形模量、承载力均不高，工程性质较差。

（4）散体结构岩体的工程性质。散体结构岩体节理、裂隙很发育，岩体十分破碎，岩石手捏即碎，属于碎石土类，可按碎石土类研究。

在工程实践中，必须考虑岩体的稳定性。研究岩基的变形特征和水载特性，考虑岩体失稳的主要影响因素与破坏类型，采用地质分析类比法、岩体稳定性分类、数值模拟计算法、地质模拟试验法等，定量与定性地计算分析岩体的稳定性与破坏规律，以保障建（构）筑物的安全性。

复习思考题

1-1 何谓矿物，常见的造岩矿物有哪些？

1-2 简述矿物的物理性质。

1-3 矿物的主要力学性质有哪些？

1-4 如何确定矿物的硬度？

1-5 何谓解理与断口，二者如何划分？

1-6 如何对矿物进行分类？

1-7 分述岩浆岩、沉积岩和变质岩的结构和构造。

1-8 岩石的工程性质有哪些？简述其影响因素。

1-9 岩石按工程特性可分为哪几类？

1-10 岩体的工程性质有哪些，如何对岩体进行分类？

1-11 何谓风化作用，其有哪些类型？

1-12 简述影响岩石风化作用的因素。

2 地壳运动与地质构造

地壳运动是地质作用的重要形式，是海陆变迁、岩石变形变位和矿产形成与分布的重要控制因素。地壳运动的结果是引起地壳岩层的变形和变位，并形成各种地质构造。褶皱构造和断裂构造是其最基本的构造形式。地壳运动、地质年代、地质构造的类型与特点，对工程建设有着重大的影响。

2.1 地壳运动与地质作用

2.1.1 地壳运动

地壳是地球的一部分，工程地质学是研究工程建筑与地质环境相互关系的学科，大量的工程建筑分布在地球的表层，地貌形态的千差万别均是各种内外力地质作用的结果，现在的地球外貌是经历了漫长的地质历史发展、演变而成，为此，必须对地球的构造有所了解。

2.1.1.1 地球的构造

A 地球的形状和大小

地球的形状是指大地水准面所圈闭的形状，所谓大地水准面是由平均海平面构成并延伸通过陆地的封闭曲面。通过人造卫星观测，地球是一个"梨状体"，其南极内凹，北极外凸。地球的赤道半径为 6378.137km；极半径为 6356.752km；扁平率为 1/298.253；表面积为 $5.1006×10^8 km^2$；体积为 $1.0832×10^{12} km^3$；质量约为 $5.9742×10^{21}t$。从卫星上观看，地球是一个蔚蓝色的球体。

B 地球的圈层构造

地球不是一个均质体，它是由不同物质、不同状态组成的若干个同心圈层构成的球体，每个圈层都有各自独特的物质运动特征和物理化学性质。按照其物质形态的不同，以地表为界，可将地球分为外圈层和内圈层，其中外圈层包括大气圈、水圈和生物圈，而内圈层包括地壳、地幔和地核（见图 2-1）。

a 外圈层

大气圈是地球的最外圈，厚度约几万千米，其上界由于受地心引力较小，气体稀薄，逐渐过渡为宇宙气体，所以大气圈没有明显的上部界面。根据大气圈的物理特征和成分的不同，由下而上可分为对流层（厚约为 14~17km）、平流层（到约 50~55km 高空）、中间层（到约 80~

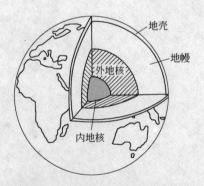

图 2-1 地球的圈层构造示意图

85km 高空）和热成层（到约 500km 高空）。

通常人们把地球表面上的海洋、河流、湖泊、冰川以及地下水和大气水等看成是一个包围地球连续分布的水层，称为水圈。水圈中的水体因受太阳辐射能量的作用，不断进行着大小循环和运动，是外力地质作用的主要动力。水在这样不停的运动中，以各种方式对地面或地下岩石进行破坏、改造，并且把破坏的物质带到另一些地方堆积下来，形成削高填低的作用，不断改变着地球的面貌。

生物圈是指地球表层由生物及其生命活动的地带所构成的连续圈层，是地球上所有生物及其生存环境的总称。至今已发现有 100 多万种动物和 30 多万种植物，它们的存在和活动对地壳的发展和变化有着密切的关系。

b　内圈层

地壳是固体地球的最外圈层，是地表至莫霍面之间的固体地球部分。莫霍面是位于地表以下数千米的一个界面，纵波到达这一界面后，其速度由平均 6~7km/s 突升为 8.1km/s，该界面是由南斯拉夫学者莫霍洛维奇于 1909 年首先发现的，因此被称为莫霍洛维奇面，简称莫霍面。地壳的厚度约为地球半径的 1/400，其体积占地球总体积的 1.55%，质量约 $24×10^{18}$t，占地球总质量的 0.8%。地壳由岩石组成，其下界起伏较大：大洋部分地壳厚度较小，不足 5km；大陆部分厚度较大，超过 70km。康拉德面位于地壳内部，表现为纵波速度由 6km/s 突变为 6.6km/s，依据康拉德面，将地壳自上而下分为上部地壳和下部地壳，上部为花岗岩层，下部为玄武岩层。

地幔是地球的莫霍面以下、古登堡面以上部分的地球圈层。古登堡面位于地下 2900km 深度，横波到这一界面就消失了，纵波却能够通过，该界面以最早（1914 年）研究这一界面的美国地球物理学家古登堡的名字命名。地幔厚度达 2865km，占地球体积的 82.3%，质量约为 $4030×10^{18}$t，占地球总质量的 67.8%，是地球的主要组成部分。它主要由固体物质组成。根据地层波速变化，以 984km 为界将地幔分为上地幔和下地幔两部分。上地幔是从莫霍面至深度 984km 处，平均密度为 $3.5g/cm^3$，其主要成分为超基性岩。下地幔是上地幔底部至古登堡面之间的部分，平均密度为 $5.1g/cm^3$，其组成成分和上地幔相似，其密度增加可认为是铁含量增加或物质在高压下被压缩的原因。

地核是地球内自古登堡面以下至地心的部分。按地震波波速的分布，可分为外核、过渡层和内核三层。自 2898km 至 4640km 是地核的外层，称外核；自 4640km 至 5155km 是过渡层；5155km 至地心，为地球的内核。地核的体积占地球体积的 16.2%，质量为 $1900×10^{18}$t，占地球总质量的 32%。地核的密度可达 $9.98~12.51g/cm^3$，与铁陨石相似。根据横波不能通过外核的事实，可推测外核为液体状态。过渡层纵波波速变化复杂，可重新测得横波波速数据，表明它由液态向固态过渡。内核已能测得横波、纵波波速数据，其中的横波由纵波转换而来，反映内核为固态物质。

C　板块构造学说

板块构造学说也称为全球构造学说，是根据全球扩张概念和较老的大陆漂移观念演变而来的。全球地壳并不是一个整体，而是被一些构造活动带如大洋中脊和裂谷、海沟、转换断层等分割成若干个相互独立的巨大构造单元，这些构造单元称为板块。这些板块彼此间又分别以不同的方向和速度在地幔软流层上漂移，产生许多地壳运动。

目前认为，对全球构造的基本格局起控制作用的有六大板块，分别是：太平洋板块、欧亚板块、美洲板块、非洲板块、大洋洲板块和南极洲板块，除此以外，还可划分出许多小板块。

2.1.1.2　地壳运动

地壳运动是指地壳的隆起和凹陷，海、陆轮廓的变化，山脉、海沟的形成以及褶皱、断裂等各种地质构造的形成与发展。地壳运动使山脉和盆地得以形成，岩层发生变形、断裂甚至破碎，形成各种类型地质构造和地球表层，所以地壳运动也称为构造运动，天然地震、火山喷发活动是地壳运动的一种表现形式。地壳运动按其运动方向分为垂直运动和水平运动。

垂直运动又称为升降运动或振荡运动，地壳物质的运动方向与地球的表面垂直，表现为陆地或海面的相对上升或下降，引起地势高低的变化和海陆的迁移，因此有人把垂直运动又称为造陆运动。垂直运动涉及广大地区，甚至影响整个地球，有时则表现为某一地区的上升，而相邻地区表现为下降，呈波浪式运动。这种波浪式运动往往形成大型隆起和凹陷，如新疆吐鲁番盆地及其相邻的博格达山和觉罗塔格山，就是一个地区下降凹陷，相邻地区上升隆起。垂直运动最明显的特点是振荡性，运动的方向时常发生改变，即某一地区在某一时期，可能表现为由上升转为下降；而在另一时期，又由下降转换为上升，呈现出周期性的更替，造成海侵和海退以及地势和气候的改变。由于沉积作用和振荡作用间的这种成因联系，振荡性及其引起的变化在沉积厚度、沉积层的特点和沉积层之间的接触关系中均有一定表现。因此，对沉积层的沉积环境、厚度和层间的接触关系的分析研究，成为确定地质时期中垂直运动的主要依据。

水平运动表现为岩石圈的水平挤压或水平引张，使岩层发生褶皱和断裂，甚至形成巨大的褶皱山系或巨大的地堑和裂谷，可称水平运动为造山运动。现代地质和地球物理资料表明：大规模的水平运动普遍存在，常用三角测量网来查明。

地壳的垂直运动和水平运动是地壳运动不同的表现形式，是相辅相成、紧密联系的。以水平运动为主的地区或阶段可以有垂直运动的存在；反之，以垂直运动为主的地区或阶段也可以有水平运动，并且两者的主次关系也可以相互转化。

2.1.2　地质作用

随着地球的演变，地壳的内部结构、物质成分和表面形态不断地发生着变化，如地震、火山喷发、地壳的缓慢上升或下降以及某些地块的水平移动等。虽然这些活动有的变化速度较快而有的缓慢，但经过漫长的地质年代，错综复杂的地质作用形成了各种成因的地形，从而导致地球面貌的巨大变化。地质学中将导致地壳物质成分变化及地表形状、岩层结构、构造发生变化的一切自然作用称为地质作用。根据地质作用力来源可将地质作用分为内力地质作用和外力地质作用。

（1）内力地质作用。由于地球自转产生的旋转能和放射性元素蜕变产生的热能等引起地壳物质成分、内部构造以及地表形态发生变化的地质作用主要是在地壳或地幔中进行，如岩浆活动、地壳运动、构造运动、地震作用和变质作用等。

（2）外力地质作用。外力地质作用主要是由于太阳辐射能和地球重力位能所引起的地质作用，它造成地面温度的变化，产生空气对流和大气环流，形成水的循环及各种水流以及冰川等，并促进生物活动，太阳能是地表一切物质运动的主要能源。因此，由太阳辐射能所引起，包括：气候变化、雨雪、山洪、河流、湖泊、海洋冰川、风、生物等的作用，对地表不断进行剥蚀，使地表形态发生变化，形成新的产物。

内力地质作用与外力地质作用是彼此独立而又相互依存的。内力地质作用对地壳的发展占主导作用，引起地壳的升降，形成地表的隆起和凹陷，从而改变了外力地质作用的过程。外力地质作用、风化为剥蚀创造了条件，又为沉积提供了物质来源。错综复杂的地质作用，形成了各种成因的地形地貌。

2.2 地质年代

地质年代是指地壳发展历史与地壳运动、沉积环境及生物演化相应的时代段落。地质年代有相对地质年代和绝对地质年代之分。相对地质年代是根据古生物演化和岩层形成顺序将地壳历史划分成一些自然阶段。绝对地质年代是用各种仪器和方法，经过测定某一时期的岩石样品中某些物质及其特性指标后，得到该岩石形成至今的时间长短，是地层形成到现在的年数。绝对地质年代，说明了岩层形成的时间，但不能反映其形成的地质过程。相对地质年代，不包含用"年"表示的时间概念，但能说明岩层形成的先后顺序及其相对的新老关系。在地质工作中，用的较多的是相对地质年代。

2.2.1 地质年代的确定

2.2.1.1 相对地质年代确定地层层序

A 地层层序法

在一个地区内，当沉积岩形成后，如未经剧烈的变动，则位于下面的地层较老，而上面的地层较新。原始地层具有下老上新的规律（见图2-2）。地层层序法是确定地层相对年代的基本方法。若岩层经剧烈的构造运动，地层层序倒转（见图2-3），就须利用沉积岩的泥裂、波痕、雨痕、交错层等构造特征，来恢复原始地层的层序，以便确定其新老关系。

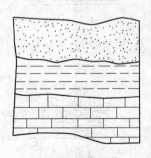

图2-2 正常层位

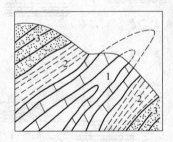

图2-3 变动层位

B 古生物法

地质历史上的生物称为古生物。其遗骸和遗迹可保存在沉积岩层中，一般被钙质、硅质充填，形成化石。生物的演变总是从简单到复杂，从低级到高级不可逆地不断发展。因此，年代越老的地层中所含的生物越原始、简单、低级，反之年代越新的地层中所含的生物越进步、复杂、高级，即埋藏在地层中的生物化石结构越简单，地层时代越老，化石结构越复杂，地层时代越新。各个地质年代都有适应其自然环境的特有生物种群，因此在同一地质时期，在相同地理环境下，形成的岩层通常具有相同的化石或化石组合，故可依据岩石中的化石种属来确定地层的新老关系。但须注意，对于具有决定地质年代的化石，应具备在该时期演化快、延续时间短、特征显著、数量多、分布广泛等特点，这样的化石也称为标准化石（见图2-4）。

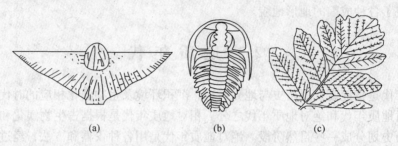

图2-4　几种标准化石图版

（a）石燕；（b）三叶虫；（c）大羽羊齿

C　岩性对比法

在同一时期、同一地质环境下形成的岩石，具有相同的颜色、成分、结构、构造等岩性特征和层序规律。因此，可根据岩性特征对比来确定某一地区岩石地层的时代。

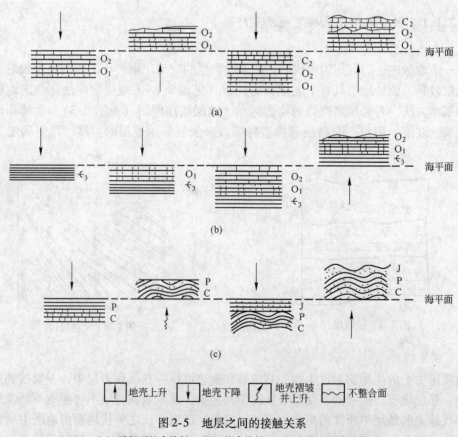

图2-5　地层之间的接触关系

（a）平行不整合接触；（b）整合接触；（c）角度不整合接触

D 地层接触关系法

上下地层接触关系反映了不同地质时代地层在空间上的接触形式和时间上的发展状况，是地壳构造运动的证据。它反映了岩石生成环境及构造变动特征。地层之间的接触关系如图2-5所示。

a 层状地层的接触关系

（1）整合接触。同一地区上下两套沉积地层在沉积层序上是连续的，产状一致，在时间上和空间上是无间断的。它反映岩层形成时期的地壳相对稳定，无显著的构造运动，是在地壳均匀下沉、连续沉降时沉积形成的。

（2）平行不整合。两套地层产状基本一致，但有明显的沉积间断，缺失某些地质时代的地层，这是因为地壳交替升降的结果，接触面起伏不平，有古风化壳和底砾岩。

（3）角度不整合。若上下地层间有明显的沉积间断，且产状不同，呈一定角度相交，表明是不连续接触，并可能有古风化壳和底砾岩。角度不整合表明该地壳发生过强烈运动，先形成的地层隆起褶皱，然后下沉接受新的沉积。

b 岩浆岩与周围地层的接触关系

地层间的接触关系，是构造运动、岩浆活动和地质发展历史的记录。沉积岩、岩浆岩及其相互间均有不同的接触类型，据此可判别地层间的新老关系，如图2-6所示。

（1）侵入接触。岩浆侵入体侵入沉积岩层之中，使围岩发生变质现象，这说明岩浆侵入体的形成年代，晚于发生变质的沉积岩层的地质年代，即沉积岩形成在先，后来火成岩侵入其中。

（2）沉积接触。岩浆岩形成之后，经长期风化剥削，后来在剥蚀面上又产生新的沉积，剥蚀面上部的沉积岩层无变质现象，而在沉积岩的底部往往存在有由岩浆岩组成的砾岩或风化剥蚀的痕迹。这说明岩浆岩的形成年代早于沉积岩的地质年代，即侵入岩形成在先，后地壳上升受风化剥蚀，经地壳又下降后接受新的沉积。

地层间的接触关系，综合反映了地壳运动、剥蚀、沉积的历史。

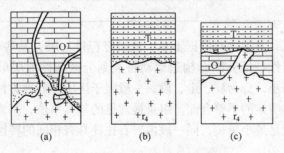

图2-6 沉积岩与岩浆岩的接触关系
（a）侵入接触；（b），（c）沉积接触

2.2.1.2 绝对地质年代确定地层层序

绝对地质年龄也称为同位素地质年龄，是根据岩石中所含的放射性同位素和它的蜕变产物（稳定同位素）的相对含量来测定。常见的测试方法有铀-铅法、钾-氩法、古地磁法和碳-14法等。

（1）铀-铅法。铀是一种放射性元素，天然铀是两种长寿命同位素铀-235和铀-238的混合物，铀-235 占 0.7% 左右，铀-238 占 99.3% 左右。这两种同位素在经过一系列 α 和 β 衰变后最后都变成铅，在衰变过程中也同时生成氦。铀-235 的半衰期是 $7.13×10^8$ 年，铀-238 的半衰期是 $4.51×10^9$ 年，根据其衰变速度，测得岩石样品中放射性铀的原子数和衰变产物铅的原子数，可确定岩石的绝对年龄。钾-氩法的原理同铀-铅法。

　　（2）古地磁法。岩石内部都含有少量的磁性物质（Fe_3O_4、Fe_2O_3 等），当岩石被加热到 675℃ 或更高温度时，其原有磁性完全消失；但当其在地磁场中逐渐冷却时，受地磁场的影响，其磁性又会恢复并保持下来，这种磁性也被称为热剩余磁性。岩石的热剩余磁性和冷却过程中的地磁场之间保持一定的关系，古地磁法就是根据岩石的热剩余磁性及其与地磁场之间的关系和古地磁的变化规律来确定岩石的生成年代。

　　（3）碳-14 法。在碳的同位素中，碳-14 具有放射性，其半衰期为（5570±30）年和（5730±40）年，目前我国统一采用其半衰期为 5730 年来进行古化石的地质年代测定，并通过古化石来确定近五六万年以内形成的部分第四纪地层的生成年代。

2.2.2　地质年代的划分

　　在地壳发展的漫长历史过程中，地质环境和生物种类都经历了多次变迁。根据地层形成顺序、岩性变化特征、生物演化阶段、构造运动性质及古地理环境等因素，把地质历史分为隐生宙和显生宙两个大阶段；宙以下分为代，隐生宙也称为前寒武纪，分为太古代、元古代，其主要特点是生物的遗迹不明显，而显生宙时期具有大量的生物，显生宙分为古生代、中生代和新生代三个阶段；代以下分纪，纪以下分世及期。以上宙、代、纪、世、期均为国际上统一规定的相对地质年代单位。

　　在每一个地质年代中，都划分有相应的地层，地质年代和地层单位、顺序和名称的对应关系见表 2-1。

表 2-1　地质年代和地层单位、顺序、名称的对应关系

地质年代单位	代	纪	世	期
地层单位	界	系	统	阶（层）

　　此外，有些地区，常因化石依据不足，或研究程度不够，某些地层地质年代不确定，只能按地层层序及岩性特征并结合构造运动特点划分区域性地层单位，称为岩石地层单位。按照级别由大到小，分为群、组、段，一般限于区域性或地方性地层。群是最大的单位，群与群之间常有明显的不整合面。组是最常见的基本单位，其岩性均一或是两种以上岩性的规律组合。段是最小单位，同一段内岩石往往具有相同的特性。

2.2.3　地质年代表

　　根据对全世界各地地层划分的对比和补充，结合我国实际情况，确定出包括整个地质时代所有地层在内的、完整的、世界性的标准地层表及相应的地质年代表，如表 2-2 所示。表中列入相对地质年代从老到新的划分次序，各个地质年代单位的名称、代号和绝对年龄值以及世界和我国主要的构造运动的时间段落和名称等。表中构造运动的名称源于最早发现并经过详细研究的典型地区的地名。在每一期构造运动期间都有很多褶皱、断层的形成以及大范围的岩浆活动。

表 2-2 地质年代

代（界）	纪（系）		世（统）	距今年数/百万年	地壳运动		我国地史主要特点
新生代 Kz	第四纪 Q		全新世(Q₄) 晚更新世(Q₃) 中更新世(Q₂) 早更新世(Q₁)	2 或 3	喜玛拉雅运动		冰川广布，地壳运动强烈；人类出现
	第三纪 R	晚 (N)	上新世(N₂) 中新世(N₁)	25			哺乳动物，鸟类急剧发展，陆相沉积的砂岩、页岩及砾岩，为主要成煤期
		早 (E)	渐新世(E₃) 始新世(E₂) 古新世(E₁)	70			
中生代 Mz	白垩纪 K		晚白垩世 (K₂) 早白垩世 (K₁)	135	燕山运动		大爬虫灭亡，哺乳动物出现；东部造山运动、岩浆活动强烈，形成多种金属矿产
	侏罗纪 J		晚侏罗世 (J₃) 中侏罗世 (J₂) 早侏罗世 (J₁)	180			恐龙极盛，鸟类出现；大部分地区已上升成陆地，主要岩石为砂页岩，为主要成煤期
	三叠纪 T		晚三叠世 (T₃) 中三叠世 (T₂) 早三叠世 (T₁)	225	印支运动		恐龙开始发育，哺乳类出现；华北为陆相砂、页岩，华南为浅海灰岩
古生代 Pz	晚古生代 Pz₂	二叠纪 P	晚二叠世 (P₂) 早二叠世 (P₁)	270	海西运动		两栖动物繁盛，爬虫开始出现，华北从此一直为陆地，主要成煤期，华南为浅海，晚期成煤
		石炭纪 C	晚石炭世 (C₃) 中石炭世 (C₂) 早石炭世 (C₁)	350			植物繁盛，珊瑚、腕足类、两栖类繁盛；华北时陆时海，到处成煤，华南为浅海
		泥盆纪 D	晚泥盆世 (D₃) 中泥盆世 (D₂) 早泥盆世 (D₁)	400			鱼类极盛，两栖类开始，陆生植物发展；华北为陆地，遭受风化剥蚀，华南为浅海
	早古生代 Pz₁	志留纪 S	晚志留世 (S₃) 中志留世 (S₂) 早志留世 (S₁)	440	加里东运动		珊瑚、笔石发展，陆地生物出现；华北为陆地，华南为浅海，形成石灰岩
		奥陶纪 O	晚奥陶世 (O₃) 中奥陶世 (O₂) 早奥陶世 (O₁)	500			三叶虫、腕足类、笔石极盛；以浅海灰岩为主，中奥陶世后华北上升为陆地
		寒武纪 ∈	晚寒武世 (∈₃) 中寒武世 (∈₂) 早寒武世 (∈₁)	600			生物初步大发展，三叶虫极盛；浅海广布，以沉积灰岩为主
元古代 Pt	晚 Pt₂	震旦纪 Z	晚震旦世 (Z₂) 早震旦世 (Z₁)	900	吕梁运动	五台运动	有低级生物藻类出现；开始有沉积盖层，上部为浅海相灰岩，下部为砂砾岩，变质轻微或不变质
	早 Pt₁	滹沱纪					晚期造山作用强烈，所有岩石均遭变质
太古代 Ar		五台纪					地壳运动强烈，变质作用显著
		泰山纪		约 3800			
地球最初发展阶段				>4500			

确定和了解地层的时代，是很重要的工程地质工作，同一时代形成的岩层常有共同的工程地质特性，如在四川盆地广泛分布的侏罗系和白垩系地层，因含有多层易遇水泥化的黏土岩，致使凡有这个时代地层分布的地区滑坡现象很常见。不同时代形成的相同名称的岩层，往往岩性也有区别，如我国西北地区中更新世末以后形成的黄土，土质疏松，有大孔隙，承载力低，并具遇水湿陷的性质，而中更新世末以前形成的黄土，通称老黄土，则较紧密，没有或只有少量大孔隙，承载力较高，且往往不具湿陷性。此外，在分析地质构造时，必须首先查明地层的时代关系。

为方便地质年代中各纪（系）代表符号的记忆，崔永利曾以从震旦纪到第四纪，由老到新的发展过程，以象形文字符号和汉语拼音字母为契机，编述了美丽的神话传说故事：

震自（Z）寒月（Є）奥陶呕（O），志是（S）泥的（D）石炭斥（C）；
二劈（P）三太（T）侏罗架（J），白砍（K）三人（R）四纪骑（Q）。

2.3 地　质　构　造

在漫长的地质历史发展过程中，地壳在内、外力地质作用下，不断运动演变，所造成的地层形态称为地质构造。地质构造是地壳运动的产物。由于地壳中存在很大的应力，组成地壳的上部岩层，在地应力的长期作用下就会发生变形、变位，形成构造变动的形迹，我们把构造变动在岩层和岩体中遗留下来的各种永久性的变形、变位，称为地质构造。地质构造的三种基本类型为单斜构造、褶皱构造、断裂构造。

2.3.1 单斜构造与岩层的产状

2.3.1.1 水平构造和单斜构造

A 水平构造

水平构造指岩层倾角为 0° 的岩层。绝对水平的岩层很少见，一般将倾角小于 5° 的岩层都称为水平构造，又称水平岩层。水平岩层一般出现在构造运动轻微的地区或大范围内均匀抬升、下降的地区。一般分布在平原、高原或盆地中部。如图 2-7 所示，水平岩层中新岩层总是位于老岩层之上。当岩层受切割时，老岩层出露在河谷低洼区，新岩

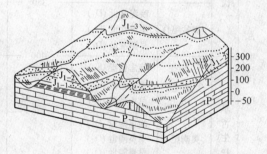

图 2-7　水平岩层构造的立体图

层出露于高岗上。在同一高程的不同地点，出露的是同一岩层。

B 单斜构造

单斜构造是由于地壳运动使原始水平的岩层发生倾斜，岩层层面与水平面之间有一定夹角的岩层，亦称倾斜岩层。原始沉积的地层一般是水平展布的或缓倾角的，由于构造运动产生了倾斜，它常是岩层发展褶曲的一翼，如图 2-8 所示。

一般情况下，倾斜岩层仍然保持顶面在上、底面在下、新岩层在上、老岩层在下的产出状态，称为正常倾斜岩层。当构造运动强烈，使岩层发生倒转，出现底面在上、顶面在

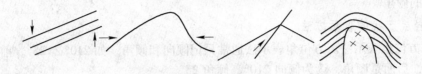

图2-8　单斜构造的力学成因

下、老岩层在上、新岩层在下的产出状态时，称为倒转倾斜岩层。

岩层的正常与倒转主要依据化石确定，也可依据岩层层面构造特征（如岩层面上的泥裂、波痕、虫迹、雨痕等）或标准地质剖面来确定。

2.3.1.2　岩层的产状

岩层产状是指岩层在地壳中的空间方位和产出状态。倾斜岩层可以向不同的方向倾斜，且可以有不同的倾斜程度。倾斜岩层产状可以用走向、倾向和倾角三个要素来表示，如图2-9所示。

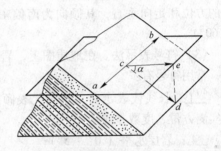

图2-9　岩层产状三要素示意图
ab—走向线；cd—倾斜线；ce—倾向；α—倾角

走向：倾斜岩层层面与水平面的相交线称为倾斜岩层的走向线，走向线的方向称为岩层的走向，常用空间方位角表示。因此，岩层走向有两个方位角数值，两者相差180°。岩层走向表示岩层在空间的水平延伸方向。

倾向：在岩层层面上顺倾斜面向下引出的走向线的垂线称为倾斜线。倾斜线的水平面投影线指向岩层下倾一端的方向称为倾向或真倾向，即岩层面上最大倾斜线在水平面上的投影所指的方向，同样用空间方位角表示。倾向与走向垂直，即倾向±90°为走向。在岩层面上，凡与岩层走向线斜交的任一直线均为视倾斜线，其在水平面上投影线所指的倾斜方向称为视倾向或假倾向。

倾角：岩层的倾斜线与水平面上的投影线之间的夹角称为倾角或真倾角，视倾斜线与它在水平面上的投影线之间的夹角称为视倾角或假倾角。

2.3.1.3　岩层产状的测定及表示方法

A　岩层产状的测定

岩层产状要素在现场是用地质罗盘仪直接测定其走向、倾向、倾角。其测定方法如下：

（1）选择岩层层面。测量前先正确选择岩层层面，不要将节理面误认为岩层层面，另外注意确定岩层的露头；选择的岩层层面要平整，且层面产状具有代表性。

（2）测岩层走向。将地质罗盘的长边（即罗盘的刻度的南北方向）紧贴岩层层面，并使罗盘水平，读罗盘的南针或北针所指的方位角即为所测的岩层走向。

（3）测岩层倾向。将罗盘的短边紧贴岩层层面，并使罗盘水平。读罗盘北针所指的方位角即为所测的岩层倾向。

（4）测岩层的倾角。将罗盘的长边的面沿着最大倾斜方向紧贴岩层层面，并旋转倾角指示针使垂直气泡居中（或放松倾斜悬锤），此时倾角指示针所指的下刻度盘的度数即为所测岩层的倾角。

　　B　岩层产状的表示方法

　　（1）方位角表示法。方位角表示法通常只记倾向和倾角，如 210°∠25°，前面是倾向的方位角，后面是倾角，读为倾向 210°、倾角 25°。

　　（2）象限角表示法。以北或南方向为准（0°），一般记走向、倾角和倾斜象限。

　　例如，N65°W/25°S，读为走向北偏西 65°，倾角 25°大致向南倾斜；N30°E/27°SE，读为走向北偏东 30°，向南东倾斜、倾角 27°。

　　如图 2-10 所示，走向线 a-a 的走向为北偏东 30°（在地质学上，规定走向的标记自北开始），表示为 N30°E；由于倾向的方位和走向垂直，其倾向为南偏东 60°（也可以是北偏西 60°）。

　　（3）符号表示法。在地质图上，岩层产状要素用符号表示，常用符号有：

　　$\underset{40°}{\perp}$：长线代表走向，短线代表倾向，长短线所示的均为实测方位，度数是倾角；

　　$\perp$：岩层水平（0°～5°）；

　　$+$：岩层直立，箭头指向较新岩层；

　　$\overset{40°}{\curvearrowright}$：岩层倒转，箭头指向倒转后的倾向。

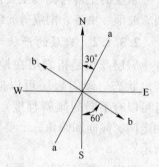

图 2-10　岩层产状表示方法

2.3.2　褶皱构造

　　地壳中的层状岩层，在水平运动的作用下，原始的水平产状的岩层弯曲起来，形成褶皱构造。褶皱构造的岩层失去其连续性而产生的塑性变形，是地壳表层广泛发育的基本构造之一。如图 2-11 所示，绝大多数褶皱是在水平挤压作用下形成的；有的褶皱是在垂直作用力下形成的；还有一些褶皱是在力偶的作用下形成的。褶皱多发育在夹于两个坚硬岩层间的较弱岩层中或断层带附近。褶皱在沉积岩层中最为明显，在块状岩体中则很难见到。研究褶皱的产状、形态、类型、成因及分布特点，对于查明区域地质构造和工程地质条件，具有重要意义。

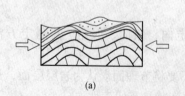 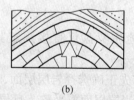 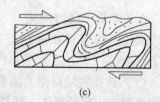

（a）　　　　　　　　　　（b）　　　　　　　　　　（c）

图 2-11　褶皱的力学成因
（a）水平挤压力；（b）垂直作用力；（c）力偶作用

　　褶皱的基本单元是褶曲（岩层中的一个弯曲称为褶曲）。

2.3.2.1　褶曲及褶曲要素

　　褶曲按其形态可分为背斜和向斜两种基本类型，如图 2-12 所示。背斜岩层向上弯曲，在露头上核心部位的岩层老，向两侧岩层对称地变新。向斜岩层向下弯曲，在露头上核心部位的岩层新，向两侧岩层对称地变老。

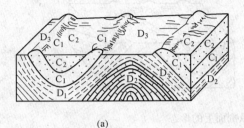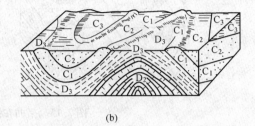

(a)   (b)

图 2-12   褶曲的两种基本形态

（a）背斜；（b）向斜

如图 2-13 所示，褶曲的主要要素有：

核部：是褶曲的中心部分，通常位于褶曲中央最内部的一个岩层。

翼部：是指褶曲核部两侧对称出露的岩层，当背斜与向斜相连时，翼是公用的。

转折端：指由一翼向另一翼过渡的弯曲部分，即两翼的汇合部分。

枢纽：褶曲的同一岩层面或褶皱面上各最大弯曲点的连线称为枢纽。枢纽可以是直线也可以是曲线，可以水平也可以倾伏。

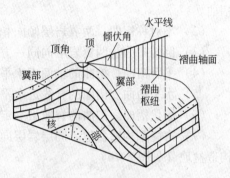

图 2-13   褶曲要素及示意图

轴面：以褶曲顶平分两翼的面称为褶曲轴面。轴面是为了标定褶曲方位及产状而划定的一个假想面，轴面可以是一个简单的平面也可以是一个复杂的曲面，可以是直立的，也可以是倾斜的或平卧的，其产状可以用走向、倾向和倾角来确定。

轴线：轴面与地面或任一平面的交线称为轴线，它可以是直线也可以是曲线。轴线的延伸方向代表褶曲的空间延伸方间。

脊线和脊面：褶曲的同一岩层面上各最高点的连线称为脊线，脊线可以是直线也可以是曲线。包含褶曲各层面脊线的几何面称为脊面，它可以是平面也可以是曲面。

2.3.2.2 褶曲的分类与组合

根据褶曲在横剖面上的形态或轴面的位置，可将褶曲主要划分为对称褶曲、不对称褶曲、倒转褶曲、平卧褶曲等（见图 2-14）。根据褶曲在纵剖面上的形态或脊线的形态，可将褶曲划分为水平褶曲、倾伏褶曲等（见图 2-15）。

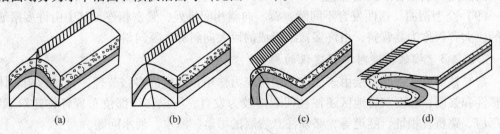

(a)   (b)   (c)   (d)

图 2-14   褶曲在横剖面上的形态

（a）对称褶曲；（b）不对称褶曲；（c）倒转褶曲；（d）平卧褶曲

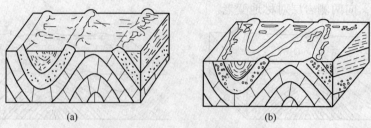

图 2-15　褶曲在纵剖面上的形态
（a）水平；（b）倾伏

（1）对称褶曲。两翼岩层倾向相反，倾角相等或接近相等，对称褶曲也称为直立褶曲。

（2）不对称褶曲。两翼岩层倾向相反，倾角不相等。

（3）倒转褶曲。两翼岩层向同一方向倾斜，一翼正常，一翼倒转。

（4）平卧褶曲。褶曲的轴面近水平，两翼岩层产状平缓。

（5）水平褶曲。褶曲的脊线近水平。

（6）倾伏褶曲。褶曲的脊线沿一定方向向上或向下倾伏。

（7）穹窿和构造盆地。同层岩层向四面下倾的称为穹窿，同层岩层向四面翘起的称为构造盆地（见图 2-16）。

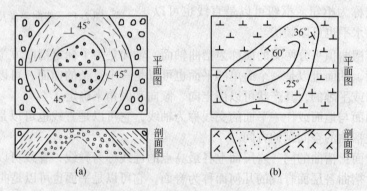

图 2-16　穹窿和构造盆地
（a）穹窿；（b）构造盆地

（8）短轴褶曲。短轴褶曲是介于穹窿、构造盆地和一般褶曲之间的一种褶曲，其脊线从最高点向两端显著下沉或上翘。

（9）全型褶曲。褶曲发育不间断，背、向斜相间排列，紧密相连。其中由许多褶皱组成的巨大背斜称为复背斜，由许多褶皱组成的巨大向斜称为复向斜。

2.3.2.3　褶皱构造对工程建设的影响

褶皱核部或转折端岩层由于受水平张拉应力作用，产生许多张节理，直接影响岩体的完整性和强度，在石灰岩地区还往往使岩溶较为发育，所以在该部位布置各种建筑工程，如厂房、路桥、坝址、隧道等，必须注意岩层的坍落、漏水、涌水问题。

在褶皱翼部布置建筑工程，重点注意岩层的倾向及倾角的大小，因为它对岩体的滑动有一定影响。

对于深埋地下工程（隧道或道路工程线路），一般宜设计在褶皱翼部。一是隧道通过性质均一岩层，有利于稳定；二是褶皱岩层中，背斜的顶部岩层处在张力带中，易引起塌陷（见图2-17）。

构造盆地向斜核部是储水较为丰富地段。在褶曲核部，往往构造应力大（见图2-18），应加强对应力和变形的观察测试，保证工程建设的安全。

图2-17　隧道沿褶曲轴通过

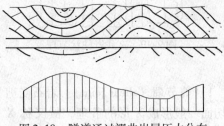

图2-18　隧道通过褶曲岩层压力分布

2.3.3　断裂构造

地壳中的岩层或岩体受地应力的作用，当应力达到或超过岩石的强度极限后，岩石的完整性和连续性被破坏，产生破裂面，从而形成断裂构造。如果断裂面两侧岩块沿断裂面没有发生明显的位移，则称为节理；若沿断裂面产生了明显的相对位移，则称为断层。节理与断层是断裂构造的基本形式。

2.3.3.1　节理

节理是指岩层受力断开后，裂面两侧岩层沿断裂面没有明显的相对位移时的断裂构造。节理的断裂面称为节理面。节理分布普遍，几乎所有岩层中都有节理发育。节理的延伸范围变化较大，由几厘米到几十米不等。节理面在空间的状态称为节理产状，其定义和测量方法与岩层面产状类似。节理常把岩层分割成形状不同、大小不等的岩块，小块岩石的强度与包含节理的岩体的强度明显不同。岩石边坡失稳和隧道洞顶坍塌往往与节理有关。

A　节理的分类

（1）按成因分类。节理按成因可分为原生节理、构造节理和表生节理；也有将其分为原生节理和次生节理的，次生节理再分为构造节理和非构造节理。

1）原生节理是指岩石形成过程中形成的节理，如玄武岩在冷却凝固时体积收缩形成的柱状节理，如图2-19所示。

2）构造节理是指由构造运动产生的构造应力形成的节理。构造节理常常成组出现，可将其中一个方向的一组平行破裂面称为一组节理。同一期构造应力形成的各组节理有成因上的联系，并按一定规律组合。

3）表生节理是指由卸荷、风化、爆破等作用形成的节理，分别称为卸荷节理、风化节理、爆破节理等。常称这种节理为裂隙，属非构造次生节理。表生节理一般分布在地表浅层，大多无一定方向性。

（2）按力学性质分类。根据节理的力学性质，可把构造节理分为剪节理（亦称扭节理）和张节理两类，如图2-20所示。

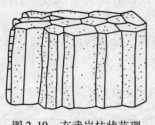

图 2-19　玄武岩柱状节理

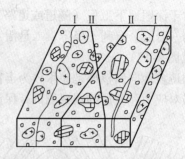

图 2-20　砾石中的张节理和剪节理

Ⅰ—张节理；Ⅱ—剪节理

1）剪节理（shear joint）。岩石受剪（扭）应力作用形成的破裂面称剪节理，其两组剪切面一般形成 X 形的节理，故又称 X 节理。剪节理常与褶皱、断层相伴生，由于剪节理交叉互相割切岩层成碎块体，破坏岩体的完整性，故剪节理面常是易于滑动的软弱面。

2）张节理（tension joint）。岩层受张应力作用而形成的破裂面称张节理。当岩层受挤压时，初期是在岩层面上沿先发生的剪节理追踪发育形成锯齿状张节理。

剪节理和张节理是地质构造应力作用形成的主要节理类型，故又称为构造节理，在地壳岩体中广泛分布，对岩体的稳定影响很大。

（3）按张开程度分类。宽张节理（节理缝宽度大于 5mm）、张开节理（节理缝宽度为 3~5mm）、微张节理（节理缝宽度为 1~3mm）、闭合节理（节理缝宽度小于 1mm，通常也称之为密闭节理）。

（4）按与岩层产状的关系分类（见图 2-21）。

1）走向节理。节理走向与岩层走向平行。

2）倾向节理。节理走向与岩层走向垂直。

3）斜交节理。节理走向与岩层走向斜交。

B　节理的发育程度等级

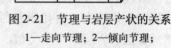

图 2-21　节理与岩层产状的关系

1—走向节理；2—倾向节理；
3—斜交节理；4—岩石走向

按照节理的组数、密度、长度、张开度及填充情况将节理发育情况分级，如表 2-3 所示。

表 2-3　节理发育程度等级表

发育程度等级	基 本 特 征	备 注
裂缝不发育	裂缝 1-2 组，构造型，间距在 1m 以上，多为密闭裂缝，岩体被切割成巨块状	对基础工程无影响，在不含水且无其他不良因素时，对岩体稳定性影响不大
裂缝较发育	裂缝 2-3 组，呈 X 形，较规则，以构造型为主，多数间距大于 0.4m，多为密闭裂缝，少有填充物，岩体被切割成大块状	对基础工程影响不大，对其他工程可能产生相当影响
裂缝发育	裂缝 3 组以上，不规则，以构造型或风化型为主，多数间距小于 0.4m，大部分为张开的裂缝，部分为填充物，岩体被切割成小块状	对工程建筑物可能产生很大影响
裂缝很发育	裂缝 3 组以上，杂乱，以风化型和构造型为主，多数间距小于 0.2m，以张开裂缝为主，一般均有填充物，岩体被切割成碎石状	对工程建筑物产生严重影响

注：裂缝宽度，小于 1mm 为密闭裂缝；1~3mm 为微张裂缝；3~5mm 为张开裂缝；大于 5mm 为宽张裂缝。

C 节理调查、统计和表示方法

为了弄清工程场地节理分布规律及其对工程岩体稳定性的影响，在进行工程地质勘察时，都要对节理裂隙进行野外详细调查和室内资料整理工作，并用统计图表形式把岩体裂隙的分布情况表示出来。

（1）节理的野外调查。构造节理主要作为褶皱和断裂构造的伴生构造产出，所以，在进行节理的调查之前需要先了解调查区的构造轮廓和构造应力场的特征。

（2）节理观测资料的室内整理。野外调查统计资料，到室内工作阶段要进行整理，并用各种统计图把它表示出来，以便对比分析。统计图种类很多，常采用节理玫瑰图和等密图等来表示，也可以用计算机来处理大量的野外观测数据，并做出各种统计图。

节理玫瑰图能较直观地反映出节理的产状和分布情况，且作图简单容易，被广泛应用。节理玫瑰图有两类：节理走向玫瑰图和节理倾向玫瑰图（见图2-22）。

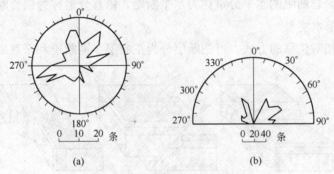

图 2-22 节理玫瑰图

（a）节理倾向玫瑰图；（b）节理走向玫瑰图

D 节理的工程地质评价

岩石中的节理，在工程上除有利于开采外，对岩体的强度和稳定性均有不利影响。节理破坏了岩石的整体性，促使风化速度加快；增强了岩体的透水性，使岩体强度和稳定性降低。若节理的主要发育方向与路线走向平行，倾向与边坡一致，不论岩体的产状如何，路堑边坡都容易发生崩塌或碎落。在路基施工时，还会影响爆破作业的效果。因此，当节理有可能成为影响工程设计的重要因素时，应当进行深入的调查研究，详细论证节理对岩体工程建筑条件的影响，采取相应措施，以保证建筑物的稳定和正常使用。

2.3.3.2 断层

岩体受力作用断裂后，两侧岩块沿断裂面发生了显著位移的断裂构造，称为断层。断层广泛发育，其规模相差大。大的断层延伸数百公里甚至上千公里，有的断层切穿了地壳岩石圈，有的则发育在地表浅层。断层是一种重要的地质构造，地震与活动性断层有关，隧道中大多数的塌方、涌水均与断层有关。

A 断层的要素

（1）断层面。岩层发生位移的错动面称为断层面（见图2-23），它可以是平面或曲面。断层面的产状可以用走向、倾向及倾角来表示。有时断层两侧的运动并非沿一个面发生，而是沿着由许多破裂面组成的破裂带发生，这个带称为断层破碎带或断层带。

（2）断层线。断层面与地面的交线称为断层线，反映断层在地表的延伸方向。它可以是直线，也可以是曲线。

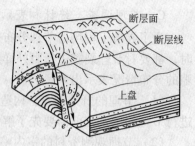

图 2-23　断层要素图

a，b—断距；e—断层破碎带；
f—断层影响带

（3）断盘。断盘是断层面两侧相对移动的岩块。若断层面是倾斜的，则在断层面以上的断盘称为上盘；在断层面以下的断盘称为下盘。按两盘相对运动方向分，相对上升的一盘称为上升盘；相对下降的一盘称为下降盘，上盘既可以是上升盘，也可以是下降盘，下盘亦如此。如果断层面直立，就分不出上、下盘。如果岩块沿水平方向移动，也就没有上升盘和下降盘。

（4）断距。断距是断层两盘相对错开的距离。岩层原来相连的两点，沿断层面断开的距离称为总断距，总断距的水平分量称为水平断距，铅直分量称为铅直断距。

B　断层的基本类型

按断层两盘相对位移的方式，可把断层分为正断层、逆断层和平移断层三种类型，如图 2-24 所示。

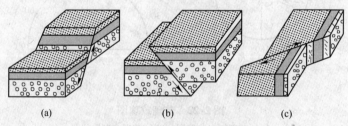

（a）　　　　　　　（b）　　　　　　　（c）

图 2-24　断层类型示意图

（a）正断层；（b）逆断层；（c）平移断层

（1）正断层（normal fault）。其是指上盘相对向下滑动，下盘相对向上滑动的断层，如图 2-24a 所示。正断层一般受地壳水平拉力作用或受重力作用而形成，断层面多陡直，倾角大多在 45°以上。

（2）逆断层（reversed fault）。其是指上盘相对向上滑动、下盘相对向下滑动的断层，如图 2-24b 所示。逆断层主要受地壳水平挤压应力形成，常与褶皱伴生。按断层面倾角，可将逆断层划分为逆冲断层、逆掩断层和辗掩断层。

1）逆冲断层。其是指断层面倾角大于 45°的逆断层。

2）逆掩断层。其是指断层面倾角在 25°~45°之间的逆断层。常由倒转褶曲进一步发展而成。

3）辗掩断层。其是指断层面倾角小于 25°的逆断层。一般规模巨大，常有时代老的地层被推覆到时代新的地层之上形成推覆构造。

（3）平移断层（parallel fault）。其是指断层两盘主要在水平方向上相对错动的断层，如图 2-24c 所示。平移断层主要由地壳水平剪切作用形成，断层面常陡立。断层面上可见水平的擦痕。

C　断层的组合类型

在一个地区，断层往往是成群出现并呈有规律的排列组合。常见的断层组合类型有下列几种：

（1）阶梯状断层。其是由若干条产状大致相同的正断层平行排列组合而成，在剖面上各个断层的上盘呈阶梯状相继向同一方向依次下滑，如图 2-25 所示。

（2）地堑与地垒。其是由走向大致平行、倾向相反、性质相同的两条或两条以上断层组成的。如果两个或两组断层之间岩块相对下降，两边岩块相对上升则称为地堑（grabcn），反之中间上升两侧下降则称为地垒（horst），如图 2-25 所示。两侧断层一般是正断层，有时也可以是逆断层。地堑比地垒发育更广泛，地质意义更重要。地堑在地貌上是狭长的谷地或成串展布的长条形盆地与湖泊，我国规模较大的有汾渭地堑等。

（3）叠瓦状构造。其是指一系列产状大致相同呈平行排列的逆断层的组合形式，各断层的上盘岩块依次上冲，在剖面上呈屋顶瓦片样依次叠覆，如图 2-26 所示。

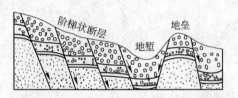

图 2-25 阶梯状断层、地堑及地垒

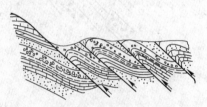

图 2-26 叠瓦状构造

D 断层的识别

在自然界，大部分断层由于后期遭受剥蚀破坏和覆盖，在地表上暴露得不清晰，因此需根据地层、构造等直接证据和地貌、水文等方面的间接证据来判断断层的存在与否及断层类型。

（1）地貌标志。由于断层易造成岩石破碎，破碎后的岩石容易被流水等所剥蚀和切割，因此，断层通过的地方常表现为洼地或河谷，一般认为"十沟九断"，但也不能认为"逢沟必断"。一般在山岭地区，沿断层破碎带侵蚀下切而形成沟谷或峡谷地貌，而山脊被错断、错开，河谷出现跌水瀑布，河谷方向发生突然转折等，很可能是断层错动在地貌上的反映。时代较新的断层在地貌上常形成悬崖陡壁（断层崖），断层崖经风化剥蚀，则会形成断层三角面地貌，如图 2-27 所示。

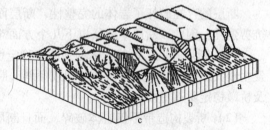

图 2-27 断层三角面形成示意图

a—断层崖剥蚀或冲沟；b—冲沟扩大形成三角面；
c—继续侵蚀三角面消失

（2）构造标志。断层在形成过程中，由于断层两盘岩块相互挤压、错动而形成伴生构造，如岩层牵引弯曲、断层角砾、糜棱岩、断层泥和断层擦痕等，如图 2-28 所示。

牵引弯曲是断层面两侧岩层因相对错动，受牵引而形成的弯曲，多形成于页岩、片岩等柔性层中。当断层两盘受强烈挤压并相对错动时，若沿断层面岩石被研磨成细泥则称为断层泥，若被研碎成大小不一的角砾则称为断层角砾。断层两盘相对错动时，在断层面留下一条条彼此平行密集的槽纹称为断层的擦痕。顺擦痕方向，手感光滑的方向即为对盘错动方向。

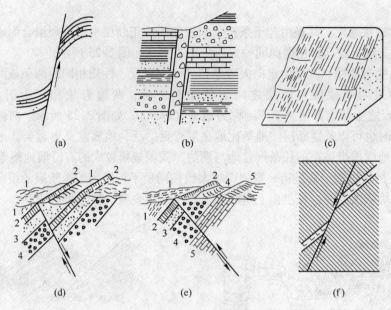

图 2-28　断层现象

（a）岩层牵引弯曲；（b）断层角砾；（c）断层擦痕；（d）地层重复；（e）地层缺失；（f）岩脉错断

（3）地层标志。地层标志是确定断层存在的可靠证据，如地层发生重复或地层缺失，岩脉或矿脉被错断。此外，如泉水、温泉呈线状出露，有可能存在断层；褶皱构造被断层横切时，断层面两侧核部地层出露宽度不同，即褶曲核部地层宽窄突然变化也是识别断层存在的标志。

E　断层的工程地质评价

断层的存在破坏了岩体的完整性，断层面或破碎带的抗剪强度远低于岩体其他部位的抗剪强度。因此，断层一般从以下几个方面对工程建筑产生影响：

（1）断层降低了地基岩体的强度及稳定性。断层破碎带力学强度低，压缩性增大，会发生较大沉陷，易造成建筑物断裂或倾斜。断裂面是极不稳定的滑移面，对岩质边坡稳定及桥墩稳定常有重要影响。

（2）断裂构造带不仅岩体破碎，而且断层上、下盘的岩性也可能不同，如果在此处进行建筑工程，有可能产生不均匀沉降。

（3）隧道工程通过断裂破碎带地段，易发生坍塌甚至冒顶。

（4）沿断裂破碎带地段易形成风化深槽及岩溶发育带。断层陡坡或悬崖多处于不稳定状态，容易发生崩塌等。

（5）断裂构造破碎带常为地下水的良好通道，地下水的出露也常为断裂构造所控制。施工中，若遇到断层带时会发生涌水问题。

（6）构造断裂带在新的地壳运动影响下，可能发生新的移动。因为构造断裂带是地壳表层薄弱地带，若有新的地壳运动发生时，往往引起附近断裂带产生新的移动，从而影响建筑物的稳定。

当工程通过断层地带时，应注意以下几点：

（1）在勘测设计阶段，必须认真进行野外调查、测绘和勘探工作，及时了解断层的位置、性质、规模、活动等问题。

（2）工程建筑物的位置应尽量避开断层，特别是较大的断层带（见图2-29）。

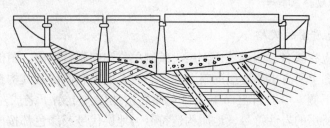

图 2-29　桥梁墩台避开断层破裂带

（3）因地形等条件所限，必须通过断层带时，应尽可能使路线方向与断层面走向垂直通过，不能做到垂直时，斜交的角度要尽量大些，以使工程建筑物以最短距离跨过断层带。不允许路线平行断层在断层带中通过。

（4）斜交通过断层带比正交通过断层带的地质条件更差，必须做好相应的预防措施，防止断层可能对施工造成的危害。

2.4　地质图阅读

地质图是用规定的图例符号和颜色来反映一个地区地质现象和地质条件的图件。它是依据野外实测的地质资料，按一定比例投影在地形底图上编制而成的，是工程地质勘察工作的主要成果之一。工程建设中的规划、设计和施工阶段，都需要以地质勘测资料为依据，而地质图是综合了各项勘测资料编绘而成的，是生产直接可以利用的重要图件资料。

2.4.1　地质图的类型

由于工作目的的不同，绘制的地质图也不同，常见的地质图有以下几种：

（1）普通地质图。普通地质图是指主要表示地区地层分布、岩性和地质构造等基本地质内容的图件。一幅完整的普通地质图包括地质平面图、地质剖面图和综合地层柱状图，普通地质图通常简称为地质图。

（2）构造地质图。构造地质图是指用线条和符号，专门反映褶曲、断层等地质构造的图件。

（3）第四纪地质图。第四纪地质图是指主要反映第四纪松散沉积物的成因、年代、成分和分布情况的图件。

（4）基岩地质图。基岩地质图是指假想把第四纪松散沉积物"剥掉"，只反映第四纪以前基岩的时代、岩性和分布的图件。

（5）水文地质图。水文地质图是指反映地区水文地质资料的图件。可分为岩层含水性图、地下水化学成分图、潜水等水位线图、综合水文地质图等类型。

（6）工程地质图。工程地质图是指为各种工程建筑专用的地质图，如房屋建筑工程地质图、水库坝址工程地质图等。还可根据具体工程项目细分，如公路工程地质图还可分为路线工程地质图、工点工程地质图。工点工程地质图又可分为桥梁工程地质图、隧道工程地质图等。

2.4.2 地质图的规格和符号

2.4.2.1 地质图的规格

地质平面图应有图名、图例、比例尺、编制单位和编制日期等。图例是用各种颜色和符号，说明地质图上所有出露地层的新老顺序、岩石成因和产状及其构造形态。图例通常放在图幅右侧或下侧，一般自上而下或自左而右按地层（上新下老或左新右老）、岩石、构造顺序排列，所用的岩性符号、地质构造符号、地层代号及颜色都按国家统一规定。比例尺的大小反映地质图的精度，比例尺越大，图的精度越高，对地质条件的反映越详细。比例尺的大小取决于地质条件的复杂程度和建筑工程的类型、规模及设计阶段。

2.4.2.2 地质图的符号

地质图是根据野外地质勘测资料在地形图上填绘编制而成的。它除了应用地形图的轮廓和等高线外，还需要用各种地质符号来表明地层的岩性、地质年代和地质构造情况。因此，要分析和阅读地质图，了解地质图所表达的具体内容，就需要了解和认识常用的各种地质符号。

（1）地层年代符号。在小于 1∶10000 的地质图上，沉积地层的年代是采用国际通用的标准色来表示的，在彩色的底子上，再加注地层年代和岩性符号。在每一系中，又用淡色表示新地层，深色表示老地层。岩浆岩的分布一般用不同的颜色加注岩性符号表示。在大比例尺的地质图上，多用单色线条或岩石花纹符号再加注地质年代符号的方法表示。当基岩被第四纪松散沉积层覆盖时，在大比例的地质图上，一般根据沉积层的成因类型，用第四纪沉积成因分类符号表示。

（2）岩石符号。岩石符号是用来表示岩浆岩、沉积岩和变质岩的符号，由反映岩石成因特征的花纹及点线组成。在地质图上，这些符号画在什么地方，表示这些岩石分布到什么地方。

（3）地质构造符号。地质构造符号是用来说明地质构造的。组成地壳的岩层，经构造变动形成各种地质构造，这就不仅要用岩层产状符号表明岩层变动后的空间形态，而且要用褶曲轴、断层线、不整合面等符号说明这些构造的具体位置和空间分布情况。

2.4.2.3 地质条件在地图上的反映

A 不同产状岩层界线的分布特征

（1）水平岩层。岩层界线与地形等高线平行或重合（见图 2-30）。

（2）直立岩层。岩层界线不受地形等高线影响，沿走向呈直线延伸（见图 2-31）。

（3）倾斜岩层。倾斜岩层的分界线在地质图上是一条与地形等高线相交的"V"形曲线。

B 褶曲

一般根据图例符号识别褶曲（见图 2-32）。若没有图例符号，则需根据岩层的新、老对称分布关系确定。

一般来说，当地表岩层出现对称重复时，则有褶曲存在。若核部岩层老，两翼岩层新则为背斜；若核部岩层新，两翼岩层老则为向斜。若地质界线平行延伸，为枢纽水平的褶曲；若地质界线在平面上呈现"S"形，则为枢纽倾伏的褶曲。

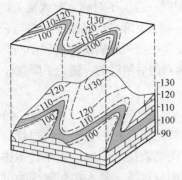
图 2-30　水平岩层的立体图及水平投影层

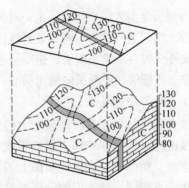
图 2-31　直立岩层的立体图及水平投影

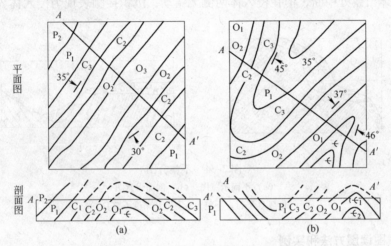
图 2-32　褶曲形态在地质平面上的表现
（a）水平褶曲；（b）倾伏褶曲

C　断层

一般也是根据图例符号识别断层。若无图例符号，则根据岩层分布重复、缺失、中断、宽窄变化或错动等现象识别。

断层在地质图上用断层线表示（见图 2-33）。由于断层倾角一般较大，所以断层线在地质平面图上通常是一段直线，或近于直线的曲线。在断层线两侧存在岩层中断、重复、缺失、宽窄变化或前后错动现象。

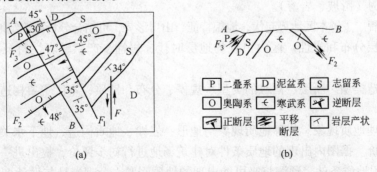

（a）　　　　　　　　　　（b）

P 二叠系	D 泥盆系	S 志留系
O 奥陶系	∈ 寒武系	逆断层
正断层	平移断层	岩层产状

图 2-33　断层形成的地层中断、缺失或复活出露的现象
（a）平面图；（b）剖面图

当断层走向大致平行岩层走向时，断层线两侧出现同一岩层不对称重复或缺失。地面被剥蚀后，出露老岩层的一侧为上升盘，出露新岩层的一侧为下降盘。当断层走向与岩层走向垂直或外交时，不论正断层、逆断层还是平移断层，在断层线两侧岩层都出现中断和前后错动现象。正断层和逆断层向前错动的一侧为上升盘，相对向后错动的一侧为下降盘。

D   地层接触关系

整合和平行不整合在地质图上的表现是上下相邻岩层的产状一致（见图 2-34），岩层分界线彼此平行，即相邻岩层的界线弯曲特征一致，只是前者相邻岩层时代连续，而后者则不连续。角度不整合在地质图上的特征是上下相邻两套岩层之间的地质年代不连续，而且产状也不相同，新岩层的分界线遮断了下部老岩层的分界线。侵入接触表现为沉积岩层界线在侵入体出露处中断，但在侵入体两侧无错动；沉积接触表现为侵入体界线被沉积岩层覆盖切断。

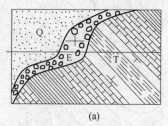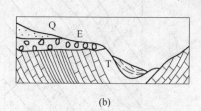

(a)   (b)

图 2-34 不整合图
(a) 平面示意图；(b) 剖面示意图
(E 与 Q 平行，不整合；T 与 E 角度不整合)

2.4.3 地质图读图方法和实例

地质图的阅读对了解场地的工程地质条件极其重要，通过地质图，为大中型工程各设计阶段的工程地质勘察、试验工作，提供所需要的材料。

2.4.3.1 地质图的阅读内容

（1）比例尺。各类地图都有一定的精度，从比例尺大小可以看到，比例尺越大，内容越详细，地质现象表达得越清楚。

（2）图例。平面图、剖面图和柱状图上的地层图例（符号、颜色和线条等）都是一致的，此外还有构造的图例（产状、褶曲和断裂）、地貌（山川、阶地、盆地）、自然地质作用的图例（滑坡、岩溶）。

（3）地貌。了解本区地势起伏、地貌特征、山川形势，可结合分析第四纪地层的分布。

（4）地层分布和岩性。区内出现的地层时代、岩性、产状、岩性特征以及与地形的关系。

（5）构造类型。断层、褶皱的类型、规模、分布和性质；本区主要构造线走向以及与地形关系。

（6）物理地质现象。物理地质现象与地形、岩性、地质构造、地下水关系。

（7）评价。据图内出现的地质条件对建筑场地进行初步评价，提出进一步勘探工作要点，分析工程地质条件，预测将来可能出现的地质问题，合理选址与设计。

但是，对大中型工程还需要作各设计阶段的工程地质勘察、试验工作，以提供所需要的材料。

任何图件都是某种工程或工艺的语言，地质图件也不例外，由于地质图的线条多、符号复杂，初次阅读时有一定的困难。如果能按照一定的读图步骤，由浅入深，循序渐进，对地质图进行仔细观察和全面分析，经过反复练习，读懂地质图并不难。

2.4.3.2 读图步骤

（1）先看图名、比例尺，对地质图幅所包括的地区建立整体概念，了解图幅位置，识别图的方位，一般以指北箭头为依据。若没有则可根据一般图的上方指向正北，或根据坐标数值向东、向北增大的规律来定出图的方位。

（2）读图例。地质图的图例绘在图框的右侧或下侧，自上而下按由新到老的年代顺序，列出图中所有地层符号、地质构造符号。熟悉这些图例，就可对图中所出现的地质情况进行分析。看图例时要特别注意地层之间是否存在地层缺失现象。一套完整的地质图，除地形地质图（主图）外，还附有一张综合地层柱状图和1~2张地质剖面图，并标有图例，不同地质时代地层的岩性用一定的花纹图案表示。

（3）正式读图时先分析图内地形，通过地形等高线与河流水系的分布特点，了解区内山川形势和地形起伏情况。

（4）对照图例，阅读地层的分布、产状、新老关系及其与地形的关系；熟悉地层的空间分布后，可根据地层的新老关系来分析区内褶皱构造的发育情况、构造线方向等；然后对区内断裂构造进行分析，如断层的性质，断层与地层、断层与褶曲以及断层间的切割关系等。

（5）若区内有岩浆岩出露，应弄清岩浆活动的时代，侵入或喷发的顺序，然后根据岩浆岩体产出及形态特征，确定其产状。在以上读图过程中，要参考地质图的主要附图——综合地层柱状图和地质剖面图，以帮助分析区内地质构造等特征。

2.4.3.3 读图实例

（1）西安市南郊综合地质剖面图（见图2-35）。

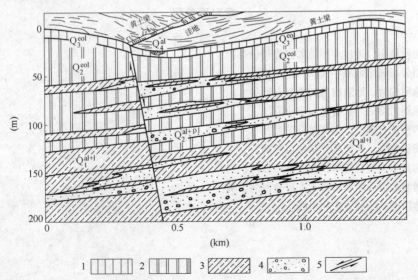

图2-35 西安市南郊综合地质剖面图（据张家明主编《西安地裂缝研究》）

1—晚更新世黄土；2—中更新世黄土；3—粉质黏土或粉土；4—砂或砾石；5—断层

（2）西安地区构造分区图。西安市位于渭河盆地中部，处在西安断陷的东南隅。它与其北的咸阳断阶以渭河断裂为界，与东南的骊山断隆以临潼-长安断裂为界（见图2-36）。

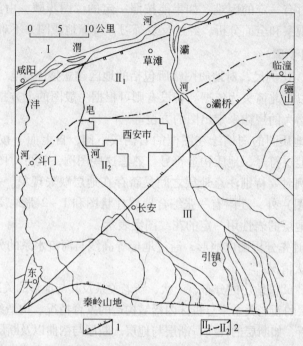

图 2-36　西安地区构造分区图（据张家明主编《西安地裂缝研究》）

1—断层；2—构造分区界限及分区编号

Ⅰ—咸阳断阶；Ⅱ—西安断陷；Ⅱ₁—西北凹陷；Ⅱ₂—东南断阶；Ⅲ—骊山断隆

西安构造分区主要有咸阳断阶、骊山断隆、西安断陷及断层。

复习思考题

2-1　何为地质作用，地质作用是如何进行分类的？

2-2　如何划分与确定地质年代？

2-3　何为地质构造，地质构造的类型有哪些？

2-4　简述倾斜岩层的产状要素与表示方法。

2-5　褶曲的特征有哪些，如何进行分类？

2-6　何为断裂构造，如何区分断层与节理？

2-7　断层的基本类型有哪些，在工程中如何识别？

2-8　简述褶皱构造和断裂构造对工程建设的影响。

2-9　试述地质图的阅读方法和步骤。

3 地貌与第四纪沉积物

地质作用与岩性构造是地貌形成发展的主要因素。地貌的发展具有阶段性与继承性。第四纪沉积物以陆相为主，大多是在外力风化剥蚀与堆积作用下形成的，了解其成因与生成的地理环境，研究第四纪的地质历史与其沉积物类型，为工程建设服务。

3.1 地 形 地 貌

地形（topography）是地球表面高低起伏不规则形态和特征的总称，即地壳表面的外部形态，如高低起伏、坡度大小和空间分布等。地貌（landform）是由地球内、外营力的长期作用，在地壳表面形成的各种不同成因、不同类型、不同规模的起伏形态。从地貌学与地质学观点所考察的地表形态称为地貌。研究地貌必须研究地形形态的外部起伏不平的特征、成因、年代及其发展过程。按成因类型、形态类型将地壳的表面形态划分为不同的地貌单元。在进行工程建设时，必须考虑地形地貌条件。

3.1.1 几种常见的地貌类型

在工程建设中，常见的地貌单元有山地、丘陵、平原、冲沟、山麓斜坡地貌与河流相地貌等。

3.1.1.1 山地

山地（mountain）指以上升的内力地质作用为主，并受外力地质作用以及岩性、构造等条件制约而演变成的一系列山脉。

（1）山地按构造形式的分类。

断块山：由于断裂作用上升的山地称为断块山，如华北太行山。断块山在最初形成时具有完整的断层面和明显的断层线；断层面成为山前的陡崖，外形一般为三角形；断层线则是崖底的轮廓线。但是由于断块山不断地上升，经过长期的风化和剥蚀，断层面被破坏并向后退却；崖底的断层线也被巨厚的风化碎屑物所覆盖。

褶皱断块山：在构造形态上具有被断裂作用分离的褶皱岩层，曾经是构造运动剧烈和频繁的地区，如阿尔泰山、天山、龙门山和四川盆地。

褶皱山：具有背斜或向斜构造的山地。构造形态并不复杂，除了简单的背斜或向斜褶曲外，有时还有次生的小褶曲。在向斜构造的褶皱山区，河流常沿斜轴部发育成狭长的槽沟地形。在背斜构造的褶皱山区，由于背斜轴部呈张节理发育，容易遭受风化剥蚀，同样也容易产生狭长的槽沟地形。

单斜山：又称单面山，由单向倾斜岩层组成。在单斜构造地区，岩层倾角较缓，软硬相间，受侵蚀切割后，软岩层被蚀成谷地，硬岩层秃露成山岭，即单面山山体延伸方向与构造线一致，山脊往往成锯齿形，两坡明显不对称，如四川剑门关（见图3-1）。

图 3-1　山地（剑门关）

（2）山地按地貌形态的分类见表 3-1。

表 3-1　山地按地貌形态分类

类　型		绝对标高/m	相对标高/m	备　注
最高山		>5000	>5000	其界线大致与现代冰川位置和雪线相符
高山	高山	3500～5000	>1000	以构造作用为主，具有强烈的冰川刨蚀切割作用
	中高山		500～1000	
	低高山		200～500	
中山	高中山	1000～3500	>1000	以构造作用为主，具有强烈的冰川刨蚀切割作用和部分冰川刨蚀作用
	中山		500～1000	
	低中山		200～500	
低山	中低山	500～1000	500～1000	以构造作用为主，受长期强烈刨蚀切割作用
	低山		200～500	
丘　陵		<500	<200	

3.1.1.2　丘陵

如图 3-2 所示，丘陵（hills）指经过长期的剥蚀切割，外貌成低矮而平缓的起伏地形或孤立的小山。绝对高程小于 500m，相对高程小于 200m。丘陵地区基岩一般埋藏较浅，顶部常直接裸露在外，风化一般严重，有时表面被残积物覆盖，谷底堆积有较厚的洪积物、坡积物或冲积物，有时还有淤泥等，在边缘地带常堆有结构松散的新近堆积物。

丘陵地区地层分布较复杂，一般丘顶部分无地下水，边缘和谷底常有上层滞水或潜水，以及孔隙水。

3.1.1.3　平原地貌

平原指陆地表面高度变化小的地区，是河流在其下游反复改道及洪水泛滥过程汇总沉积下来的宽广、平坦的开阔地（见图 3-3）。根据绝对高程可分为：

（1）高原。海拔高程在 600m 以上，如我国的黄土高原和青藏高原等（见图 3-4）。

（2）高平原。海拔高程在 200～600m，如我国的四川成都平原，其海拔约在 500～600m 内。

图 3-2　丘陵（东南丘陵）

（3）低平原。海拔高程在 0～200m 之间的平展地带称为低平原，其表面切割非常微弱，如我国的松辽平原、华北平原和长江中下游平原。

（4）洼地。洼地是位于海平面以下的平展的内陆低地，表面切割微弱，如我国的新疆吐鲁番盆地。

图 3-3　平原地貌

图 3-4　高原地貌

3.1.1.4　海成地貌

海成地貌主要有海岸地貌、海底地貌与岛屿，也有将其分为海岸、海岸阶地和海岸平原。

（1）海岸地貌。由于形成过程中有许多不同的因素共同作用，海岸的形态及其复杂多变，其分类方法就有多种。1948 年，斯帕尔特将海岸地貌分为原生海岸和次生海岸两大类。其中原生海岸分为陆面侵蚀成因海岸、陆面沉积成因海岸、火山成因海岸和构造成因海岸；次生海岸分为海蚀岸和堆积岸。

（2）海底地貌。海底地貌包括大陆架、大陆坡、洋底，其中洋底又由海沟、海岭等小的地貌单元构成。

（3）岛屿。岛屿是四面环水的中间一块陆地，它们有的位于河流或湖泊中，更多的位于海洋中（见图 3-5、图 3-6）。根据岛屿的起源、分布情况和地形特点可将其分为堆积岛、大陆岛和大洋岛。其中大陆岛可细分为冲蚀岛和构造岛；大洋岛可细分为构造岛、火山岛和珊瑚岛。

图 3-5　夏威夷岛

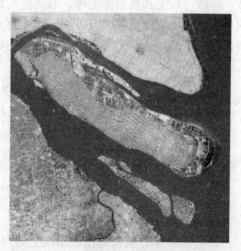

图 3-6　崇明岛

3.1.1.5　冲沟

冲沟（gully）是洪流作用形成的一种冲蚀（侵蚀）地貌形态。冲沟形成的初期，称为细沟和切沟，冲沟相对停止发展阶段，称为坳沟（干谷）。它们总称为冲蚀沟（侵蚀沟）或冲沟。

斜坡上的土石受暂时性激流冲刷而形成具有陡壁的沟谷（见图3-7）。冲沟平时无水，只有在降雨或融雪时才有暂时性水流。在易于崩解的山地斜坡上，常由于暴雨等间歇性急流冲蚀而形成V形沟谷；而在土质松软的高原和丘陵地带，常形成U形或交叉状沟谷。冲沟的形状大小取决于汇水面积、土层厚度、气候条件和主要河流的侵蚀基准面以及人类活动等多种因素。

图3-7　陕北黄土高原的冲沟

3.1.1.6　山麓斜坡堆积地貌

（1）洪积扇。山区河流自山谷流入平原后，流速减低，形成分散的漫流，流水夹带的碎屑物质开始堆积，形成由顶端（山谷出口处）向边缘缓慢倾斜的扇形地貌，如图3-8所示。

洪积扇的顶部（即近山区）堆积物的颗粒较大，且多呈亚角形，地基承载力较高；中部颗粒较细，多为块石、碎石、圆砾、角砾及砂等，尾部（即远山区）颗粒更细，多为细砂、粉砂、粉土和粉质黏土等，有时还有淤泥等软土，土质不均匀，地基承载力较低。洪积扇的地下水位在顶部埋藏较深，向中部及尾部变浅，在尾部及边缘地带常露出地表，形成条带状沼泽地。位于骊山脚下的西安市临潼区就坐落在洪积扇地貌单元上。

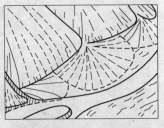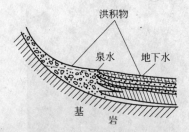

图3-8　洪积扇示意图

（2）坡积裙。坡积裙是由山坡上的面流将风化碎屑物质，携带到山坡下，并围绕坡脚堆积，形成的裙状地貌。坡积裙的物质组成主要来源于山坡，因此，一般分选性差，细小和粗大的颗粒相互夹杂在一起。有时因重力作用，粗颗粒堆积在紧邻山麓，细颗粒则堆积得稍远一点。

（3）山前平原。在干旱、半干旱气候条件下，暂时水流在山前堆积了大量的洪积物，这些堆积物和山坡上面流所挟带下来的坡积物汇合，形成了宽广平坦的山前平原。山前平原的规模大小不一，从外貌上看，环绕山前地带呈一狭长地形，靠近山麓地形较高，由于山前平原是由无数个大小不一的洪积扇组成，因而形成高低起伏的波状地形。

在新构造运动上升区，洪积扇向山麓的下方移动，因此山前平原的范围不断扩大，如果山区在上升过程中曾有间歇，在山前平原上就产生了高差明显的山麓阶地。

（4）山间凹地。被环绕的山地所包围形成的堆积盆地称为山间凹地。山间凹地由周围的山前平原继续扩大所组成，凹地边缘颗粒粗大，一般呈亚角形；凹地中心，颗粒逐渐变细；地下水位浅，有时形成大片沼泽地。

3.1.1.7 河流侵蚀堆积地貌

河流侵蚀堆积地貌又称为河谷地貌，是河流在长期不断地侵蚀、搬运、沉积交替作用过程中所形成的地表形态。按其部位分为河床、河漫滩、阶地、牛轭湖等地貌单元。

（1）河床。河床是河水经常流动的地方。如图3-9所示，河床由于受到河流侧向侵蚀而弯来弯去，经常改变河道位置，这样，就使河床底部的冲积物复杂多变。其中，平原河流河床一般为河流自身堆积的细颗粒物质；山区河流河床底部大多为坚硬的岩石或大块的碎石、卵石，但由于侧向侵蚀的结果常带来大量的细小颗粒，并有软土存在。山区河流河床底部的堆积物本身也往往是不固定的，当下一次较大的洪水袭来时，原来堆积的物质被搬运走了，而又堆积下来新的物质。

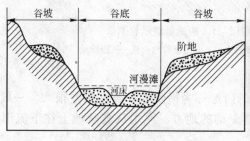

图3-9 山区河谷河床横断面示意图

（2）河漫滩（flood plain）。分布在河床的两侧，经常受洪水淹没的浅滩，称为河漫滩。河流上游，河漫滩往往由大块碎石组成，但是并不稳定，再一次洪水到来时可能把它冲走；河流中游，河漫滩一般由砂土组成；河流下游，河漫滩一般由黏性土组成。河漫滩的地下水位一般都较浅，在干旱地区往往形成盐泽地。

（3）牛轭湖（oxbow lake）。当河流弯曲十分厉害时，一旦河流截弯取直，原来弯曲的河流淤塞，便形成牛轭湖（见图3-10）。牛轭湖是河流蛇曲的结果。在枯水和平水期间，牛轭湖内长满了水草，渐渐淤积成为沼泽。在洪水期间，牛轭湖有时就和河流相接成为溢洪区。牛轭湖一般是泥炭、淤泥堆积的地区。

（4）阶地（terrace）。阶地是位于河床两侧的台阶状高地，是地壳的升降运动与河流的侵蚀、沉积等作用相互配合下形成的地貌，位于河滩以上的阶梯状平台。在地壳反复升

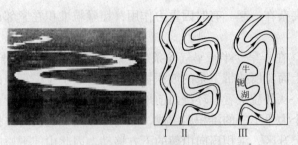

图 3-10 牛轭湖与曲流

降和河流沉积、冲蚀作用交替进行过程中形成。上升过程中有几次停顿的阶段，就形成几级阶地。阶地由河漫滩以上算起，分别为一级阶地、二级阶地等等（见图 3-11）。黄河在兰州形成六级阶地，渭河在西安形成四级阶地。阶地愈高，形成的时代愈老，这样，高阶地上土的密度就比较大，压缩性也比较低。但是，高阶地靠山坡的一侧也可能有新近堆积的坡积层、洪积层，其压缩性高，结构强度反而低。在低阶地上，土的密度就比高阶地的小，地下水位也较浅，特别要注意低阶地上地形比较低洼的地段。这些地方有时积水，生长一些水草。这往往曾是河漫滩湖泊和牛轭湖的地方。有时河漫滩湖泊或牛轭湖的堆积物埋藏很深，成为透镜体或条带状的淤泥。

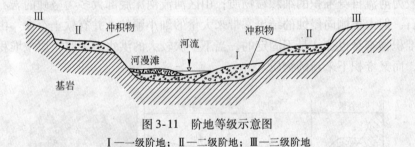

图 3-11 阶地等级示意图
Ⅰ——一级阶地；Ⅱ—二级阶地；Ⅲ—三级阶地

阶地根据地貌形态可分为：

1）横阶地。垂直于河流方向的阶地称为横阶地。高度相差很大，一般位于谷底有坚硬岩石的地区，也往往产生在构造变动的地方。河水从高阶地上往下流形成了巨大的瀑布、跌水或急滩。

2）纵阶地。平行于河流方向的阶地称为纵阶地。阶地面比较平缓，成狭长的条带形，呈台阶式，每一级阶地都有前缘、阶坡、阶地面和后缘。前缘或后缘冲沟一般较发育，常有滑坡分布。

纵阶地又可根据其成因分为：

① 侵蚀阶地。岩石面上切割出来的阶地，称为侵蚀阶地。这种阶地只有在山区河流中才能见到（见图 3-12a）。

② 基座阶地。岩石面上切割出来的阶地，其上又覆盖着河流的堆积物，这种成因的阶地称为基座阶地（见图 3-12b）。

③ 堆积阶地。河流最早切割成为广阔的河谷，再在其上进行堆积，待地壳上升时，河流在堆积物中所切割出来的阶地，称为堆积阶地（见图 3-12c、d）。堆积阶地根据堆积的形式又可分为：

Ⅰ上叠阶地。河流在切割河床堆积物时，切割的深度逐渐减小，侧向侵蚀也不能达到它原有的范围，这种形式的阶地称为上叠阶地。

Ⅱ内叠阶地。河流切割河床堆积物时，切割的深度超过了原有堆积物的厚度，甚至切割了基岩，这种形式的阶地称为内叠阶地。

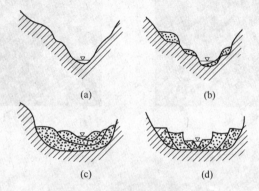

(a)　　　　　　　　(b)

(c)　　　　　　　　(d)

图 3-12　阶地类型示意图

（a）侵蚀阶地；（b）基座阶地；（c）堆积阶地（上叠阶地）；（d）堆积阶地（内叠阶地）

（5）河间地块。河谷相互之间所隔开的广阔地段，称为分水岭。在山区，分水岭通常是高峻的山脊；在平原区，分水岭常表现为较平坦的地形，外表上不很明显。水仅从一个微高的地段流向两条不同的河流，这种分水岭称为河间地块。河间地块本身的地质构成可能是多种多样的，有的原先是构造平原，受相反方向两条河流的切割而成为剥蚀准平原类型，有的原先是洪积扇或阶地，被几条水流同时切割而成了河间地块。河间地块的地表水分别流入各自的河流，地下水也分别补给各自的河流，地表水的分水岭常和地下水的分水岭相一致（岩溶地区除外），地下水位随地形的起伏而起伏。

3.1.1.8　黄土地貌 （loess landform）

黄土地貌是黄土地区的新构造运动与地表水的侵蚀等多种地质营力综合作用的结果，其中，首先是在地壳的上升区，黄土遭受剥蚀切割，而在下沉区，发生的则是黄土的堆积。地表水对上升区黄土的侵蚀可分为片状和线状两种，片状侵蚀造成广大地区的水土流失；线状侵蚀最终形成了黄土高原地区支离破碎的沟谷地貌。黄土地貌也是黄土岩性、地理环境及气候条件的综合反映。黄土地貌的研究对工程建设具有重要意义。

黄土地区的主要地貌单元有以下类型：

（1）黄土塬。顶部宽阔平坦、纵向延伸数十甚至数百公里，边缘部分则被沟谷切割的支离破碎的黄土高地称为黄土塬，如洛川塬、长武塬等。其边缘的沟谷深者可达 200m 以上，黄土沉积厚度大（见图 3-13）。

（2）黄土梁。黄土梁是黄土地区分布最广的一种地貌类型，顶部窄而狭长，两侧被沟谷切割，沟谷的发育密度较黄土塬大，沟谷深度则较塬小，黄土梁多分布在塬的外围地带，黄土沉积厚度较塬小（见图 3-14）。

（3）黄土峁。黄土梁进一步遭受侵蚀切割以后，形成一种馒头状的黄土丘，成群的黄土丘连在一起称为黄土峁。峁区冲沟密布，地形破碎，但沟谷不深，黄土沉积厚度较梁小（见图 3-15）。

图 3-13　黄土塬

图 3-14　黄土梁

图 3-15　黄土峁

（4）黄土地区的土洞和陷穴。流水沿着黄土中的裂隙或动物挖掘的洞穴下渗，对周围黄土进行机械侵蚀和溶蚀，把黄土中的一些胶体物质和土粒带走，使裂隙和土洞尺寸增大，再加上洞周围土的崩塌，使土中洞体进一步扩大。当这些洞穴的坡降较大时，土洞中一旦再次发生渗流，洞周围更多的土被流水带走，形成断面积很大的土洞。如果大断面积土洞顶部直到地表的土体全部塌陷，就形成黄土地区的陷穴。

3.1.1.9　风成地貌（aeolian landform）

由风力对地表的作用而形成的地貌称为风成地貌。风力是塑造风成地貌的主要动力，但由于地面各种条件的差异，风力所起的作用就有不同，从而形成了不同的风成地貌。

（1）石漠。石漠是地表几乎全为砾石、碎石所覆盖的荒漠。石漠地区平坦，布满砾石或光秃的岩石露头，很少有枯物，也很少有沙。风把沙尘吹走后，留下的岩块，即砾石滩，也称"戈壁"（见图 3-16）。

（2）沙漠（见图 3-17）。沙漠是风积细沙广泛分布的地区，地面完全被沙所覆盖、植物非常稀少、雨水稀少、空气干燥的荒芜地区。沙漠亦作"沙幕"，为干旱缺水、植物稀少的地区。

（3）泥漠。泥漠是干旱区黏土物质分布的地段，它主要分布在低洼地区，特别是盆地中心。荒漠的一种，沙漠中的黏土颗粒被雨水搬运到低洼的地方堆积下来，就形成了泥漠。泥漠主要由细粒黏土、粉沙等泥质沉积物组成，地区平坦，植物稀少。

（4）风蚀盆地。在干旱地区，风的吹蚀作用可将地面风化碎屑物吹走而形成宽广轮廓不明显的洼地，称为风蚀盆地。其一般呈宽而浅的椭圆形状，长轴方向与风向平行（见图

3-18）。风蚀盆地在中国内蒙古地区较为发育。

（5）沙丘。沙丘是由风堆积而成的小丘或小脊，常见于海岸，某些河谷以及旱季时的某些干燥沙地表面。风沙向前移动，高空风速大，地面风速小，达到灌木等阻碍，沙就逐渐堆积起来，迎风坡缓，背风的坡陡，形成新月形沙丘（见图3-19）。

图3-16　戈壁

图3-17　沙漠

图3-18　风蚀蘑菇

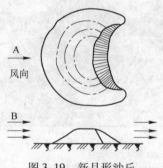

图3-19　新月形沙丘

3.1.1.10　其他地貌

（1）岩溶地貌（karst landform）。岩溶又名喀斯特（karst），是指地下水或地表水对可溶性岩石（碳酸盐岩、石膏、岩盐等），进行以溶蚀为主，流水的冲蚀、潜蚀和崩塌作用等机械作用为辅的地质作用及由此产生奇特现象的总称。由岩溶作用形成的地形及堆积物，称为岩溶地貌及岩溶堆积物或洞穴堆积物，例如岩溶盆地、峰林地形、石芽残丘、石林、溶洞等（见图3-20、图3-21）。

"喀斯特"原是南斯拉夫西北部沿海一带，石灰岩高原的地名。因该地区发育各种奇特的岩溶地貌，故以"喀斯特"称呼岩溶地貌。在1966年我国召开全国学术会议上，正式决定将"喀斯特"这一术语改称为"岩溶"。

（2）冰川地貌（glacial landform）。冰川是塑造地表形态的巨大外力之一，冰川进退引起海平面升降，造成海陆轮廓的重大变化，冰川流经地区由于受到冰川剥蚀、搬运和堆积作用，以及冰川消失或退缩，形成一系列独特的地貌（见图3-22、图3-23）。由冰川作用塑造的地貌称为冰川地貌。地球陆地表面有11%的面积为现代冰川覆盖，主要分布在极地、中低纬度的高山和高原地区，例如冰蚀地貌、冰渍地貌。

冰川地貌是鉴别冰川作用范围和性质的标志，对研究古地理和古气候环境的变迁有重大意义。因冰碛物的工程地质特性不同于其他沉积物，且目前全球气候变暖，冰川的融化加剧，故研究冰川地貌对保护环境、维护生态平衡具有重大的社会意义。

图 3-20 石林

图 3-21 溶洞

图 3-22 冰斗冰川

图 3-23 角峰（珠穆朗玛峰）

（3）大陆停滞水堆积地貌。大陆停滞水堆积地貌主要是指湖泊平原以及沼泽地。

1）湖泊平原（lake plain）。由于地表水流将大量的风化碎屑物带到湖泊洼地，使湖岸堆积、湖边堆积和湖心堆积不断地扩大和发展，形成了大片向湖心倾斜的平原，称为湖泊平原。湖泊平原由于是在静水条件下堆积起来的，淤泥和泥炭的总厚度很大，其中往往夹有数层很薄的水平层理的细砂或黏土夹层，很少见到圆砾或卵石。土的颗粒由湖岸向湖心逐渐变细。湖泊平原上地下水位一般都很浅，土质也软。

2）沼泽地（marshland）。湖泊洼地中水草茂盛，大量有机物在洼地中积聚，久而久之产生了湖泊的沼泽化。当喜水植物渐渐长满了整个湖泊洼地，便形成了沼泽地。在平原上河流弯曲的地段，容易产生沼泽地，大多曾是河漫滩湖泊或牛轭湖的地方。另外，当河流流经沼泽地时，由于沼泽地的土质松软，侧向侵蚀强烈，河道往往迂回曲折，有时形成许多小的牛轭湖。在山区山坡较平缓的地段，由于地表水排泄不畅或由于地下水的出露亦可形成沼泽地。

（4）海滨地貌（coastal landform）。海滨地貌是指在海滨地带，在波浪、潮汐作用下形成的地貌。在大湖和大型水库的岸边地带，受到波浪等作用的影响，也形成与海滨带相类似的地貌。例如海蚀地貌、海积地貌以及河口三角洲地貌等。海滨带主要分为海岸、潮间带和水下岸坡三个部分。河流的起点成为河源，终点为河口。河口可分为支流河口、入湖河口、入水库河口和入海河口等类型。

3.1.2 地形地貌对工程建设的影响

地貌学是在人们长期生活的生产实践中发展起来的，它在工程建设中有着重要作用。人类社会的一切岩土工程建设活动都是在地壳上一定的地质环境中进行的，建筑工程与地质环境（包括地形地貌）之间也就产生了某种必然的联系并相互制约。

（1）山地进行工程建设时，应注意山崩、坍塌、滑坡、山洪及泥石流等不良地质现象的发生对工程建设的危害。在泥石流发生严重的地段应尽量绕避，当无法绕避而必须通过时，应根据泥石流的特性，从受其影响小的部位，以最经济、安全的方式通过。充分认识山区地基的不均质性和不稳定性对建设工程的影响。

（2）丘陵地带工程，应注意土坡后稳定性和挖方与填方区土的差别、地基沉降的不均匀性以及冲沟的发育和地表土的流失。

（3）在河谷地区，应注意河流的洪水期间隔及洪水的大小，河道附近的道路及其他工程，应防止河流侧向侵蚀造成的坍岸。

（4）山麓斜坡堆积物应考虑斜坡土体稳定性、山顶危石、地基土的均匀性，以及洪积扇上建筑时（近山区、中部、远山区）岩性差异所引起的地基变形问题。

（5）在黄土高原地区，位于塬、梁、峁边缘的建设工程应首先注意工程场地附近的冲沟发育、发展情况和场地的稳定性，在场地中有没有黄土喀斯特现象存在、有没有发育喀斯特现象的可能性及黄土的湿陷性对建设工程的影响或危害程度，尤其是要特别注意道路及交通工程。

（6）在荒漠地区的戈壁地貌上，应注意骤然降雨产生的洪水及泥石流对工程的危害；在沙漠中需要防止沙丘的流动性对道路工程的影响；在盐沼泥漠地区，应注意"水"对工程场地的溶蚀融陷。

3.2 第四纪沉积物

第四纪（quaternary）是地球发展史上最晚的一个纪。它的时间比以往各纪都要短得多，从第四纪开始到现在，仅有 200～300 多万年的历史。如果我们将地球的年龄比作一天来计算，那么第四纪时期只不过是它最后 30～40s 的瞬间。第四纪是地球发展史上最稳定的一个历史时期，包括更新世和全新世（见表 3-2），它的时间虽然很短，但它在地史上却发生了两个重大事件：一件是古气候变化显著，多次出现冰川的消长；另一件事是生物界演化的新突变，出现了万物之灵的人类。因此，曾有人将第四纪称为"灵生纪"。

表 3-2　第四纪地质年代

地 质 年 代		绝对年代/万年	
纪	世	距今时间	时间间隔
第四纪 Q	全新世 Q4	1	1
	更新世　晚更新世 Q3	10	9
	中更新世 Q2	73	63
	早更新世 Q1	200	127

3.2.1　第四纪沉积物一般特征

由原岩风化产物——碎屑物质，经各种外力地质作用（剥蚀、搬运、沉积）形成尚未胶结硬化的沉积物（层），通称为"第四纪沉积物（层）"或土。第四纪沉积物大多是以陆相为主的松散沉积物，其分布遍及全球，与现代地形密切相关，对工程建设有重要的影响。

（1）第四纪陆相沉积物一般特征。

1）第四纪陆相沉积物形成时间短，或正处在形成之中，普遍呈松散或半固结状态，易于发生流动和破坏，对工程建筑产生不良影响。

2）第四纪陆相沉积分布于地表，直接受到阳光、大气和水的影响，易于受物理风化和化学风化，故可通过研究第四纪沉积物风化程度的方法，来研究第四纪地层划分。

3）第四纪陆相沉积物分布于起伏不平的地表，处于不同气候带，受到各种地质营力影响，故其成因复杂，岩性、岩相、厚度变化大。

4）第四纪陆相沉积物，各种粒径的比例变化范围较大，多为砂砾层、砾质砂土、砂质黏土、含泥质碎石和碎石土块等混合碎屑层岩类；第四纪有机岩与泥炭、有机质淤泥和有机质碎屑沉积物。

（2）第四纪海相沉积物一般特征。海洋随深度和地貌条件不同，其动力条件、压力、光照和含氧量均不相同，第四纪海相沉积物亦有很大区别。根据海洋地貌和动力条件，第四纪海洋沉积可分为近岸沉积、大陆架沉积和深海沉积。

1）近岸沉积。其分布于从海岸到海底受波浪作用显著的水下岸坡部分。岩石海岸沉积带宽数十米，泥岸可达数十公里。由于近岸动力多样性，形成的沉积物成分复杂，有砾石、砂、淤泥、泥炭和生物贝壳等。碎屑物主要来自于陆地。

2）大陆架沉积。大陆架范围内有粗粒沉积、砂质沉积和淤泥质沉积。粗粒碎屑沉积主要来源于水下岸坡破坏、河流和冰川搬运物质；砂质沉积主要是河流挟入物，大河流入海处最发育；淤泥质沉积分布极广，离岸 200～300km 内都有陆源碎屑淤泥质分布，在大河口则可分布到 400～600km 远。淤泥质沉积中常含有机质、硫化铁、氧化锰和绿泥石，而呈现不同颜色。

3）深海沉积。深海由于水深、低温、压力大，大型软体生物很少，河流挟入物达不到，故其沉积以浮游性动植物钙质或硅质沉积为主，其次为火山灰沉积、化学沉积（锰结核等）和局部的浮冰碎屑沉积。深海沉积缓慢，故深海第四纪沉积物厚度不大。

3.2.2　第四纪沉积物的成因类型

土是连续、坚固的岩石在风化作用下形成的大小悬殊的颗粒，经过不同的搬运方式，各种外力地质作用，在各种自然环境中生成的沉积物。至今其沉积历史不长，所以只能形成未经胶结硬化的沉积物，也就是通常说的"第四纪沉积物"或"土"。对于不同成因类型的第四纪沉积物，各具一定的分布规律和工程地质特性，以下分别介绍其中主要的几种成因类型。

3.2.2.1　残积物 Q^{el}（残积层）

岩石表面经物理、化学风化作用而残留在原地的碎屑物称为残积物（见图3-24），其

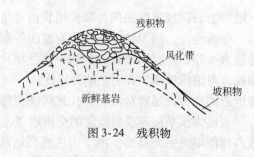

图 3-24 残积物

分布主要受地形控制。在宽广的分水岭上，由于雨水产生地表径流速度小，故风化产物易于保留的地方，残积物就比较厚。在平缓的山坡上也常有残积物覆盖。

残积物在形成初期，上部的颗粒较细，但由于雨（雪）水的淋漓，细小碎屑被带走，形成杂乱的堆积物，没有层理，具有较大的孔隙度，其颗粒粗细取决于母岩石岩性，因此，有些地区残积物是粗大的岩块，而另一些地区可能是细小的碎屑。残积物没有经过水平的位移，但由于大的岩块受到重力作用在下坠过程中可能将周围小的岩块挤出，产生缓慢的、细小的水平位移。

残积物的成分与母岩的岩性密切相关，如花岗岩的残积物中，长石常分解成黏土矿物，石英常被碎成细砂；石灰岩的残积物则往往成为红黏土。

残积物的厚度取决于其残积条件：在山丘顶部常被侵蚀而厚度较小；山谷低洼处则厚度较大；山坡上往往是粗大岩块。由于山区原始地形变化较大和岩石风化程度不一，因而在很小的范围内，厚度变化很大。

残积物一般透水性较强，以致残积物中一般无地下水（局部低洼地基有上层滞水出现），作为建筑地基，容易引起不均匀沉降。

3.2.2.2 坡积物 Q^{dl}（坡积层）

高处的风化碎屑物由于雨水或雪水的搬运，或者由于本身的重力作用，堆积在斜坡或坡脚，这种堆积物称为坡积物（见图 3-25）。

坡积物的岩性成分是多种多样的，但与高处岩性组成有直接关系。坡积物一般具有棱角，但经过一段距离的搬运，往往成为亚角形。坡积物没有经过良好的分选作用，细小或粗大的碎块夹杂在一起。但由于重力作用，比较粗大的颗粒一般堆积在仅靠斜坡的部位，而细小的颗粒则分布在离开斜坡稍远的地方。

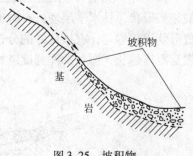

图 3-25 坡积物

坡积物中一般见不到层理，但有时也具有局部的不清晰的层理。新近堆积的坡积物经常具有垂直的孔隙，结构疏松，一般具有较高的压缩性，在水中很易崩解。坡积形成的黄土，其湿陷性一般比洪积或冲击形成的黄土要高得多。

坡积层中地下水一般属于潜水，在坡积物非常复杂的地区，有时形成上层滞水。

坡积物厚度变化较大，由几厘米到一二十米。在斜坡脚较陡的地段厚度较薄，在坡脚地段堆积较厚。一般当斜坡的坡度愈陡时，坡脚堆积物的范围愈大。作为建筑地基时，易产生不均匀沉降和滑动失稳，应给予重视。

3.2.2.3 洪积物 Q^{pl}（洪积层）

山区或高地上的暂时水流将大量的风化碎屑物挟带下来，堆积在前缘的平缓地带，这种堆积物称为洪积物（见图 3-8）。

洪积物具有一定的分选作用。距山区或高地近的地方，堆积物的颗粒粗大，碎块多呈亚角形，承载力高；离山区或高地较远的地方，堆积物的颗粒逐渐变细，颗粒形状由亚角形逐渐变成亚圆形或圆形；在离山区或高地更远一些的地方，洪积物中则往往有淤泥等细颗粒土的分布。但是，由于每次暂时水流的搬运能力不等，在粗大颗粒的空隙中往往填充了细小颗粒，而在细小颗粒中又会出现粗大的颗粒，粗细颗粒间没有明显的分界线。

洪积物具有比较明显的层理，但在近山或高地近的地方，层理紊乱，往往成为交错层理；在离山区或高地远的地方，层理逐渐清楚，一般成为水平层理或湍流层的交错层理。

洪积物中的地下水一般属于潜水，由山区或高地前端向平原补给。由于山区或高地前缘地形高，潜水埋藏深；离山区或高地较远的地方，地形低，潜水浅；在局部低洼地段，潜水可能溢出地表。此外，如粗大颗粒的洪积物在细小颗粒的上面时，潜水也可能在粗细颗粒的交接处溢出地表。

洪积物的厚度一般是离山区或高地较近的地方厚度大，远的地方厚度小。在局部范围内的变化不大。

3.2.2.4 冲积物 Q^{al}（冲积层）

河流在平缓地带所堆积下来的碎屑物，称为冲积物。根据其形成条件，可分为山区河谷冲积物、平原河谷冲积物和三角洲冲积物。

（1）山区河谷冲积物。山区河谷冲积物大部分由卵石、碎石等粗颗粒组成，分选性差，大小不同的砾石相互交替，成为水平排列的透镜体或不规则的夹层，厚度一般不大。一般来说，山区河谷的堆积物颗粒大，承载力高，但由于河流侧向侵蚀的结果也带来了大量的细小颗粒，特别是当河流两旁有许多冲沟支岔时，这些冲沟支岔带来的细小颗粒往往和冲击的粗大颗粒交错堆积在一起，承载力也因而降低。

（2）平原河谷冲积物。河流上游的冲积物一般颗粒粗大，向下游逐渐变细。冲积层一般呈条带状，具水平层理，有时也有流水层或湍流层的交错层理。在每一小层中，岩性的成分就比较均匀，有极良好的分选性。平原河谷冲积物的颗粒形状一般为亚圆形或圆形，搬运距离越长，颗粒的浑圆度越好，图 3-26 给出了典型平原河谷横断面图。

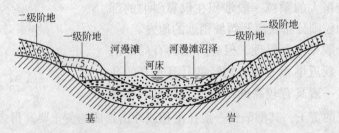

图 3-26 平原河谷横断面示例（垂直比例放大）
1—砾卵石；2—中粗砂；3—粉细砂；4—粉质黏土；5—粉土；6—黄土；7—淤泥

平原河谷冲积物分为河床冲积物、河漫滩冲积物、牛轭湖冲积物和阶地冲积物。

河床冲积物、河漫滩冲积物多为磨圆度较好的漂石、卵石、圆砾和各类砂类土，有时有粉土、黏性土存在。在同一地段上，河漫滩冲积物的粒度一般比河床冲积物小。在同一河漫滩上，靠河床近的冲积物的粒度比距河床远的大。牛轭湖冲积物只有当洪期间成为溢洪区时才能形成，此时，细砂或粉质黏土直接覆盖在原来已形成的泥炭或淤泥层上。阶地冲积物粒度比河漫滩小，一般由粉质黏土、粉土和各种砂土组成，有时也有卵石、圆砾的夹层。在黄土地区，阶地则往往为各个不同地质时期的黄土所分布。

平原河谷冲积层中的地下水一般为潜水，由高阶地补给低阶地，再由河漫滩补给河水。平原河谷冲积物（除牛轭湖外），一般为良好的地基。粗颗粒的冲积物承载力较高，而细颗粒的稍低。但要注意，冲积砂的密实度与振动液化问题。

（3）三角洲冲积物。三角洲冲积物是河流搬运的大量细小碎屑物在河流入海或入湖的地方堆积而成。一般分水上及水下两部分：水上部分主要是河床和河漫滩冲积物，如砂、粉土、粉质黏土、黏土等等，一般呈层状或透镜体。水下部分则由河流冲积物和海相或湖相的堆积物混合组成，呈倾斜的沉积层。

三角洲冲积物的地下水一般为潜水，埋藏比较浅。三角洲冲积物的厚度很大，分布面也很广。由于三角洲冲积物的颗粒较均匀，含水量大，呈饱和状态，承载力低，有的还有淤泥分布。在三角洲冲积物的最上层，由于经过长期的压实和干燥，形成所谓硬壳，承载力较下面的为高。

河流的地质作用主要表现为侵蚀作用、搬运作用与沉积作用。

1）河流的侵蚀作用主要发生于河流的上游，由于地面及河床坡降大，河床窄，水流急，流域地表的侵蚀和河床的侵蚀严重（如黄河壶口瀑布下切河床）。在河流的中游，主要为河流的侧向淘刷与地表侵蚀，并间有沉积作用发生。

2）河流的搬运作用。河水将夹带于水流中的侵蚀物质以推移或悬移介质向下游搬运，而较大的颗粒在河床底部滚动，细小的颗粒随水流向下游的静水环境中沉积。

3）河流的沉积作用。河流搬运第四纪沉积物堆积于河床。在河流中游，洪水季节河床两侧河漫滩沉积砾石、泥沙等物质，枯水季节，河流冲刷凹岸，被冲刷物质在凸岸沉积。在河流的下游，随着河床沉积物的增厚，河道不断改道，形成下游冲积平原。由于河流的作用，黄河在开封形成了地上悬河。

3.2.2.5　风积物 Q^{eol}（风积层）

在干燥气候条件下，岩石的风化碎屑物被风吹扬，往往搬运一段距离后，在有利的条件下堆积起来，称为风力堆积物。

风积物中最常见的是风成砂和风成黄土。处于季节风带内的干旱、半干旱地区，风的地质作用（侵蚀（风扬）、搬运、沉积）则更加明显。风成砂的来源很广，各种成因的砂，只要经过风力的搬运，均可形成风成砂。风成砂也可由岩石受到吹蚀作用而直接形成；风成黄土也是由各种成因的粉土颗粒，经过风的吹扬，搬运到比砂更远的地方堆积而成，一般不见层理，具有大孔性和垂直节理。

3.2.2.6　其他堆积物

除了上述几种主要成因类型的沉积物（残积物、坡积物、洪积物、冲积物和风积物）外，还有海相沉积物 Q^m、沼泽堆积物 Q^h、湖泊沉积物 Q^l 及冰川沉积物 Q^{gl} 等，它们是分别由海洋、沼泽、湖泊及冰川等地质作用形成的。

（1）海相沉积物　Q^m（海相沉积层）。在海洋环境中形成的沉积物称为海相沉积物。海洋按海水深度及海底地形划分为四类：

1）滨海带。滨海带是指海水高潮位时淹没，低潮时露出的地带，海水深度不超过20m。其又称为海岸带沉积，位于正常浪基面以上，沉积成分中黏土占80%。

2）浅海区。浅海区是指大陆架，水深约 $0 \sim 200m$，宽度约 $100 \sim 200km$。其主要为陆架环境下陆源型沉积，又分大陆架滩、大陆架盆、递变大陆架、碳酸盐大陆架与礁、蒸发盆等沉积环境，其成分主要为砂、软泥、生物与碳酸盐，沉积结构具有斜层理和冲蚀、生物碎屑等海水剧烈运动的痕迹，以及鲕粒结构和周期性多变的沉积层。

3）陆坡区。陆坡区是指大陆坡，即浅海区与深海区间过渡的陡坡地岸，水深约$200 \sim 1000m$，宽约 $100 \sim 200m$。基本以陆源物质沉积终点为界，沉积物为蓝色、红色等暗色软泥及灰质软泥。

4）深海区。深海区是指海洋底盘，水深超过 $1000m$。主要为抱球虫软泥、红色黏土、硅藻软泥、放射虫软泥，沉积速度仅 $1 \sim 0.5mm/a$；

（2）沼泽堆积物　Q^h（沼泽沉积层）。在地下水出露的洼地内，由生物死亡之后，腐烂分解的残杂物所形成的堆积物称为沼泽堆积物。

沼泽堆积物主要为泥炭所堆积，而泥炭为有机生成物，呈黑色或深褐色，其中还含有部分黏土、细砂。泥潭的性质和含水量关系很大，干燥压密的泥炭较坚硬，湿时压缩性较高。泥炭是尚未完全分解的有机物，作为建筑物持力层时，尚需考虑今后继续分解的可能性。

（3）湖泊堆积物　Q^L（湖积层）。湖泊内由于机械作用、化学作用或生物化学作用而形成的堆积物，称为湖泊堆积物。湖泊堆积物由于成因不同，可分为机械堆积物、化学堆积物和生物化学堆积物。

机械堆积物：自黏土至卵石、漂石均包括在内。一般夏季堆积的粒度稍大一些，如细砂等，冬季堆积的多为黏土颗粒、粉土颗粒。

化学堆积物：有石膏、岩盐、芒硝、硼砂以及泥灰岩、石灰岩及铁质的化合物等等。其中石膏、岩盐、芒硝、硼砂为咸水湖堆积物。

生物化学堆积物：湖盆中的生物死亡后所产生的有机堆积物，如硅藻土、贝壳堆积、淤泥和泥炭等。

湖泊堆积物具有较好的分选作用，一般湖岸堆积物的颗粒较粗，湖心堆积物的颗粒较细。山区湖泊堆积物一般较粗；平原湖泊堆积物一般较细。湖泊堆积物的特点是具有明显均匀的很薄的水平层理。湖泊堆积物中淤泥和泥炭分布广，厚度大，承载力较低。湖泊堆积物中的湖相黏土或多或少含有碳质、沥青质、石灰质、石膏质等，常具有淤泥的性质，灵敏度很高，承载力更低。但这种黏土分布广，具有水平、均匀的层理，差异性小。

（4）冰川沉积物　Q^{gl}（冰积层）。凡与冰川活动或冰川融化的冰下水活动有关的堆积物，称为冰川堆积物。冰川堆积物根据其形成条件，可分为：

1）冰碛堆积物。由固态状态的冰川直接堆积，未经水的冲刷或搬运的堆积物，称为冰碛堆积物。

2）冰水堆积物。由冰川局部融化后冰下水所挟带的碎屑物所堆积成的堆积物，称为冰水堆积物。

3）冰碛湖堆积物。冰川在移动时刨蚀所形成的岩屑，被冰水带到冰碛湖，形成具有粗细颗粒交替沉积的冰碛湖堆积物。

冰川堆积物一般没有分选性，杂乱而无层次，巨大的岩块和细小的砂、砾堆在一起，具有极大的不均匀性。冰川在搬运过程中，岩块冻结在一起，互相之间没有摩擦作用，因此冰碛堆积物中，岩块保留尖锐的棱角。冰川堆积物的厚度不一致，取决于冰川的形态与规模。一般山区所堆积的厚度不大，且不是连成一片的。冰川堆积物中有时含有大量的岩末，这些岩末的粘结力很小，透水性弱，在开挖基坑时，如果地下水造成较大的水头梯度时，容易形成基坑坍塌。

在工程建设中，应根据地貌单元与第四纪沉积物的不同类型与要求，进行具体问题具体分析研究与解决，以保障工程建（构）筑物的安全与可靠。

复习思考题

3-1 何为地貌单元，常见的地貌类型有哪些？

3-2 地形地貌对工程建设有哪些影响？

3-3 简述河流的地质作用。

3-4 简述黄土地貌的特点。

3-5 简述第四纪沉积物的类型与其工程特点。

3-6 如何对土进行定义？

3-7 简述洪积物的工程特性。

4 土的工程性质

自然界土分布广泛，约占地球表面2/5，与人类活动关系密切。它不仅是地下水的埋藏处所，亦为工程建筑的地基与围岩，又是来源丰富的天然建筑材料。土的工程地质性质，及其天然与人为因素作用下的变化，将直接影响着工程规划、设计、施工与使用，影响着地下水的形成、径流和水质。因此，工程地质学必须研究土的工程性质，并为工程设计、施工提供必要的依据。

岩石经过风化、剥蚀、搬运、沉积过程后，所形成的各种疏松沉积物，在建筑工程上称之为土。其一般是由土颗粒（固相）、水（液相）、气（气相）所组成的三相体系。

工程地质学之中所说的土或土体，是指与工程建筑物的变形和稳定相关的第四纪沉积物。

在处理各类与土的物理性质有关和需要对土的力学性质进行分析计算的岩土工程问题时，必须了解各类土的工程特性，熟悉各指标的概念、测定及换算关系，并掌握土的工程分类以确保工程应用。

4.1 土的组成、结构和构造

土的工程性质取决于原始沉积条件（土粒的大小及矿物的成分、结构构造、孔隙水）和沉积后的经历（年代、自然地理等）。

4.1.1 土的组成

4.1.1.1 土的固体颗粒

土的固体颗粒（简称土粒）的大小和形状、矿物成分及其组成情况是决定土的物理性质、力学性质的重要因素。粗大土粒多为岩石经物理风化作用形成的碎屑，或岩石中未产生化学变化的矿物颗粒，其形状呈块状或粒状（如石英和长石等）；而细小土粒主要是化学风化作用形成的次生矿物和成土过程中混入的有机物质，其形状主要呈片状。自然界中的土，均由大小不同的土粒组成，其不同颗粒之间的比例影响着土的工程性质。

A 土的颗粒级配

土是由各种大小不同的固体颗粒组成的，颗粒大小以直径计（单位为 mm），称为粒径（或粒度）。界于一定粒径范围的土粒，称为粒组；而土中不同粒组颗粒的相对含量称为土的粒度成分（或颗粒级配），它以各粒组的重量占该土颗粒的总重量的百分数来表示。

土粒的粒径由粗到细逐渐变化时，土的性质也相应发生变化。例如，土的性质随着粒径的变细可由无黏性变化到有黏性。因而，可以土中各种不同粒径土粒，按适当的粒径范围，分为若干组，各个粒组随着分界尺寸的不同而呈现出一定质的变化。划分粒组的分界尺寸称为界限粒径。目前土的粒组划分标准并不完全一致，一般采用的粒组划分及各粒组土粒的性质特征见表 4-1。

表 4-1 土粒粒组的划分

粒组名称		粒径范围 /mm	一 般 特 征
漂石或块石颗粒 卵石或碎石颗粒		>200 200~20	透水性很大；无黏性；无毛细作用
圆砾或角砾 颗粒	粗	20~10	透水性大；无黏性；毛细水上升高度不超过粒径大小
	中	10~5	
	细	5~2	
砂粒	粗	2~0.5	易透水；无黏性，无塑性，干燥时松散；毛细水上升高度不大（一般小于1m）
	中	0.5~0.25	
	细	0.25~0.1	
	极细	0.1~0.075	
粉粒	粗	0.075~0.01	透水性较弱；湿时稍有黏性（毛细力连结），干燥时松散，饱和时易流动；无塑性和遇水膨胀性；毛细水上升高度大；湿土振动时有水析现象（液化）
	细	0.01~0.005	
黏粒		<0.005	几乎不透水；湿时有黏性、可塑性，遇水膨胀大，干时收缩显著；毛细水上升高度大，但速度缓慢

注：1. 漂石、卵石和圆砾颗粒呈一定的磨圆形状（圆形或亚圆形）；块石、碎石和角砾颗粒带有棱角。

  2. 粉粒的粒径上限也有采用 0.074mm、0.05mm 或 0.06mm 的；黏粒的粒径上限也有采用 0.002mm 的。

实践表明：土颗粒由粗到细，毛细作用由无到毛细上升高度逐渐增大；透水性由大到小，甚至不透水；土逐渐由无黏性、无塑性到具有较大的黏性和塑性以及吸水膨胀性等一系列特殊性质；在力学性质上，强度逐渐变小，受外力作用时，极易变形。

土的颗粒级配是通过土的颗粒大小分析（亦称粒度分析）试验测定的。对于粗粒土，可用筛分法测定。实验时将风干、分散的代表性土样通过一套孔径不同的标准筛（例如20、2、0.5、0.25、0.1、0.075），称出留在各个筛子上的土重，即可求得各个粒组的相对含量。粒径小于 0.075mm 的粉粒和黏粒难以筛分，一般可以根据土粒在水中匀速下沉时的速度与粒径的理论关系，用比重计法或移液管法（见土工试验有关规定）测得颗粒级配。

根据土颗粒大小分析试验成果，可绘制颗粒级配累积曲线如图 4-1 所示。其横坐标表示粒径。因为一般土粒粒径相差悬殊，故采用对数坐标表示；纵坐标则表示小于（或大于）某粒径的土重含量（或称累计百分含量）。由曲线的坡度可以大致判断土的均匀程度。如曲线较陡，则表示粒径大小相差不多，土粒较均匀；反之，曲线平缓，则表示粒径大小相差悬殊，土粒不均匀，即级配良好。

小于某粒径的土粒质量累计百分数为 10% 时，相应的粒径称为有效粒径 d_{10}。小于某粒径的土粒质量累计百分数为 30% 时的粒径用 d_{30} 表示。当小于某粒径的土粒质量累计百分数为 60% 时，该粒径称为限定粒径 d_{60}。

利用颗粒级配累积曲线可以确定土粒的级配指标，如 d_{60} 与 d_{10} 的比值 C_u 称为不均匀系数：

$$C_u = d_{60}/d_{10} \tag{4-1}$$

又如曲率系数 C_c 用下式表示：

$$C_c = \frac{d_{30}^2}{d_{10} \cdot d_{60}} \tag{4-2}$$

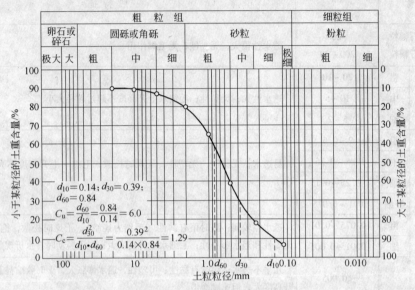

图 4-1　土的颗粒级配曲线

不均匀系数 C_u 反映大小不同粒组的分布情况。C_u 越大表示土粒大小的分布范围越大，其级配越良好，若作为填方工程的土料时，则比较容易获得较大的密实度。曲率系数 C_c 反映的是累积曲线的分布范围与整体形状。

一般情况下，工程上把 $C_u < 5$ 的土看作是均粒土，属级配不良；$C_u > 10$ 的土，属级配良好。若单独只用一个指标 C_u 来确定土的级配情况是不足的，要同时考虑累积曲线的整体形状，故需参考曲率系数 C_c 值。一般可认为：砾类土或砂类土同时满足 $C_u \geqslant 5$ 和 $C_c = 1 \sim 3$ 两个条件时，则定名为良好级配砾或良好级配砂。

颗粒级配在一定程度上反映土的某些性质。对于级配良好的土，较粗颗粒间的孔隙被较细的颗粒所充填，因而土的密实度较好，相应的地基土的强度和稳定性也较好，透水性和压缩性也较小，可用作堤坝或其他土建工程的填方土料。

B　土粒矿物成分

土粒矿物成分主要取决于母岩的成分及其所受的风化作用。不同矿物成分对土性有不同的影响（其中细粒组尤为重要）。

（1）粗粒。多为岩石的碎屑，其矿物成分与母岩相同，包括漂石、卵石、圆砾等。

（2）砂粒。大都是母岩中的单晶颗粒，含石英、长石、云母等。其中石英的抗风化能力强。对土的工程性质影响的差异，主要在于颗粒形状、坚硬程度和抗风化稳定性因素。

（3）粉粒。矿物成分具有多样性，主要是石英和 $MgCO_3$、$CaCO_3$ 等难溶盐的颗粒。按其被水溶解的难易程度可分为易溶盐、中溶盐和难溶盐。这些盐类常以夹层、透镜体、网脉、结核或呈分散的颗粒、薄膜或粒间胶结物含于土层中。其中易溶盐类极易被大气降水或地下水溶滤而去，所以分布范围较窄，但在干旱气候区和地下水排泄不良地区，它是地表上层土中的典型产物，即形成所谓盐碱土和盐渍土。

可溶盐类对土的工程性质的影响，在于含盐土侵水后盐类溶解，使土的粒间连结削弱，甚至消失，并同时增大土的孔隙性，从而降低土体的强度和稳定性，增大其压缩性。其影响程度，取决于盐类的成分与溶解度及含量与分布的均匀性和分布方式。

（4）黏粒。主要有黏土矿物、氧化物、氢氧化物和难溶盐类（如碳酸钙等）。黏土矿物的颗粒很小，在电子显微镜下观察到的形状为鳞片状或片状，经 X 射线分析证明其内部具有层状晶体构造。黏土矿物基本上有两种原子层（称为晶片），一种是硅氧晶片，另一种是铝氢氧晶片，由于晶片结合情况不同，便形成了具有不同性质的黏土矿物。黏土矿物主要有蒙脱石、伊利石、高岭石，其亲水性依次减小。

4.1.1.2　土中水

在自然条件下，土中总是含水的。土中水可以处于液态（自由水和结合水）、固态（冰）、气态（水蒸气），土中细粒愈多，即土的分散度愈大，水对土的性质的影响也愈大。研究土中水，必须考虑到水的存在状态及其与土粒的相互作用。

存在于土中的液态水可分为结合水和自由水两大类：

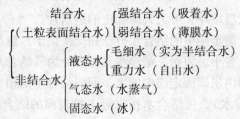

存在于土粒矿物结晶格架内部或参与矿物构造中的水，称为矿物内部结合水和结晶水，它只有在高温（140～700℃）下才能化为气态水而与土粒分离。因此，从对土的工程性质影响来看，应把矿物内部结合水和结晶水当做矿物颗粒的一部分。

A　结合水

结合水是指受电分子吸引力吸附于土粒表面的土中水。这种电分子吸引力高达几千到几万个标准大气压（1 个标准大气压 = 1.01325×10^5 Pa），使水分子和土粒表面牢固地粘结在一起。

由于土粒表面一般带负电荷，围绕土粒形成电场，在土粒电场范围内的水分子和水溶液中的阳离子（如 Na^+、Ca^{2+}、Al^{3+} 等）一起吸附在土粒表面。因为水分子为极性分子，它被土粒表面电荷或水溶液中离子电荷吸引而定向排列。

土粒周围水溶液中的阳离子和水分子，一方面受到土粒所形成电场的静电引力作用，另一方面又受到布朗运动的扩散作用。在最靠近土粒表面处，静电引力最强，把水化离子和水分子牢固地吸附在颗粒表面，形成固定层。在固定层外围，静电引力较小，因此水化离子和水分子的活动性比在固定层中大，形成扩散层。固定层和扩散层中所含的阳离子（亦称反离子）与土粒表面负电荷一起构成双电层（见图 4-2）。

水溶液中反离子（阳离子）原子价愈高，离子半径愈小，离子浓度愈大，它与土粒间的静电引力愈强，则扩散层厚度愈薄（实践中，可改良土壤）。在工程中可以利用这种原理来改良土质，例如用三价及二价离子（如 Fe^{3+}、Al^{3+}、Ca^{2+}、Mg^{2+}）处理黏土，使其扩散层变薄，从而增加土的稳定性，减少膨胀性，提高土的强度；有时，先用含一价离子的

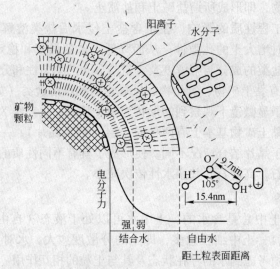

图 4-2   矿物颗粒对水分子的静电引力作用

盐溶液处理黏土，使扩散层增厚，可大大降低土的透水性。

据双电层的理念，反离子层中的结合水分子和交换离子，愈靠近土粒表面、则排列得愈紧密和整齐，活动性也愈小。因而，结合水又可以分为强结合水和弱结合水两种。强结合水时相当于反离子层的内层即固定层中的水，而弱结合水则相当于扩散层中的水。

（1）强结合水（吸着水）。强结合水指靠近土粒表面的结合水（即吸着水），相当于固定层中的结合水。其厚度很小（一般只有几个水分子厚）。其特征在于：没有溶解盐类的能力，不能传递静水压力，只有吸热变成蒸汽时才能移动。这种水极其牢固地结合在土粒表面，性质接近于固体，密度约为 $1.2 \sim 2.4 \mathrm{g/cm^3}$，冰点为$-78℃$，具有极大的黏滞度、弹性和抗剪强度。若将干燥的土移到天然湿度的空气中，则土的重量将增大，直到土中吸着的强结合水达到最大吸着度为止。一般土粒愈细，土的比表面愈大，则最大吸着度愈大。砂土的最大吸着度约占土粒质量的 1%，而黏土则可达 17%。黏土中只含有强结合水时，呈固体状态，磨碎后则呈粉末状态，砂土中仅含强结合水时，呈散粒状态。

（2）弱结合水（薄膜水）。弱结合水紧靠于强结合水的外围形成一层结合水膜，相当于扩散层中的水。其厚度比强结合水大得多，且变化大，是整个结合水膜的主体。它的特征是：不能传递静水压力，没有溶解能力，但水膜较厚的弱结合水可向邻近的较薄的水膜缓慢转移，其密度仍大于普通水，约为 $1.3 \sim 1.74 \mathrm{g/cm^3}$，冰点低于零度，也具有较高的黏滞性、弹性和抗剪强度。当土中含有较多的弱结合水时，土则具有一定的可塑性；砂土的比表面较小，几乎不具有可塑性，而黏性土的比表面较大，其可塑性范围较大。

弱结合水离土粒表面愈远，其受到的电分子吸引力愈弱小，并逐渐过渡到自由水。

B   自由水

存在于土粒表面电场影响范围以外的水为自由水。它的性质和普通水一样，能传递静水压力，冰点为 $0℃$，有溶解能力。自由水按其移动所受作用力的不同，可以分为重力水和毛细水。

（1）重力水。重力水是存在于地下水位以下的透水土层中的地下水，它是在重力或压力差作用下运动的自由水，对土粒有浮力作用。重力水流动时，产生动水压力，能冲刷带走土中的细小土粒，这种作用称为机械潜蚀作用。重力水还能溶滤土中的易溶盐，这种作用称为化学潜蚀作用。两种潜蚀作用均使土的孔隙率增大，压缩性增高，降低其抗剪强度。工程中，重力水对土中的应力状态和开挖基坑（槽）、修筑地下构筑物时采用排水、防水措施有重要的影响。

（2）毛细水。毛细水存在于土的细小孔隙中，因与土粒的分子引力和水与空气交界面的表面张力共同构成的毛细作用而与土粒结合，存在于地下水位以上的透水土层中。毛细水主要在直径 $0.002 \sim 0.5mm$ 大小的毛细孔隙中。孔隙愈细小，土粒周围的结合水膜愈有可能充满孔隙而不再有毛细水。孔隙粗大则毛细力极弱，难以形成毛细水。故毛细水主要在砂土、粉土和粉质黏性土中含量较大。

毛细水按其所处部位和与重力水所构成的地下水面的关系可分为毛细上升水和毛细悬挂水两种形式。

在非饱和土中局部存在毛细水时，毛细水的弯液面和土粒接触处的表面引力反作用于土粒，使土粒之间由于这种毛细压力而挤紧（见图4-3），因土具有微弱的内聚力（称为毛细内聚力或假内聚力），它实际上是使土粒间的有效应力增高而增加土的强度。但当土体浸水饱和或失水干燥时，土粒间的弯液面消失，这种由毛细压力造成的粒间有效应力即行消失。例如，稍湿状态的砂堆能保持垂直陡壁达几十厘米高而不坍塌，而饱水的砂或干砂，土粒之间的毛细压力消失，原来的陡壁就变成斜坡，其天然坡面与水平面所形成的最大坡角称为砂土的

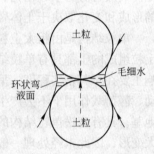

图4-3　毛细压力示意图

自然坡度角。在工程中，特别要注意毛细上升水的上升高度与速度，因为毛细水上升接近建筑物基础底面时，毛细压力将作为基底附加压力的增值，而增大建筑物的沉降，在寒冷地区将加剧冻胀作用。在干旱地区，地下水中的可溶盐随毛细水上升后不断蒸发，盐分便积聚于靠近地表处而形成盐渍土。土中毛细水的上升高度可用试验确定。

4.1.1.3　土中气体

土中的气体存在于土的孔隙中未被水所占据的位置，主要为空气和水气。在粗粒的沉积物中常见到与大气相联通的空气，它对土的力学性质影响不大。在细粒土中则常存在与大气隔绝的封闭气泡，使土在外力作用下的弹性变形增加，透水性减小。

对于淤泥和泥炭类等有机质土，由于微生物的分解作用，在土中蓄积了某种可燃气体（如硫化氢、甲烷等），使土层在自重作用下长期得不到压密，而形成高压缩性土层，若开挖地下工程揭露这类土层时会严重危害人的生命安全。

4.1.1.4　土的冻胀机理

地面下一定深度的土温，随大气温度改变而改变。当地层温度降至零摄氏度以下，土体便会因土中水冻结而形成冻土。某些细粒土在冻结时，会发生体积膨胀，即所谓的冻胀现象。土体发生冻胀的机理，主要是由于土层在冻结时，周围未冻区土中的水分向冻结区迁移、集聚所致。当大气负温传入土中时，土中的自由水首先冻结成冰晶体，弱结合水的最外层也开始冻结，使冰晶体逐渐扩大，于是冰晶体周围土粒的结合水膜变薄，土粒产生

剩余的分子引力；另外，由于结合水膜变薄，使得水膜中的离子浓度增加，产生了附加压力，在此作用下，下卧未冻区水膜较厚处的弱结合水便被上吸到水膜较薄的冻结区，并参与冻结，使冻结区的冰晶体增大，在土层中形成冰夹层，土体随之发生隆起，出现冻胀现象。当温度回升时，土层解冻，土中积聚的冰晶体融化，土体随之下陷，即出现融陷现象。土的冻胀现象和融陷现象是季节性冻土的特性，即土的冻胀性。

影响冻胀性的主要因素有土（细粒土）、水（地下水位、毛细水上升）、温度（气温骤降至零摄氏度以下）三个因素。

4.1.2　土的结构和构造

4.1.2.1　土的结构

土的结构指由土粒单元的大小、形状、相互排列及其连接关系等因素形成的综合特征。一般可分为单粒结构、蜂窝结构和絮状结构三种基本结构类型。这三种不同结构特征的形成和变化取决于土体颗粒组成、矿物成分及所处环境条件等。

单粒结构是由粗大土粒在水或空气中下沉而形成的（见图4-4a）。全部由砂粒及更粗土粒组成的土都具有单粒结构。单粒结构是疏松的或紧密的。单粒结构对土的工程性质影响主要在于其密实程度，呈紧密状单粒结构的土（见图4-5a），由于其土粒排列紧密，在动、静荷载作用下不会产生较大的沉降，所以强度较大，压缩性较小，是较为良好的天然地基；具有疏松单粒结构的土（见图4-5b），其骨架是不稳定的，易发生移动，会引起较大变形，因此未经处理一般不宜作为建筑物的地基。

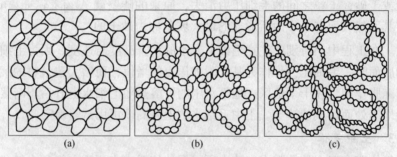

（a）　　　　　　　（b）　　　　　　　（c）

图4-4　土粒结构的不同形态

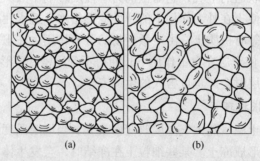

（a）　　　　　　　（b）

图4-5　土的单粒结构
（a）紧密的单粒排列；（b）松散的单粒排列

具有单粒结构的碎石土和砂土，虽然孔隙比较小，孔隙大，透水性强，土粒间一般没有黏聚力，但土粒相互依靠支撑，内摩擦角大，并且受压力时土体体积变化较小。

蜂窝结构是主要由粉粒（0.075～0.005mm）组成的疏松多孔结构形式。粒径在0.075～0.005mm左右的土粒在水中沉积时，基本上是以单个土粒下沉，当碰上已沉积的土粒时，由于它们之间的相互引力大于其重力，因此土粒就停留在最初的接触点上不再下沉，形成具有很大孔隙的蜂窝状结构（见图4-4b）。

絮状结构是黏粒（<0.005mm）集合体组成的结构形式。黏粒能够在水中长期悬浮，当这些悬浮在水中的黏粒被带到电解质浓度较大的环境中时，黏粒凝聚成絮状的集粒（黏粒集合体）而下沉，并相继和已沉积的絮状集粒接触，而形成二级蜂窝状，呈现孔隙更大更疏松的絮状结构（见图4-4c）。

对于粒径小于0.005mm的呈片状或针状的土粒，表面带负电荷，而在片状结构的端部有局部的正电荷，因此在土粒聚合时，多半以面-边或面-面（错开）的方式接触。黏土的性质主要取决于集粒间的相互联系与排列。当黏粒在淡水中沉积时，因水中缺少盐类，所以黏粒或集粒间的排斥力可以充分发挥，沉积物的结构是定向或半定向排列的，即颗粒在一定程度上平行排列，形成所谓分散结构。当黏粒在海水中沉积时，由于水中盐类的离子浓度很大，减少了颗粒间的排斥力，所以土的结构是面-边接触的絮状结构。

4.1.2.2　土的构造

在同一土层中的物质成分和颗粒大小等都相近的各部分之间的相互关系的特征称为土的构造。土体结构的不均匀性，包括层理、夹层、透镜体、结核组成颗粒大小悬殊及裂缝发育程度与特征等，主要是土的矿物构成成分与结构变化所造成的。土的构造最主要的特征就是成层性，即层理构造。它是在土的形成过程中，由于不同阶段沉积的物质成分、颗粒大小或颜色不同，而沿竖向呈现的成层特征，常见的有水平层理构造和交错层理构造。土的构造的另一特征是土的裂隙性，如黄土的柱状裂隙。裂隙的存在大大降低土体的强度和稳定性，增大透水性，对工程建设不利。不同土类和成因类型土体的构造的差异，决定着岩土工程勘探方法与方案的制订。

4.2　土的三相比例指标

为了了解土的基本物理性质，需对土的三相组成情况，即土粒（固相）、土中水（液相）和土中气体（气相）的进行研究，在不同成分与结构的土中，土的三相之间具有不同的比例。

土的三相组成的重量和体积之间的比例关系，表现出土的物理特性、含水性和孔隙性等基本物理性质各不相同，并随着各种条件的变化而改变。例如，对于同一成因和结构的土，当地下水位上升或降低时，土中水的含量将改变；若经过压实，其孔隙体积将减小。这些变化均可通过相应的具体数字反映出来。

表征土的三相比例关系的指标，称为土的三相比例指标，即土的基本物理性质指标，包括土的颗粒比重、重度、含水量、饱和度、孔隙比和孔隙率等。

为了便于说明和计算，用图4-6所示的土的三相组成示意图来表示各部分之间的数量关系，图中符号意义如下：

m_a——土中气质量（气质量取为0）；

m_s——土粒质量；

m_w——土中水质量；

m——土总的质量，$m = m_s + m_w$；

V_s——土粒体积；

V_w——土中水的体积；

V_a——土中气体体积；

V_v——土中孔隙的体积，$V_v = V_w + V_a$；

V——土的总体积，$V = V_v + V_s$。

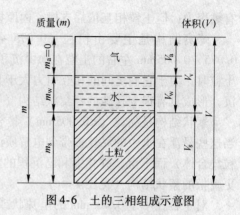

图4-6　土的三相组成示意图

4.2.1　土的实测指标

土的实测物理性质指标有土粒比重（土粒相对密度）、土的含水量和土的密度。

4.2.1.1　土粒比重

土粒比重是指土粒的重量与同体积4℃的纯水重量之比（无量纲），即

$$d_s = \frac{m_s \cdot g}{V_s \cdot \rho_{w1} \cdot g} = \frac{m_s}{V_s \cdot \rho_{w1}} = \frac{\rho_s}{\rho_{w1}} \qquad (4-3)$$

式中　ρ_s——土粒密度，g/cm^3 或 t/m^3；

ρ_{w1}——纯水在一个标准大气压下4℃时的密度，$\rho_{w1} = 1 g/cm^3$ 或 $1 t/m^3$。

土粒比重主要取决于土的矿物成分，也与土的颗粒大小有一定关系。它的数值一般为2.6~2.8；土中的有机质含量增大时，比重明显减小，一般为2.4~2.5；泥炭土为1.5~1.8。同类土的比重变化幅度很小，所以工程中常按地区经验选取土粒比重。一般土的颗粒比重值见表4-2。

表4-2　土的颗粒比重参考值

土的名称	砂土	粉土	黏性土	
			粉质黏土	黏土
颗粒比重	2.65~2.69	2.70~2.71	2.72~2.73	2.74~2.76

4.2.1.2　土的含水量 w

土体中水的质量与土粒质量之比称为土的含水量，即

$$w = \frac{m_w}{m_s} \times 100\% \qquad (4-4)$$

土的含水量是反映土的干湿程度的指标之一，表明土体中水相物质的含量多少。土的含水量与土的种类、埋藏条件及所处的自然地理状况有关。含水量的变化对黏性土等一类细粒土的力学性质影响很大，一般同一类土（细粒土）的含水量愈大，土愈湿愈软，作为建筑地基时的承载能力愈低。一般干的粗砂土，其值接近于零，而饱和砂土可达40%。

土的三相物质中除土颗粒一相外，其余两相经常随气候和季节而发生变化，因此含水量是用相对不变的颗粒质量作分母而不是用土的总质量作分母。

土的含水量一般用"烘干法"测定，先称小块原状土样的湿土质量，然后置于烘箱内维持100~105℃烘至恒重，再称干土质量，湿、干土质量之差与干土质量的比值，即为土

的含水量。

4.2.1.3 土的密度 ρ

天然状态下，单位体积土体的质量（包含土体颗粒的质量和空隙水的质量，气体的质量取为零，一般忽略不计）称为土的密度，用符号 ρ 表示。其单位为 g/cm^3 或 t/m^3，数学表达式为

$$\rho = \frac{m}{V} \tag{4-5}$$

天然状态下，土的密度变化范围较大。一般黏性土 $\rho = 1.8 \sim 2.0 g/cm^3$；砂土 $\rho = 1.6 \sim 2.0 g/cm^3$；腐殖土 $\rho = 1.5 \sim 1.7 g/cm^3$。

土的密度一般用"环刀法"测定，用一个圆环刀，刀刃朝下，放在削平的原状土样面上，徐徐削去环刀外围的土，边削边压，使保持天然状态的土样压满环刀，称得环刀内土样质量，求得它与环刀容积之比值即为其密度。

4.2.1.4 土的干密度、饱和密度和浮密度

单位体积土体中固体颗粒部分的质量称为土的干密度（也可将其理解为单位体积的干土质量），用符号 ρ_d 表示，其单位为 g/cm^3，表达式为

$$\rho_d = \frac{m_s}{V} \tag{4-6}$$

土的饱和密度是指单位体积的饱和土体（$S_r = 100\%$）质量（即土孔隙中充满水时，单位土体的质量），用符号 ρ_{sat} 表示，单位同密度，其表达式为

$$\rho_{sat} = \frac{m_s + V_v \cdot \rho_w}{V} \tag{4-7}$$

式中 ρ_w——水的密度，近似等于 $1 g/cm^3$。

土的浮密度也称土的有效密度，是指地下水位以下单位体积土体中土颗粒质量与同体积水的质量的差值，用符号 ρ' 表示，单位同密度，其表达式为

$$\rho' = \frac{m_s - V_s \cdot \rho_w}{V} \tag{4-8}$$

土的干密度除与土粒相对密度有关外，更主要的是受土体中孔隙多少的影响。因为土粒相对密度一般变化范围很小（一般为 $2.6 \sim 2.8$），所以干密度大的土体，其孔隙亦少，因此工程上过去常用干密度作为评定土密实程度的标准。同一种土在体积不变的条件下，各密度指标有如下关系：

$$\rho' < \rho_d \leqslant \rho \leqslant \rho_{sat}$$

当天然土体处于绝对干燥状态时，$\rho_d = \rho$；而当天然土体处于完全饱和状态时，$\rho = \rho_{sat}$，但土的饱和密度大于土的干密度。

4.2.1.5 土的重度

天然状态下，单位体积土体的重量（包含土体颗粒的重量和孔隙水的重量，气体的重量忽略不计）称为土的重度，用符号 γ 表示。其单位为 kN/m^3，数学表达式为

$$\gamma = \frac{m}{V} \cdot g \tag{4-9}$$

土的天然重度 γ、干重度 γ_d、饱和重度 γ_{sat}、有效重度 γ' 分别按下列公式计算：$\gamma =$

ρg、$\gamma_d = \rho_d g$、$\gamma_{sat} = \rho_{sat} g$、$\gamma' = \rho' g$。式中，$g$ 为重力加速度，各指标的单位均为 kN/m^3。

4.2.2　土的换算指标

（1）土的孔隙比 e 和孔隙率 n。土的孔隙比是土中的孔隙体积与土颗粒体积之比，即

$$e = \frac{V_v}{V_s} \tag{4-10}$$

土的孔隙率又称为土的孔隙度，是指土中孔隙体积与土的总体积的百分比，即

$$n = \frac{V_v}{V} \times 100\% \tag{4-11}$$

孔隙比用小数表示。

土体的孔隙比是土体的一个重要物理性质指标，可以用来评价土体的密实程度。一般 $e < 0.6$ 的土是密实的低压缩性土；$e > 1.0$ 的土是疏松的高压缩性土。孔隙率和孔隙比都是用以反映土中孔隙含量多少的物理量，但孔隙率直观也更易被人们接受，若 $n = 40\%$，则明确表示土体中有 40% 的体积是孔隙，其余的 60% 是固体颗粒。但若要进行土的变形分析，土体孔隙的体积也会随作用力的变化而变化，土的总体积也随之发生变化，这就是工程变形计算中常用孔隙比而很少用孔隙度的原因。

（2）土的饱和度。在土中，被水所充填的孔隙体积与孔隙总体积的百分比称为土的饱和度，用符号 S_r 表示，其表达式为

$$S_r = \frac{V_w}{V_v} \times 100\% \tag{4-12}$$

同含水量一样，土的饱和度也是用以反映土体含水情况的物理性指标，但两者的差别在于含水量反映的是土体中液态水的含量多少；而饱和度则是用以反映土体中孔隙被水所充填的程度。

砂土根据饱和度 S_r 的指标分为稍湿、很湿与饱和三种状态，其划分标准见表4-3。

表4-3　砂土湿度状态的划分

砂土湿度状态	稍　湿	很　湿	饱　和
饱和度 S_r/%	$S_r \leqslant 50$	$50 < S_r \leqslant 80$	$S_r > 80$

4.2.3　各指标的换算

在土的三相比例指标中，土粒比重 d_s、土的含水量 w、土的密度 ρ 是土的实测物理性质指标，其余各指标为换算指标，即土的换算指标可以由其实测指标通过数学推演而获得。

常用图4-7所示三相图进行各指标间关系的推导，令 $V_s = 1$，$\rho_{w1} = \rho_w$ 则 $V_v = e$，$V = 1 + e$，$m_s = V_s d_s \rho_w = d_s \rho_w$，$m_w = w m_s = w d_s \rho_w = d_s (1 + w) \rho_w$

（1）关于孔隙比的换算。由上述公式可得

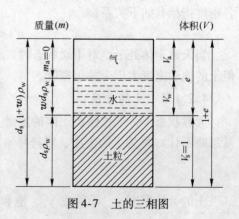

图4-7　土的三相图

$$\rho = \frac{m}{V} = \frac{m_s + m_w}{V} = \frac{m_s(1+w)}{V} = \frac{V_s \cdot d_s \cdot \rho_{w1}(1+w)}{V_s + V_v} = \frac{d_s(1+w)\rho_{w1}}{1+e} \tag{4-13}$$

进行整理可得

$$e = \frac{d_s\rho_w}{\rho_s} - 1 = \frac{d_s(1+w)\rho_w}{\rho} - 1 \tag{4-14}$$

（2）关于干密度的换算。根据土的干密度定义式可得

$$\rho_d = \frac{m_s}{V} = \frac{d_s\rho_w}{1+e} = \frac{\rho}{1+w} \tag{4-15}$$

（3）关于饱和度和密度的换算。根据土的饱和密度定义式可得

$$\rho_{sat} = \frac{m_s + V_v\rho_{w1}}{V} = \frac{V_s \cdot d_s \cdot \rho_{w1} + V_v\rho_w}{V_s + V_v} = \frac{(d_s + e)\rho_w}{1+e} \tag{4-16}$$

（4）关于浮密度的换算。

$$\rho' = \frac{m_s - V_s\rho_{w1}}{V} = \frac{V_s \cdot d_s \cdot \rho_{w1} - V_s\rho_{w1}}{V_s + V_v} = \frac{(d_s - 1)\rho_{w1}}{1+e} \tag{4-17}$$

将上两式比较可得

$$\rho_{sat} = \frac{(d_s + e)\rho_w}{1+e} = \frac{(d_s - 1)\rho_w}{1+e} + \frac{(1+e)\rho_w}{1+e} = \rho' + \rho_w \tag{4-18}$$

则：$\rho_{sat} = \rho' + \rho_w$

（5）关于饱和度的换算。由定义式可得

$$s_r = \frac{V_w}{V_v} = \frac{m_w}{\rho_{w1}V_v} = \frac{w \cdot d_s \cdot \rho_{w1}}{e \cdot \rho_{w1}} = \frac{d_s w}{e} \tag{4-19}$$

（6）关于孔隙率的换算。由定义式可得

$$n = \frac{V_v}{V} = \frac{e}{1+e} \tag{4-20}$$

土的三相比例指标之间可相互换算。根据三个实例指标，可用换算公式得全部换算指标，也可用某几个指标换算其他的指标，其换算关系见表4-4。

表4-4 土的三相比例指标换算公式

名称	符号	三相比例表达式	常用换算公式	单位	常见的数值范围
土粒比重	d_s	$d_s = \frac{m_s}{V_s\rho_{w1}}$	$d_s = \frac{S_r e}{w}$		黏性土：$2.72 \sim 2.75$ 粉 土：$2.70 \sim 2.71$ 砂类土：$2.65 \sim 2.69$
含水量	w	$w = \frac{m_w}{m_s} \times 100\%$	$w = \frac{S_r e}{d_s}$ $w = \frac{\rho}{\rho_d} - 1$	%	$20 \sim 60$
密度	ρ	$\rho = \frac{m}{V}$	$\rho = \rho_d(1+w)$ $\rho = \frac{d_s(1+w)}{1+e}\rho_w$	g/cm³	$1.6 \sim 2.0$

名称	符号	三相比例表达式	常用换算公式	单位	常见的数值范围
干密度	ρ_d	$\rho_d = \dfrac{m_s}{V}$	$\rho_d = \dfrac{\rho}{1+w}$ $\rho_d = \dfrac{d_s}{1+e}\rho_w$	g/cm³	1.3~1.8
饱和密度	ρ_{sat}	$\rho_{sat} = \dfrac{m_s + V_v\rho_w}{V}$	$\rho_{sat} = \dfrac{d_s + e}{1+e}\rho_w$	g/cm³	1.8~2.3
有效密度	ρ'	$\rho' = \dfrac{m_s - V_s\rho_w}{V}$	$\rho' = \rho_{sat} - \rho_w$ $\rho' = \dfrac{d_s - 1}{1+e}\rho_w$	g/cm³	0.8~1.3
重度	γ	$\gamma = \dfrac{m}{V}g = \rho g$	$\gamma = \dfrac{d_s(1+w)}{1+e}\gamma_w$	kN/m³	16~20
干重度	γ_d	$\gamma_d = \dfrac{m_s}{V}g = \rho_d g$	$\gamma_d = \dfrac{d_s}{1+e}\gamma_w$	kN/m³	13~18
饱和重度	γ_{sat}	$\gamma_{sat} = \dfrac{m_s + V_v\rho_w}{V}g = \rho_{sat}g$	$\gamma_{sat} = \dfrac{d_s + e}{1+e}\gamma_w$	kN/m³	18~23
有效重度	γ'	$\gamma' = \dfrac{m_s - V_s\rho_w}{V}g = \rho'g$	$\gamma' = \dfrac{d_s - 1}{1+e}\gamma_w$	kN/m³	8~13
孔隙比	e	$e = \dfrac{V_v}{V_s}$	$e = \dfrac{d_s\rho_w}{\rho_d} - 1$ $e = \dfrac{d_s(1+w)\rho_w}{\rho} - 1$		黏性土和粉土：0.40~1.20 砂类土：0.30~0.90
孔隙率	n	$n = \dfrac{V_v}{V} \times 100\%$	$n = \dfrac{e}{1+e}$ $n = 1 - \dfrac{\rho_d}{d_s\rho_w}$	%	黏性土和粉土：30~60 砂类土：25~45
饱和度	S_r	$S_r = \dfrac{V_w}{V_v} \times 100\%$	$S_r = \dfrac{wd_s}{e}$ $S_r = \dfrac{wd_s}{n\rho_w}$	%	0~100

注：水的重度：$\gamma_w = \rho_w g = 1000\text{kg/m}^3 \times 9.807\text{m/s}^2 = 9.807 \times 10^3 \ (\text{kg}\cdot\text{m/s}^2) \ /\text{m}^3 \approx 10\text{kN/m}^3$。

4.3 黏性土的物理特性

黏性土的含水量对于土的工程性质影响很大，土体随含水量的变化，其物理特征发生变化，为反映黏性土的稠度状态而引入界限含水量的概念。

4.3.1 黏性土的界限含水量

同一种黏性土随其含水量的不同，而分别处于固态、半固态、可塑状态及流动状态。所谓可塑状态，就是当黏性土在某含水量范围内，可用外力塑成任何形状而不发生裂纹，并当外力移去后仍能保持既得的形状，土的这种性能叫做可塑性。黏性土由一种状态转到另一种状态的分界含水量，叫做界限含水量。它对黏性土的分类及工程性质的评价有重要意义。

土由可塑状态转到流动状态的界限含水量叫做液限，用符号 w_L 表示；土由半固态转到可塑状态的界限含水量叫做塑限，用符号 w_P 表示；土由半固体状态不断蒸发水分，则体积逐渐缩小，直到体积不再缩小时土的界限含水量叫做缩限，用符号 w_s 表示。界限含水量均以百分数表示，如图 4-8 所示。

图 4-8　黏性土的物理性质与含水量的关系

目前，我国一般采用锥式液限仪来测定黏性土的液限 w_L（见图 4-9）。将调成均匀的浓稠状试样装满盛土杯并刮平杯口表面，置于底座上，将 76g 重圆锥体轻放在试样表面的中心，使其在自重作用下徐徐沉入试样，若圆锥体经 5s 恰好沉入 10mm 深度，这时杯内土样的含水量就是液限值 w_L。为了避免放锥时的人为晃动的影响，可采用电磁放锥的方法，以提高测试精度。

美国、日本等国家使用碟式液限仪来测定黏性土的液限。它是将调成浓稠状的试样装在碟内，刮平表面，用切槽器在土中成槽，槽底宽度为 2mm（见图 4-10），然后将碟子抬高 1cm，以 2 次/s 的速度使碟下落，连续下落 25 次后，如土槽合拢长度为 1.3cm，这时试样的含水量就是液限。

黏性土的塑限 w_P 一般采用"搓条法"测定，即用双手将天然湿度的土样搓成小圆球（球径小于 10mm），然后放在毛玻璃上再用手掌慢慢搓成小土条，若土条搓到直径为 3mm 时恰好开始断裂，这时断裂土条的含水量就是塑限 w_P 值。

黏性土的缩限 w_s 一般采用"收缩皿法"测定，即用收缩皿（或环刀）盛满含水量为液限的试样，烘干后测定收缩体积和干土重，从而求得干缩含水量，并与实验前试样的含水量相减即得缩限 w_s 值。

由于搓条法采用人工操作，受人为因素的影响较大，经常不稳定。许多单位都在探索一些新方法，以便取代搓条法，如以连和发测定液限和塑限以及按液限与塑限的相关关系确定塑限等。

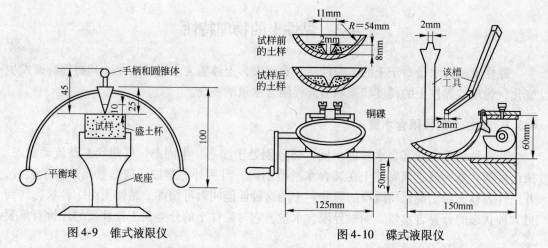

图 4-9 锥式液限仪   图 4-10 碟式液限仪

联合法求液限、塑限是采用液、塑限联合测定仪（见图 4-11）以电磁放锥法对黏性土试样以不同的含水量进行若干次试验，并按测定结果在双对数坐标纸上作出 76g 圆锥体的入土深度与含水量的关系曲线（见图 4-12）。根据大量试验资料看，它接近于一根直线。如同时采用圆锥仪法及搓条法分别做液限、塑限试验进行比较，则对应于圆锥体入土深度为 10mm 及 2mm 时土样的含水量分别为该土的液限和塑限。

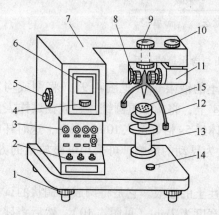

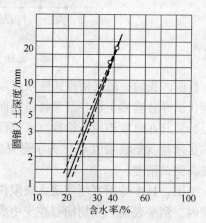

图 4-11 液、塑限联合测定仪

1—水平调节螺钉；2—控制开关；3—指示发光管；
4—零线调节螺钉；5—反光镜调节螺钉；6—屏幕；
7—机壳；8—物镜调节螺钉；9—电磁装置；10—光源
调节螺钉；11—光源装置；12—圆锥仪；13—升降台；
14—水平泡；15—盛样杯（内装试样）

图 4-12 圆锥入土深度与含水量关系

4.3.2 黏性土的塑性指数和液性指数

4.3.2.1 塑性指数 I_P

塑性指数是指液限和塑限的差值（省去% 符号），即土处在可塑状态的含水量变化范围，用符号 I_P 表示，即

$$I_P = w_L - w_P$$

(4-21)

若土的液限和塑限之差愈大，土处于可塑状态的含水量范围也愈大，可塑性就愈强。塑性指数的大小与土的颗粒组成（黏粒含量）、矿物成分及土中水的离子成分和浓度等因素有关。若土中不含或极少（如小于3%）含黏粒时，I_P 近于零；当黏粒含量增大，但小于15%时，I_P 值一般不超过10，此时土表现出粉土特征；当黏粒含量再大，则土表现为黏性土的特征。按土粒的矿物成分，黏土矿物（其中尤以蒙脱石类）具有的结合水量最大，因为 I_P 值也最大。按土中水的离子成分和浓度而言，当高价阳离子的浓度增加时，土粒表面吸附的低价阳离子增加，I_P 变大。总之，土的塑性指数 I_P 值是组成土粒的胶体活动性强弱的特征指标。

4.3.2.2 液性指数 I_L

液性指数是指黏性土的天然含水量和塑限的差值与塑性指数之比，用符号 I_L 表示，即

$$I_L = \frac{w - w_P}{w_L - w_P} = \frac{w - w_P}{I_P} \tag{4-22}$$

当土的天然含水量 w 小于 w_P 时，I_L 小于0，天然土处于坚硬状态；当 w 大于 w_L 时，I_L 大于1，天然土处于流动状态；当 w 在 w_P 与 w_L 之间时，即 I_L 在 0~1 之间时，则天然土处于可塑状态。因此，液性指数 I_L 可用于划分黏性土的软硬状态，I_L 值愈大，土质愈软；反之，土质愈硬。《建筑地基基础设计规范》（GB 50007—2011）规定黏性土根据液性指数值划分为坚硬、硬塑、可塑、软塑及流塑五种软硬状态，其划分标准见表4-5。

表4-5　黏性土的状态

状　态	坚硬	硬塑	可塑	软塑	流塑
液性指数 I_L	$I_L \leqslant 0$	$0 < I_L \leqslant 0.25$	$0.25 < I_L \leqslant 0.75$	$0.75 < I_L \leqslant 1.0$	$I_L > 1.0$

4.3.3 黏性土的活动度 (A)、灵敏度和触变性

4.3.3.1 活动度 A

为了把黏性土中所含矿物的胶体活动性显示出来，可用塑性指数 I_P 黏粒（粒径<2mm 的颗粒）含量百分数的比值，即活动性指数（亦称活动度）A 来衡量矿物的胶体活动性。

$$A = \frac{I_P}{m} \tag{4-23}$$

式中　m——粒径小于2mm 的颗粒含量的百分数。

黏性土活动性指数值具有以下作用：

（1）说明土中颗粒部分主要矿物成分的单位黏粒含量所具有的胶体活动性大小；

（2）可大致反应土中黏粒部分高活动性矿物所占的比例。

在实际工程中，按活动性指数 A 的大小，一般将黏性土分为：

$A < 0.75$　　　　不活动性黏土

$0.75 < A < 1.25$　　正常黏土

$A > 1.25$　　　　活动性黏性土

4.3.3.2 灵敏度 S_t

天然状态下的黏性土通常都具有一定的结构性，当受到外来因素的扰动时，土粒间的

胶结物质以及土粒、离子、水分子所组成的平衡体系受到破坏，土的强度降低和压缩性增大。一般用灵敏度表征土的结构性对强度的这种影响。土的灵敏度是以原状土的强度与同一土经重塑（指在含水量不变条件下使土的结构彻底破坏）后的强度之比来表示的。重塑试样具有与原状试样相同的尺寸、密度和含水量。测定强度所用的常用方法有无侧限抗压强度试验和十字板抗剪强度试验，对于饱和黏性土的灵敏度 S_t 可按下式计算：

$$S_t = \frac{q_u}{q_u'}$$

(4-24)

式中　q_u——原状土试样的无侧限抗压强度，kPa；

　　　q_u'——重塑土试样的无侧限抗压强度，kPa。

根据灵敏度，一般将饱和黏性土分为低灵敏（$1<S_t\leqslant2$）、中灵敏（$2<S_t\leqslant4$）和高灵敏（$S_t>4$）三类。土的灵敏度愈高，其结构性愈强，受扰动后土的强度降低程度就愈多。

4.3.3.3　触变性

饱和黏性土的结构受到扰动，导致强度降低，但当扰动停止后，土的强度又随时间而逐渐增大。这是由于土粒、离子和水分子体系随时间而逐渐趋于新的平衡状态的缘故。黏性土的这种因抗剪强度随时间恢复的胶体化学性质称为土的触变性。例如，在黏性土中打桩时，桩侧土的结构受到破坏而强度降低，但在停止打桩以后，土的强度渐渐恢复，桩的承载力逐渐增加，这也是受土的触变性影响的结果。

4.4　无黏性土的密实度

无黏性土一般为单粒结构，其最主要的物理状态指标，为密实度。无黏性土的密实度与工程性质有着密切的关系，呈密实状态时，结构稳定，压缩性小，强度较大，可作为良好的天然地基；呈松散状态时，强度较低，稳定性差，压缩性较大，则为不良地基。因此，在岩土工程勘察与评价时，首先要对无黏性土的紧密状态做出判断。工程中通常以孔隙比 e 和相对密实度 D_r 的标准来划分无黏性土的密实度。

（1）按天然孔隙比 e 区分砂土的紧密状态。

在工程上，一般用天然孔隙比 e 来区分砂土的紧密状态（见表4-6）。

表4-6　按天然孔隙比 e 划分砂土的紧密状态

砂土名称	密实	中密	稍密	疏松
砾砂、粗砂、中砂	<0.60	0.60~0.75	0.75~0.85	>0.85
细砂、粉砂	<0.70	0.70~0.85	0.85~0.95	>0.95

若采用天然孔隙比判定砂土的紧密状态，则要采取原状砂样，这在工程勘察中是比较困难的，对于位于地下水位以上的砂土，可用环刀法或灌砂法来测定其天然重度，即可求出砂土的天然孔隙比。对于地下水位以下的砂土，特别是粉细砂，要采取原状试样是困难的，必须于钻孔内取样。但因砂土无黏聚性，在钻孔中取样即使采用重锤少击方法，也很难避免土体结构扰动而改变土的天然孔隙比。

若仅用孔隙比 e 是无法反映土的粒径级配的因素。例如，两种级配不同的砂，一种颗粒均匀的密砂，其孔隙比为 e_1' ，另一种级配良好的松砂，孔隙比为 e_2' ，结果 $e_1' > e_2'$ ，即密砂孔隙比反而大于松砂的孔隙比。因此，目前此方法很少采用。

（2）按相对密实度 D_r 区分砂土的紧密状态。由于砂土的密实度还与砂粒的形状、粒径级配等有关，用天然孔隙比 e 与同一种砂的最松状态孔隙比 e_{max} 和最密实状态孔隙比 e_{min} 进行对比，看 e 靠近 e_{max} 还是靠近 e_{min} ，以此来判别它的密实度，这种方法称为相对密度法。相对密实度为

$$D_r = \frac{e_{max} - e}{e_{max} - e_{min}} \tag{4-25}$$

无黏性土的最小孔隙比 e_{min} 是指最紧密状态的孔隙比；最大孔隙比 e_{max} 是土处于最疏松状态时的孔隙比。 e_{min} 一般采用"振击法"测定； e_{max} 一般用"松砂器法"测定。根据 D_r 值可把砂土的密实度状态划分为下列三种：

$$1 \geqslant D_r > 0.67 \qquad 密实的$$
$$0.67 \geqslant D_r > 0.33 \qquad 中密的$$
$$0.33 \geqslant D_r > 0 \qquad 松散的$$

无黏性土的相对密实度 D_r 综合地反映了砂土的各有关特性，但在实际应用中仍有困难。一是天然孔隙比的确定比较难；二是 e_{max} 、 e_{min} 的测定值受人为因素影响较大。因此，在工程实践中，相对密实度指标的使用并不广泛。

相对密实度试验适用于透水性良好的无黏性土，如纯砂、纯砾等。

由于矿物成分、级配、粒度成分等各种因素对砂土的密实度都有影响，并且在具体的工程中，难于取得砂土原状土样，因此，目前国内外已广泛采用标准贯入或静力触探试验于现场评定砂土的紧密状态。

4.5　土的压实原理

为改善基础底面下一定深度范围内土的工程性质，可对原土进行压实。大量工程实践和试验研究表明，控制土的压实效果的主要因素是土的含水量、压实机械及其压实功能和添加剂等。这些因素对压实效果的影响关系就是指导压实工程的基本原理。

土的压实效果常用干密度 ρ_d 来衡量。未压实松软土的干密度一般约为 $(1.1 \sim 1.3)$ g/cm^3 ，经压实后可达 $(1.55 \sim 1.8)$ g/cm^3 ，一般填土为 $(1.6 \sim 1.7)$ g/cm^3 。

（1）最优含水量。实践表明，对黏性土，当压实功能和条件相同时，土的含水量过小，土体不易压实，反之，过湿的则出现软弹现象（俗称"橡皮土"），土也压实不了，只有把土的含水量调整到某一适宜值时，才能收到最佳的压实效果。由图 4-13 可见，在一定压实机械的功能条件下，土最易被压实并能达到最大密实度时的含水量，称为最优含水量 w_{op} ，相应的干密度则称为最大干密度 ρ_{dmax} 。

土的最优含水量可在实验室内进行夯击试验测得。试验时将同一种土，配置成若干份不同含水量的试样，用同样的压实功能分别对每一份试样进行夯实（试验的仪器和方法见《土工试验方法标准》），然后测定各试样击实后的含水量 w 和干密度 ρ_d ，从而绘制含水量与干密度关系曲线（见图 4-14），称为压实曲线。曲线表明了压实效果随含水量的变化规律，相应于干密度峰值（即最大干密度 ρ_{dmax} ）的含水量就是最优含水量 w_{op} 。

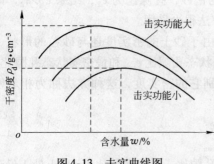
图 4-13 击实曲线图

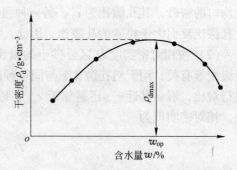
图 4-14 干密度与含水量的关系曲线

关于土的压实机理已有多种假说，但以普洛特（Proctor）的流传较广。他认为，含水量较小时，土粒表面的结合水膜很薄（主要是强结合水），颗粒间很大的分子力阻碍着土的压实；含水量增大时，结合水膜增厚，粒间连结力减弱，水起着润滑的作用，使土粒易于移动而形成最优的密实排列，压实效果就变好；但当含水量继续增大，以致土中出现了自由水，压实时，孔隙水不易排出，形成较大的孔隙压力，势必阻止土粒的靠拢，所以压实效果反而下降。

试验统计表明：最优含水量 w_{op} 与土的塑限 w_P 有关，大致为 $w_{op}=w_P+2\%$。土中黏土矿物含量愈大，则最优含水量愈大。

（2）压实功能。压实功能与夯锤的重量、落高、夯击次数以及被夯击土的厚度等有关；碾压的压实功能则与碾压机具的重量、接触面积、碾压遍数以及土层的厚度等有关。

对于同类土，随着压实功能大小的变化，最大干密度和最优含水量也随之变化。当压实功能较小时，土压实后的最大干密度较小，对应的最优含水量则较大，反之，干密度较大，对应的最优含水量则较小。因此，在压实工程中，若土的含水量较小，则需选用夯实功能较大的机具，才能把土压实至最大干密度；在碾压过程中，如未必能将土压至最密实的程度，则须增大压实功能（选用功能较大的机具或增加碾压遍数等）；若土的含水量较大，则应选用压实功能较小的机具，否则会出现"橡皮土"现象。因此，若要把土压实到工程要求的干密度，必须合理控制压实时的土的含水量，选用适合的压实功能，才能获得预期的效果。

（3）压实条件。这是指压实时被压实土层的特点、所采用压实机械的功能和性能、压实的方法和方式等。压实条件不同，例如填土与天然地基土、夯击与碾压、振动碾压与压路机碾压等，其压实的效果是不同的。室内击实试验与现场夯击或碾压试验的压实条件是不同的，所以指导工程实践的最优含水量应通过现场压实试验来确定，室内击实试验的结果只能作为工程实践的参考。

（4）其他因素。土的颗粒粗细、级配、矿物成分和添加的材料等因素对压实效果是有影响的。颗粒越粗，就越能在低含水量时获得最大的干密度；颗粒级配越均匀，压实曲线的峰值范围就越宽广而平缓；对于黏性土，其压实效果与其中的黏土矿物成分含量有关；添加木质素和铁基材料可改善土的压实效果。

4.6 土的力学性质

建筑物的建造使地基土中原有的应力状态发生变化，从而引起地基变形，出现基础沉降;当建筑荷载过大,地基会发生大的塑性变形,甚至地基失稳。决定地基变形以致失稳危险性的主要因素除上部荷载的性质、大小、分布面积与形状及时间因素等外,还在于地基土的力学性质,它主要包括土的变形与强度特性。

由于建筑物荷载差异和地基不均匀等原因,基础各部分的沉降或多或少总是不均匀的,使得上部结构之中相应地产生额外的应力与变形。基础不均匀沉降超过了一定的限度,将导致建筑物的开裂、歪斜甚至破坏,例如砖墙出现裂缝、吊车出现卡轨或滑轨、高耸构筑物的倾斜以及与建筑物连接的管道的断裂等等。因此,需要研究地基的变形和强度问题。

天然地基一般由成层土组成,还可能具有尖灭和透镜体等交错层理的构造,即使是同一厚层土,其变形与强度性质也随深度而变。因此,地基土的非均匀性是很显著的。但目前在一般工程计算中计算地基变形和强度的方法,都还是先把地基土看成是均质体,再利用某些假设条件,最后结合建筑经验加以修正的办法进行的。

4.6.1 土的力学性质试验

土的力学性质试验包括压缩性、抗剪强度、侧压力系数、孔隙水压力系数、无侧限抗压强度、灵敏度试验。

4.6.1.1 压缩性试验

A 压缩系数(coefficient of compressibility)与压缩模量(compression modulu)

土的压缩固结试验(对非饱和土称为压缩试验,对饱和土称为固结试验),绘制土体的 e-p 曲线(见图 4-15)及 e-lg$p$ 曲线(见图 4-16),可测定土的压缩系数 a,压缩模量 E_s、压缩指数 C_c、回弹指标 C_s、先期固结压力 p_c、固结系数 C_v 和次固结系数 C_a。

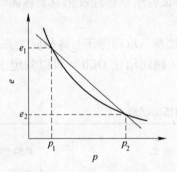

图 4-15 土的 e-p 压缩曲线

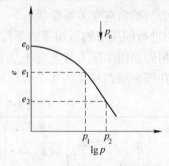

图 4-16 土的 e-lg$p$ 压缩曲线

土的压缩系数和压缩模量由以下公式计算:

$$a = \frac{e_1 - e_2}{p_2 - p_1} \qquad (4\text{-}26)$$

$$E_s = \frac{1 + e_0}{a} \qquad (4\text{-}27)$$

式中　a——压缩系数,MPa^{-1};

　　　E_s——压缩模量,MPa;

　p_1,p_2——固结压力,kPa;

e_1，e_2——对应于 p_1、p_2 的孔隙比；

    e_0——土的天然孔隙比。

在 $p_1 = 100\text{kPa}$，$p_2 = 200\text{kPa}$ 时，得到压缩系数记为 a_{1-2} 及相应的 E_{s1-2}，利用 a_{1-2} 可评价地基压缩性。当 $a_{1-2} < 0.1\text{MPa}^{-1}$ 时，为低压缩性土；当 $0.1\text{MPa}^{-1} \leqslant a_{1-2} < 0.5\text{MPa}^{-1}$ 时，为中压缩性土；当 $a_{1-2} \geqslant 0.5\text{MPa}^{-1}$ 时，为高压缩性土。

B 土的压缩固结试验（compression consolidation tests）

（1）当采用压缩模量进行沉降计算时，固结试验最大压力应大于土的有效自重压力和附加压力之和，试验成果可用 e-p 曲线整理，压缩系数和压缩模量的计算应取自土的有效自重压力至土的有效自重压力与附加压力之和的压力段。当考虑基坑开挖卸荷和再加荷影响时，应进行回弹再压缩试验，其压力的施加应模拟实际的加、卸荷状态。

（2）当考虑土的应力历史进行沉降计算时，试验成果应按 e-$\lg p$ 曲线整理，确定先期固结压力并计算压缩指数和回弹指数。施加的最大压力应满足绘制完整的 e-$\lg p$ 曲线。为计算回弹指数，应在估计的先期固结压力之后，进行一次卸荷回弹，再继续加荷，直至完成预定的最后一级压力。

（3）当需进行沉降历时关系分析时，应选取部分土试样在土的有效自重压力与附加压力之和的压力下，做详细的固结历时记录，并计算固结系数。

（4）对厚层高压缩性软土上的工程，需要时应取一定数量的土试样测定次固结系数，用以计算次固结沉降及其历时关系。

（5）当需进行土的应力应变关系分析，为非线性弹性、弹塑性模型提供参数时，可进行三轴压缩试验，并宜符合下列要求：

1）采用三个或三个以上不同的固结围压，分别使试样固结，然后逐级增加轴压，直至破坏；每个围压的试验宜进行一至三次回弹，并将试验结果整理成相应于各固结围压的轴向应力与轴向应变关系曲线；

2）进行围压与轴压相等的等压固结试验，逐级加荷，取得围压与体积应变关系曲线。

利用先期固结压力与上覆土层自重压力的比值（超固结比 OCR）可以判定土层的应力状态和压密状态（见表 4-7）。

表 4-7 土层的应力状态和压密状态

项目 名称	p_a 与 p_c 的比较	超固结比 $\text{OCR} = \dfrac{p_c}{p_a}$	应 力 历 史	典型土层
超压密土	$p_a < p_c$	OCR>1	土层在自然沉积过程中，曾经在较大压力下压密稳定	老黏性土
正常压密土	$p_a = p_c$	OCR=1	土层在自然沉积过程中的固结作用，一直随着土层的不断沉积而相应发生	一般黏性土
欠压密土	$p_a > p_c$	OCR<1	土层因沉积历史短或由于其他原因，在土自重压力下还未完成其固结作用	新近沉积黏性土

注：p_c 为先期固结压力（kPa）；p_a 为上覆土层自重压力（kPa）。

4.6.1.2 抗剪强度试验

土的抗剪强度试验（shear strength tests）在实验室内常有直接剪切试验、三轴压缩试验和无侧限抗压强度试验。

A 直接剪切试验（direct shear test）

直接剪切仪分为应变控制式和应力控制式两种，前者是等速推动试样产生位移，测定相应的剪应力，后者则是对试件分级施加水平剪应力测定相应的位移，目前，我国普遍采用的是应变控制式直剪仪。

为了近似模拟土体在现场受剪的排水条件，直接剪切试验可分为快剪、固结快剪和慢剪三种方法。快剪试验是在试样施加竖向压力 σ 后，立即快速施加水平剪应力使试样剪切破坏。固结快剪是允许试样在竖向压力下充分排水，待固结稳定后，再快速施加水平剪应力使试样剪切破坏。慢剪试验则是允许试样在竖向压力下排水，待固结稳定后，以缓慢的速率施加水平剪应力使试样剪切破坏。

直接剪切仪具有构造简单，操作方便等优点，在工程上应用广泛。

直接剪切试验的试验方法，应根据荷载类型、加荷速率以及地基土的排水条件确定。

B 三轴压缩试验（triaxial compression test）

三轴压缩试验是测定土抗剪强度的一种较为完善的方法。三轴压缩仪由压力室、轴向加荷系统、施加周围压力系统、孔隙水压力量测系统等组成。

对应于直剪试验的快剪、固结快剪和慢剪试验，三轴压缩试验按剪切前的固结程度和剪切时的排水条件，分为以下三种试验方法：

（1）不固结不排水（unconsolidated-undrained）试验。试样在施加周围压力和随后施加竖向压力直至剪切破坏的整个过程中都不允许排水，试验自始至终关闭排水阀门。

（2）固结不排水（consolidated-undrained）试验。试样在施加周围压力 σ_3 时打开排水阀门，允许排水固结，待固结稳定后关闭排水阀门，再施加竖向压力，使试样在不排水的条件下剪切破坏。

（3）固结排水（consolidated-drained）试验。试样在施加周围压力 σ_3 时允许排水固结，待固结稳定后，再在排水条件下施加竖向压力至试件剪切破坏。

三轴压缩仪的突出优点是能较为严格地控制排水条件以及可以量测试件中孔隙水压力的变化。

C 无侧限抗压强度试验（unconfined compression strength test）

无侧限抗压强度试验如同在三轴仪中进行 $\sigma_3 = 0$ 的不排水剪切试验一样，试验时，将圆柱形试样放在无侧限抗压试验仪中，在不加任何侧向压力的情况下施加垂直压力，直至试件剪切破坏为止，剪切破坏时试样所能承受的最大轴向压力 q_u 称为无侧限抗压强度。

根据试验结果，只能作一个极限应力圆（$\sigma_1 = q_u$、$\sigma_3 = 0$），因此，对一般性黏性土就难以作出破坏包线，而对于一般黏性土，根据三轴不固结不排水试验的结果，其破坏包线近似于一条水平线，如图 4-17 所示。

若测定饱和黏性土的不排水抗剪强度（undrained shear strength），可利用无侧限抗压试验仪代替三轴仪，此时 $\varphi = 0$，则由无侧限抗压强度试验所得的极限应力圆的水平切线就是破坏包线，即

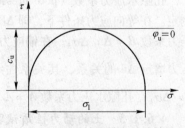

图 4-17 不固结不排水试验结果

$$\tau_{\mathrm{f}} = c_{\mathrm{u}} = \frac{q_{\mathrm{u}}}{2} \tag{4-28}$$

式中　c_{u}——土的不排水抗剪强度，kPa；

　　　q_{u}——无侧限抗压强度，kPa。

无侧限压强度还可用来测定土的灵敏度（S_{t}），即

$$S_{\mathrm{t}} = q_{\mathrm{u}}/q'_{\mathrm{u}} \tag{4-29}$$

式中　q_{u}——原状试样的无侧限抗压强度，kPa。

　　　q'_{u}——重塑试样的无侧限抗压强度，kPa。

D　土的抗剪强度试验方法确定

据《岩土工程勘察规范》（GB 50021—2001）规定，简述如下：

（1）三轴剪切试验。对饱和黏性土，当加荷速率较快时宜采用不固结不排水（UU）试验；饱和软土应使试样在有效自重压力下预固结后再进行试验。对经预压处理的地基、排水条件好的地基、加荷速率不高的工程或加荷速率较快但土的超固结程度较高的工程，以及需验算水位迅速下降时的土坡稳定性时，可采用固结不排水（CU）试验；当需提供有效应力抗剪强度指标时，应采用固结不排水测孔隙水压力（$\overline{\mathrm{CU}}$）试验。

（2）直接剪切试验的试验方法，应根据荷载类型、加荷速率和地基土的排水条件确定。对内摩擦角 $\varphi \approx 0$ 的软黏土，可用Ⅰ级土试样进行无侧限抗压强度试验。

（3）测定滑坡带等已经存在剪切破裂面的抗剪强度时，应进行残余强度试验。在确定计算参数时，宜与现场观测反分析的成果比较后确定。

（4）当岩土工程评价有专门要求时，可进行 K_0 固结不排水试验、K_0 固结不排水测孔隙水压力试验、特定应力比固结不排水试验、平面应变压缩试验和平面应变拉伸试验等。

4.6.1.3　侧压力系数和泊松比

在不允许有侧向变形的情况下，土样受到轴向压力增量 $\Delta\sigma_1$ 将会引起侧向压力增量 $\Delta\sigma_3$，比值 $\dfrac{\Delta\sigma_3}{\Delta\sigma_1}$ 称为土的静止土压力系数 k_0。

$$k_0 = \Delta\sigma_3/\Delta\sigma_1 \tag{4-30}$$

侧压力系数（lateral pressure coefficient）和泊松比 ν 具有以下关系：

$$k_0 = \frac{\nu}{1-\nu} \tag{4-31}$$

侧压力系数测定方法有压缩仪法和三轴压缩仪法。

4.6.1.4　孔隙水压力系数

孔隙水压力系数（pore pressure parameter）可用不固结不排水的三轴剪切试验（CU）测定。在等向应力条件下，即 $\Delta\sigma_1 = \Delta\sigma_3$，测出 $\Delta\sigma_3$ 与孔隙水压力增量 Δu 的关系，孔隙水压力系数 $B = \Delta u/\Delta\sigma_3$；在偏应力条件下，保持围压不变，即 $\Delta\sigma_3 = 0$，测出 $\Delta\sigma_1$ 与孔隙水压力增量 Δu 的关系，其关系曲线的斜率即为孔隙水压力系数的乘积系数 $\overline{A}$ 值，即 $\overline{A} = \Delta u/\Delta\sigma_1$；孔隙水压力系数 $A = \overline{A}/B$。

4.6.1.5　土的动力性质试验

土的动力性质试验有动三轴试验、动单剪试验和共振柱试验。通过这些试验可得到土

的动弹性模量、动剪切模量和动泊松比。

（1）当工程设计要求测定土的动力性质时，可采用动三轴试验、动单剪试验或共振柱试验。在选择试验方法和仪器时，应注意其动应变的适用范围。

（2）动三轴和动单剪试验可用于测定土的下列动力性质：

1）动弹性模量、动阻尼比及其与动应变的关系；

2）既定循环周数下的动应力与动应变关系；

3）饱和土的液化剪应力与动应力循环周数关系。

（3）共振柱试验可用于测定小动应变时的动弹性模量和动阻尼比。

4.6.2 土中应力分析计算

建筑物修建前，存在着土体本身的自重应力。建筑物修建后，建筑物的荷载使土中原有的应力状态发生变化。由于附加应力的作用，引起地基的剪切变形，导致的点的竖向与侧向位移（即发生沉降）。因此，有关土体的变形、强度及稳定性分析计算，将在以后的专业基础课"土力学与地基基础"中讲授。在工程项目的实施中，结合工程特征，考虑土的物理力学特性，以保障设计、施工的顺利进行。

4.7 土的工程分类

根据土的工程分类可大致判断土的工程特性，评价土作为建筑材料的适宜性以及结合其他指标来确定地基的承载力等。我国根据《建筑地基基础设计规范》（GB 50007—2011）中的地基土的工程分类标准，把土分为岩石、碎石土、砂土、粉土、黏性土和人工填土。

（1）岩石。作为建筑物地基，除应确定岩石的地质名称外，尚应划分其坚硬程度和完整程度。

1）岩石坚硬程度的划分。岩石的坚硬程度应根据岩块的饱和单轴抗压强度标准值 f_{rk}（见表1-6）分为坚硬岩、较硬岩、较软岩、软岩和极软岩。

2）岩石完整程度的划分。岩石完整程度应按表4-8划分为完整、较完整、较破碎、破碎和很破碎。

表4-8 岩石完整程度划分

完整程度等级	完整	较完整	较破碎	破碎	很破碎
完整性系数	>0.75	0.75～0.55	0.55～0.35	0.35～0.15	<0.15

注：完整性系数为岩体纵波波速与岩块纵波波速之比的平方；选定岩体、岩块测定波速时应有代表性。

3）岩石风化程度的划分。

未风化：结构构造未变，岩质新鲜。

微风化：结构构造、矿物色泽基本未变，部分裂隙面有铁锰质渲染。

中等风化：结构构造部分破坏，矿物色泽有较明显变化，裂隙面出现风化矿物或出现风化夹层。

强风化：结构够造出现大部分破坏，矿物色泽有较明显变化，长石、云母等多风化成次生矿物。

全风化：结构构造全部破坏。

4）岩石按成因可分为岩浆岩、沉积岩、变质岩。

（2）碎石土。碎石类土是粒径大于2mm的颗粒含量超过全重50%的土。

碎石类土根据粒组含量及颗粒形状分为漂石或块石、卵石或碎石、圆砾或角砾，其分类标准可见表4-9。

表4-9　碎石土的分类

土的名称	颗粒形状	颗粒级配
漂石	圆形及亚圆形为主	粒径大于200mm的颗粒超过全重50%
块石	棱角形为主	
卵石	圆形及亚圆形为主	粒径大于20mm的颗粒超过全重50%
碎石	棱角形为主	
圆砾	圆形及亚圆形为主	粒径大于2mm的颗粒超过全重50%
角砾	棱角形为主	

注：分类时应根据粒组含量栏从上到下以最先符合者确定。

碎石土的密实度可按表4-10进行划分。

表4-10　碎石土的密实度

密实度	松散	稍密	中密	密实
重型圆锥动力触探锤击数 $N_{63.5}$	$N_{63.5} \leqslant 5$	$5 < N_{63.5} \leqslant 10$	$10 < N_{63.5} \leqslant 20$	$N_{63.5} > 20$

注：1. 本表适用于平均粒径小于或等于50mm且最大粒径不超过100mm的卵石、碎石、圆砾、角砾；对于平均粒径大于50mm或最大粒径大于100mm的碎石土，可按《建筑地基基础设计规范》附录B鉴定其密实度；

　　2. 表内 $N_{63.5}$ 为经综合修正后的平均值。

（3）砂土。粒径大于2mm的颗粒含量不超过全重50%、粒径大于0.075mm的颗粒超过全重50%的土称为砂土。砂土按粒组含量分为砾砂、粗砂、中砂、细砂和粉砂，其分类标准见表4-11。

表4-11　砂土的分类

土的名称	颗粒级配
砾砂	粒径大于2mm的颗粒占全重25%～50%
粗砂	粒径大于0.5mm的颗粒超过全重50%
中砂	粒径大于0.25mm的颗粒超过全重50%
细砂	粒径大于0.075mm的颗粒超过全重85%
粉砂	粒径大于0.075mm的颗粒超过全重50%

注：分类时应根据粒组含量栏从上到下以最先符合者确定。

砂土的密实度，可以标准贯入试验锤击数 N 的标准来划分，见表4-12。

表4-12　砂土密实度

N 值	$N \leqslant 10$	$10 < N \leqslant 15$	$15 < N \leqslant 30$	$N > 30$
密实度	松散	稍密	中密	密实

（4）黏性土。黏性土是指塑性指数 I_p 大于 10 的土。黏性土的工程性质与土的成因、生成年代的关系很密切，不同的成因和年代的黏性土，尽管其某些物理性质指标值可能很接近，但其工程性质可能相差很悬殊。因而黏性土按沉积年代、塑性指数进行分类。

1）黏性土按塑性指数分类。黏性土按塑性指数 I_p 的指标值分为黏土和粉质黏土，其分类标准见表 4-13。

表 4-13 黏性土的分类

土的名称	粉质黏土	黏 土
塑性指数	$10 < I_p \leqslant 17$	$I_p > 17$

2）黏性土按沉积年代分为老黏性土、一般黏性土和新近沉积黏性土。

① 老黏性土。老黏性土是指第四纪晚更新世（Q_3）及其以前沉积的黏性土。它是一种沉积年代久，工程性质较好的黏性土。一般具有较高的强度和较低的压缩性。

广泛分布于长江中下游的晚更新世的黏土（Q_3）、湖南湘江两岸的网纹状黏性土（Q_2）和内蒙古包头地区的下亚层（Q_3）均属于老黏性土。

② 一般黏性土。一般黏性土是指第四纪全新世（Q_4）（文化期以前）沉积的黏性土。其分布面积最广，遇到的也最多，工程性质变化很大。

③ 新近沉积的黏性土。新近沉积的黏性土是指文化期以来新近沉积的黏性土，一般为欠固结的，且强度较低。

一般认为，沉积年代久的老黏性土，其强度较高，压缩性较低。工程实践表明，一些地区的老黏性土承载力并不高，甚至有的低于一般黏性土，而有些新近沉积的黏性土，其工程性质也并不差。因此，在进行地基基础的设计时，应根据当地工程情况具体地分析研究。

（5）粉土。粉土是介于砂土与黏性土之间，I_p 塑性指数小于或等于 10 且粒径大于 0.075mm 的颗粒含量不超过全重 50% 的土。

砂粒以下的土粒，一般为砂粒、粉粒与黏粒三级，三种土粒的差别很明显。自然界中的土体，一般是这三种土粒的混合体。其工程性质介于黏性土和砂类土之间。若用含水量接近饱和的粉土，团成小球，放在手掌上左右反复摇晃，并以另一手震击，则土中水迅速渗出土面，并呈现光泽，这是野外鉴别粉土时的常用方法之一。

（6）特殊土。特殊土是具有特殊工程性质的土，主要有：

1）软土。软土包括淤泥、淤泥质土、泥炭、泥炭质土。淤泥为在静水或缓慢的流水环境中沉积，并经生物化学作用形成，其天然含水量大于液限、天然孔隙比大于或等于 1.5 的黏性土。当天然含水量大于液限而天然孔隙比小于 1.5 但大于或等于 1.0 的黏性土或粉土为淤泥质土。含有大量未分解的腐殖质，有机质含量大于 60% 的土为泥炭，有机质含量大于或等于 10% 且小于或等于 60% 的土为泥炭质土。

2）红黏土。红黏土为碳酸盐岩系的岩石经红土化作用形成的高塑性黏土。其液限一般大于 50%。红黏土经再搬运后仍保留其基本特征，其液限大于 45% 的土为次生红黏土。

3）人工填土。人工填土根据其组成和成因，可分为素填土、压实填土、杂填土、冲填土。素填土是由碎石土、砂土、粉土、黏性土等组成的填土。经压实或夯实的素填土为压实填土。杂填土为含有建筑垃圾、工业废料、生活垃圾等杂物的填土。冲填土是由水力冲填泥沙形成的填土。

　　4）膨胀土。膨胀土是土中黏粒成分主要由亲水性矿物组成，同时具有显著的吸水膨胀和失水收缩特性，其自由膨胀率大于或等于40%的黏性土。

　　5）湿陷性土。湿陷性土是在一定压力下浸水后产生附加沉降，其湿陷系数大于或等于0.015的土。

　　（7）细粒土按塑性图分类。近年来，国外在土的工程分类方面有了很大进展，许多国家的土分类体系，不仅在本国已经制定了统一的标准，而且在国家之间，也基本上趋于一致。许多国家的分类依据，在总的体系上大同小异，首先采用了以0.075mm作为粗、细的分界粒径，试样中大于0.075mm者超过50%时则为细粒土。然后，粗粒土再按颗粒大小及其级配进行分类；而细粒土则再按下面将要介绍的塑性图进行分类；有机土则单独列为一类。

　　土的塑性指数是划分细粒土的良好指标，能综合反映土的颗粒组成、矿物成分以及土粒表面吸附阳离子成分等方面的特性，但其不同的液、塑限可给出相同的塑性指数而土性却可能是不一样的。由此可见，细粒土的合理分类，应兼顾塑性指数和液限两方面。由A·卡萨格兰德（Casagrande，1948）首先提出来的塑性图，是根据大量试验资料，经统计后绘成以I_p和w_L定名的细粒土分类图。

　　结合我国情况的细粒土按塑性图分类方法已列入《土的分类标准》。当取质量为76g、锥角为30°的液限仪锥尖入土深度为17mm的含水量为液限时，按塑性图4-18分类；当取质量为76g、锥角为30°的液限仪锥尖入土深度为10mm的含水量为液限时，按塑性图4-19分类。

　　当采用图4-18所示的塑性图确定细粒土时，按表4-14分类；当采用图4-19所示的塑性图确定细粒土时，按表4-15分类。

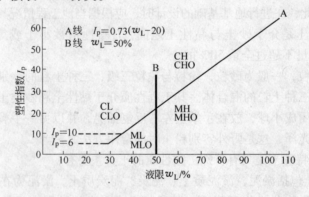

图4-18　塑性图

表4-14　细粒土的分类

土的塑性指标在塑性图中的位置		土代号	土名称
塑性指数	液　限		
$I_p \geqslant 0.73$（w_L-20）和 $I_p \geqslant 10$	$w_L \geqslant 50\%$	CH	高液限黏土
	$w_L < 50\%$	CL	低液限黏土
$I_p < 0.73$（w_L-20）和 $I_p < 10$	$w_L \geqslant 50\%$	MH	高液限粉土
	$w_L < 50\%$	ML	低液限粉土

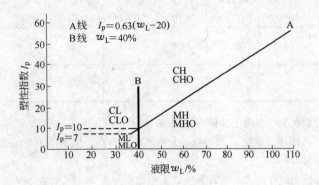

图 4-19　塑性图

表 4-15　细粒土的分类

土的塑性指标在塑性图中的位置		土代号	土名称
塑性指数	液　限		
$I_p \geq 0.63 (w_L - 20)$ 和 $I_p \geq 10$	$w_L \geq 40\%$	CH	高液限黏土
	$w_L < 40\%$	CL	低液限黏土
$I_p < 0.63 (w_L - 20)$ 和 $I_p < 10$	$w_L \geq 40\%$	MH	高液限粉土
	$w_L < 40\%$	ML	低液限粉土

　　土中有机质应根据未完全分解的动植物残骸和无定形物质判定。有机质呈黑色、青黑色或暗色，有臭味，有弹性和海绵感，可采用目测、手摸或嗅感判别。当不能判别时，可将试样放入 100～110℃ 的烘箱中烘烤，烘烤后的液限小于烘烤前的 3/4 时，试样为有机质土。有机质土可在相应的土类代号之后缀以代号 O，如 CHO、CLO、MHO、MLO 等。

复习思考题

4-1　土由哪几部分组成，各组成部分的性质如何？

4-2　何谓土的不均匀系数，如何从颗粒级配曲线的陡缓来评价土的工程性质？

4-3　何谓土的塑性指数，工程中如何应用？

4-4　黏性土的含水状态特征有哪些，如何进行确定？

4-5　如何划分无黏性土的密实度，如何计算相对密实度？

4-6　黏性土的结构构造有哪些？

4-7　如何进行土的工程分类？

4-8　某原状土样的密度为 $1.85g/cm^3$，含水量为 34%，土粒比重（土粒相对密度）为 2.71，试求该土样的饱和密度、有效密度、饱和重度和有效重度。

4-9　某砂土土样的密度为 $1.77g/cm^3$，含水量为 9.8%，土粒比重为 2.67，烘干后测定最小孔隙比为 0.461，最大孔隙比为 0.943，试求孔隙比 e 和相对密实度 D_r，并评定砂土的密实度。

4-10　甲、乙两土样的颗粒分析结果见下表，试绘制颗粒级配曲线，并确定不均匀系数以及评价级配均匀情况。

粒　径 /mm		2 ~ 0.5	0.5 ~ 0.25	0.25 ~ 0.1	0.1 ~ 0.05	0.05 ~ 0.02	0.02 ~ 0.01	0.01 ~ 0.005	0.005 ~ 0.002	<0.002
相对含量 /%	甲土	24.3	14.2	20.2	14.8	10.5	6.0	4.1	2.9	3.0
	乙土			5.0	5.0	17.1	32.9	18.6	12.4	9.0

4-11 有一完全饱和的原状土样切满于容积为 $21.7cm^3$ 的环刀内，称得总质量为 72.49g，经 105℃ 烘干至恒重为 61.28g，已知环刀质量为 32.54g，土粒比重为 2.74，试求该土样的密度、含水量、干密度及孔隙比。

4-12 某一完全饱和黏性土试样的含水量为 30%，土粒比重为 2.73，液限为 33%，塑限为 17%，试求孔隙比、干密度和饱和密度，并按塑性指数和液性指数分别定出该黏性土的分类名称和软硬状态。

4-13 某无黏性土样的颗粒分析结果列于下表，试定出该土的名称。

粒径/mm	10 ~ 2	2 ~ 0.5	0.5 ~ 0.25	0.25 ~ 0.075	<0.075
相对含量 /%	4.5	12.4	35.5	33.5	14.1

4-14 某原状土样处于完全饱和状态，测得含水量为 $w_L = 36.4\%$，塑限为 $w_P = 18.9\%$，试求该土样的名称及物理状态。

4-15 某饱和原状土样，经实验测得其体积为 $V = 100cm^3$，湿土质量 $m = 0.185kg$，烘干后质量为 0.145kg，土粒的相对密度 $d_s = 2.70$，土样的液限为 $w_L = 35\%$，塑限为 $w_P = 17\%$。试确定该土的名称和状态。若将土样压密，使其干密度达到 $1650kg/m^3$，此时土样的孔隙比减小多少？

4-16 某砂土试样的天然密度 $\rho = 1.74g/cm^3$，含水量为 $w = 20\%$，土粒的相对密度 $d_s = 2.65$，最大干密度 $\rho_{dmax} = 1.67g/cm^3$，最小干密度为 $\rho_{dmin} = 1.39g/cm^3$，求该试样的相对密实度及密实程度。

5 水文地质基本原理

自然界的水以气态、固态和液态三种不同的形式存在于大气层、地表和地壳中。大气圈中的水以云、雾、雨、雪等形式降落到地面称为大气降水；地表上江、河、湖、海中的水称为地表水；埋藏在地表以下岩土空隙、裂隙或溶隙中的水称为地下水。水文地质学中所研究的地下水，是自然界中水的一部分，它与大气降水、地表水是相互联系的统一体。地下水的形成与自然界水的运移变化密切相关。

5.1 自然界中的水

5.1.1 自然界的水循环

自然界大气水、地表水和地下水的比例大略为：大气水∶地下水∶地表水＝1∶10∶100000，但它们之间并非相互独立，而是有着密切的关系并不断运动和变化。

在太阳能及重力作用下，地球上的水由水圈进入大气圈，经过岩石圈表层再返回水圈，如此循环不已。自然界中的水循环就反映了大气水、地表水、地下水三者之间的相互联系。

在太阳热能作用下，地表水从河流、湖泊、海洋等地表水表面蒸发成水汽进入大气，被上升的气流带到空中并随大气一起流动；在适当的条件下，大气中的水汽会凝结成液态（雨）或固态（雪、冰雹），在地球的重力作用下降回到地面上；降落到地面上的大气降水中的一部分顺地面流动，汇入江河、注入湖泊和海洋成为地表水；另一部分降水则通过岩土体的裂隙、孔隙下渗，并在一定的岩土层中集聚起来成为地下水；地下水中的一部分会在太阳的辐射作用下或从岩土体的裂隙和孔隙中直接蒸发或通过植物的叶面蒸发重新回到大气中成为大气水；另一部分在重力作用下沿岩土体的裂隙、孔隙渗流，以地下径流的形式或直接流入大海，或在适当的条件下以泉水的形式流出地表再汇入江河，注入湖泊、海洋成为地表水。大气水、地表水和地下水的这种不间断的运动和变化称为自然界水的循环。

水循环按其范围的不同，分为大循环和小循环，如图 5-1 所示。所谓大循环是指在大气圈、水圈和岩石圈之间，整个地球范围内的循环，而小循环是指陆地或海洋本身范围内的循环。

5.1.2 岩石中的空隙

构成地壳的岩石，无论是松散的沉积物还是坚硬岩石，都或多或少地存在着空隙，这些空隙是地下水赋存和运移的空间。空隙的多少、大小、形状、连通情况和分布规律对地下水的分布和运动具有重要影响。

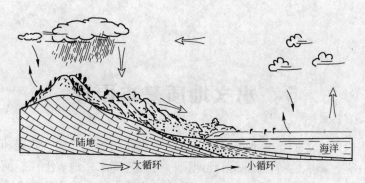

图5-1　自然界中的水循环示意图

根据岩石空隙的成因不同，可将其分为松散岩石中的孔隙、坚硬岩石中的裂隙和可溶岩石中的溶隙，如图5-2所示。

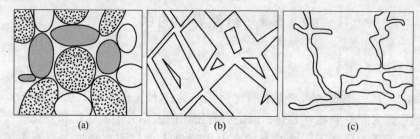

图5-2　岩石的空隙
（a）孔隙；（b）裂隙；（c）溶隙

5.1.2.1　孔隙

松散岩石是由大小不等的颗粒组成的，在颗粒或颗粒集合体之间普遍存在着孔隙。衡量孔隙多少的定量指标称为孔隙率，可用式（5-1）表示：

$$n = \frac{V_n}{V} \times 100\% \tag{5-1}$$

式中　　n——孔隙率；

　　　　V_n——孔隙体积；

　　　　V——总体积。

岩石孔隙率的大小，主要取决于颗粒排列情况及分选程度。另外，颗粒形状、压密作用及胶结程度对此也有一定的影响。

5.1.2.2　裂隙

存在于坚硬岩石中的裂缝状空隙称为裂隙。衡量裂隙多少的定量指标称为裂隙率，可用式（5-2）表示：

$$n_f = \frac{V_f}{V} \times 100\% \tag{5-2}$$

式中　　n_f——裂隙率；

　　　　V_f——岩石中裂隙体积；

　　　　V——岩石总体积。

5.1.2.3 溶隙

溶隙是可溶性岩石在地表水和地下水长期溶蚀作用下形成的一种特殊空隙。衡量溶隙多少的定量指标称为岩溶率，可用式（5-3）表示：

$$n_k = \frac{V_k}{V} \times 100\% \tag{5-3}$$

式中 n_k——岩溶率；

V_k——岩石中溶隙体积；

V——岩石总体积。

溶隙的发育具有更大的不均匀性，岩溶率在接近处相差悬殊。例如在同一岩性成分的可溶岩层中，溶蚀带的岩溶率可达百分之几十，而近处未溶蚀地段的岩溶率则可接近于零。

5.1.3 岩石中水的存在形式

岩石空隙中存在的水按其物理性状不同分为气态水、液态水、固态水和矿物结合水。

5.1.3.1 气态水

存在于未饱和岩石空隙中的水蒸气称为气态水。气态水可以随空气的流动而移动。当岩石空隙内水汽增多而达到饱和时，或是当周围温度降低而达到零点时，水汽开始凝结成液态水而补给地下水，故它是地下水的来源之一。气态水不能直接利用，也不能被植物吸收。

5.1.3.2 液态水

（1）结合水。结合水通常是指束缚于岩石颗粒表面、不能在重力影响下运动的水。水分子是偶极体，一端带正电荷，另一端带负电荷。由于静电引力作用，带有电荷的岩土颗粒表面，便能吸附水分子形成结合水。

依据岩土颗粒表面静电吸附能的强弱，结合水又分为强结合水与弱结合水。强结合水也称吸着水，其厚度一般认为相当于几个水分子直径，也有人认为可达几百个水分子直径。其所受吸引力相当于 10000 个标准大气压，密度平均为 $2g/cm^3$ 左右，溶解盐类能力弱，无导电性，$-78℃$ 时仍不冻结，如固体一样具有一定的抗剪强度，不能流动。这种水也不能被植物吸收。

包围在强结合水的外层的水称为弱结合水，也称薄膜水。厚度相当于几百个或上千个水分子直径，密度较大，具有抗剪强度。黏滞性及弹性均高于普通液态水，溶解盐类的能力差。固体表面对它的吸引力有所减弱，一般情况下不能流动，但当施加的外力超过其抗剪强度时，最外层的水分子便会发生流动。

（2）毛细水。毛细水是指在表面张力作用下，沿着岩土细小空隙上升的水，其上升高度与岩土空隙大小有关。毛细水主要存在于直径为 $0.002 \sim 0.5mm$ 的毛管空隙中，冰点低于 $0℃$。毛细水同时受重力和表面张力的作用，可传递静水压力，并可以被植物吸收。

（3）重力水。当岩土的空隙全部为水饱和时，完全在重力作用下运动的水即为重力水，重力水是水文地质学研究的主要对象。重力水能传递静水压力，并且有溶解盐类的能力，井水、泉水等都是重力水。

5.1.3.3 固态水

当岩土的温度低于水的冰点时，储存于岩石空隙中的水便冻结成冰，从而形成固态水。固态水主要分布于雪线以上的高山和寒冷地带的某些地区，在那里，浅层地下水终年以固态冰的形式存在。

5.1.3.4 矿物结合水

存在于矿物结晶内部及其间的水，如沸石水、结晶水、结构水。

沸石水是以水分子的形式，并以不定数量存在于沸石族矿物相邻晶胞中，加热（80～120℃）可以逸出，但晶体并不因此而破坏。

结晶水是以水分子的形式，并以一定数量存在于石膏、芒硝、苏打等矿物结晶格架的固定位置上，与结晶格架结合较弱。加热到一定温度（400℃）时即从结晶格架中析出，此时矿物性质也发生相应改变。

结构水在矿物中不以水分子形式存在，而以 H^+ 或 OH^- 形式存在于矿物结晶格架的固定位置上，与结晶格架连结较牢。当加热到一定温度（450～500℃）时才能从结晶格架中析出。析出时原矿物结晶随之破坏，并形成新矿物。

综上所述，岩土中存在的不同形式的水，除了矿物水和吸着水不易转化外，其他各类型的水既是相互联系，又可相互转化。在剖面上分为两个带：包气带和饱水带。在重力水面以上，岩石空隙未被水饱和，通常称为包气带，以下则称为饱水带。

5.1.4 岩石的水理性质

岩土体与水接触时，存储和运移水分的性质称为岩土体的水理性质，包括岩土体的容水性、持水性、给水性和透水性、溶解性、软化性与抗冻性。

5.1.4.1 容水性

岩土体的容水性是指岩土体容纳水分的能力。衡量容水性的定量指标是容水度。容水度是指岩土体能容纳水的最大体积（饱水状态下岩土体中的含水体积）与岩土体的总体积之比，通常用小数或百分数来表示。显然容水度在数值上与孔隙率、裂隙率、溶隙率相等或接近，但具有膨胀性的黏土，充水后体积增大，容水度可大于孔隙率。如果用 n_r 表示容水度，则其表达式为

$$n_r = \frac{V_{wsat}}{V} \times 100\%$$ (5-4)

式中　V_{wsat}——饱和状态下岩土体的含水体积，可近似认为其值与岩土体的空隙体积相等；

　　　V——岩土体总体积。

5.1.4.2 持水性

岩石在重力作用下仍能保持一定水量的性能为持水性。衡量持水性的定量指标称为持水度。持水度是指饱水岩土体在重力作用下释水后，仍能保持住的水体积与岩土总体积的百分比。以 n_{ch} 表示持水度，则其可表示为

$$n_{ch} = \frac{V_{wch}}{V} \times 100\%$$ (5-5)

式中　V_{wch}——岩土体在重力作用下释水后仍能保持住的水体积；

　　　　V——岩土体总体积。

5.1.4.3　给水性

饱水岩石在重力作用下，能自由排出一定水量的性能称为给水性。衡量岩土体的给水性的定量指标是给水度。饱水岩土体在重力作用下释出水的体积与岩土体总体积的百分比称为给水度。以 n_g 表示给水度，则其可表示为

$$n_g = \frac{V_{wsh}}{V} \times 100\%　　　　(5-6)$$

式中　V_{wsh}——岩土体在重力作用下释出水的体积（所能够释出水的最大体积）；

　　　　V——岩土体总体积。

显而易见，岩土体的容水度、持水度和给水度之间保持以下关系：

$$n_r = n_{ch} + n_g　　　　(5-7)$$

对于岩体来讲，由于其中的结合水含量是微不足道的，毛细作用也极其微弱，所以可以认为其容水度、给水度和裂隙率近似相等。

5.1.4.4　透水性

岩土体允许水流透过的性能称为透水性。衡量透水性的定量指标称为渗透系数，是水文地质计算的重要参数。岩石透水性的好坏首先取决于岩石孔隙大小，同时与空隙的形状、多少、连通程度有关。松散沉积物的孔隙率变化较小。给水度的大小很大程度上可以反映透水性的好坏。

5.1.4.5　溶解性

岩石的溶解性是指岩石溶解于水的性质，常用溶解度或溶解速度表示。在自然界中常见的可溶性岩石有石膏、岩盐、石灰岩等。岩石的溶解性不但和岩石的化学成分有关，而且还和水的性质有很大关系。

5.1.4.6　软化性

岩石的软化性是指岩石在水的作用下，强度和稳定性发生变化的性质。岩石的软化性主要取决于岩石的矿物成分、结构和构造特征。黏土矿物含量高、孔隙度大、吸水率高的岩石，与水作用容易软化而丧失其强度和稳定性。衡量岩石软化性的指标是软化系数 K_d。它表示岩石在饱水状态下的极限抗压强度 R_w 与岩石干燥状态下极限抗压强度的比值 R_d，即

$$K_d = \frac{R_w}{R_d}　　　　(5-8)$$

其值越小，表示岩石在水的作用下强度和稳定性越差。未受风化作用的岩浆岩和某些变质岩，软化系数大都接近于 1，是弱软化的岩石，其抗水、抗风化和抗冻性强；软化系数小于 0.75 的岩石，认为是软化性强的岩石，其工程性质比较差。

5.1.4.7　抗冻性

岩石孔隙中有水存在，当温度降至零度以下时水结冰膨胀，随之产生巨大的压力。这种压力的作用导致岩石的强度降低和稳定性破坏。岩石抵抗这种冰冻作用的能力，称为岩石的抗冻性。岩石的抗冻性，有不同的表示方法，一般用岩石在抗冻试验前后抗压强度的

降低率表示。抗压强度降低率小于20% ~ 25%的岩石，认为是抗冻的，大于25%的岩石，认为是非抗冻性的。

表征岩石水理性质的指标还有吸水率、饱水率与饱水系数。

（1）吸水率。岩石吸水率是指岩石在常压条件下吸入水的重量 W_{w1} 与干燥岩石重量 W_s 之比，用百分数表示，即

$$w_1 = \frac{W_{w1}}{W_s} \times 100\% \qquad (5-9)$$

（2）饱水率。岩石的饱水率是指高压（150MPa）下或真空条件下吸入水的重量与干燥岩石重量之比，用百分数表示，即

$$w_2 = \frac{W_{w2}}{W_s} \times 100\% \qquad (5-10)$$

在这种条件下，通常认为水能进入所有张开型空隙中。

（3）饱水系数。岩石的吸水率与饱水率的比值，称为岩石的饱水系数，即

$$K_s = \frac{w_1}{w_2} \qquad (5-11)$$

一般岩石的饱水系数为0.5 ~ 0.8。

需要特别指出，除上述水理性质以外，毛细性、胀缩性、可塑性等也属于岩土体的水理性质范畴。

5.1.5　含水层与隔水层

自然界不存在没有空隙的岩层，也就不存在不含有水的岩层，关键在于其所含水的性质。空隙小的，含的几乎全是结合水；空隙较大的岩层，主要含有重力水，它能给出和透过水。因此，根据岩层给出和透过水的能力，把岩层划分为含水层和隔水层。

（1）含水层。能够给出并透过相当数量水的岩层称为含水层。含水层的形成，需要岩层具有储水的空间、储水的地质条件以及充足的补给来源，以上条件缺一不可。根据含水层岩土空隙性质将含水层分为孔隙含水层、裂隙含水层以及岩溶含水层。

（2）隔水层。不能给出或不透水的岩层称为隔水层。隔水层与含水层之间并无截然的界限和绝对的定量指标。在生产实践中，在水源丰富地区，只有供水能力强的岩层，才能作为含水层；而在缺水地区，某些岩层虽然只能提供较少的水量，也被当做含水层对待；又如黏土层，通常认为是隔水层，但一些发育有干缩裂隙的黏土层，亦可形成含水层。

5.2　地下水的基本类型

根据地下水的埋藏条件，可以把地下水划分为包气带水、潜水和承压水三类。根据含水层空隙性质的不同，可将地下水划分为孔隙水、裂隙水和岩溶水三类。

5.2.1　包气带水

（1）土壤水。埋藏在包气带土层中的水称为土壤水。其主要以结合水和毛细水形式存在，依靠大气降水的渗入、水汽的凝结及潜水由下而上的毛细作用进行补给。土壤水主要

消耗于蒸发，水分变化强烈，受大气条件的制约。当土壤层透水性很差，气候又潮湿多雨或地下水位接近地表时，易形成沼泽。当地下水面埋藏不深，毛细水带可达到地表时，由于土壤水分强烈蒸发，盐分不断累积于土壤表层，则形成土壤盐渍化。

（2）上层滞水。存在于包气带中局部隔水层之上的重力水称为上层滞水。上层滞水一般接近地面，分布范围小、厚度小、水量少；靠大气降水和凝结水补给；以蒸发形式或沿隔水透镜体边缘向外排泄；动态很不稳定，常表现为季节性，雨季获得补给，旱季水量减少甚至消失；易污染。

5.2.2　潜水

潜水是埋藏于地表以下，第一个稳定隔水层之上具有自由水面的重力水。潜水的自由水面称为潜水面或潜水水位面；潜水面至地表的距离称为潜水的埋深；潜水面到隔水底板的距离称为潜水含水层厚度；潜水面的标高称为潜水水位。

（1）潜水的基本特征。

1）由于潜水面之上没有一个完整、连续的隔水层覆盖，因此，它有一个自由的水面，仅承受大气压力，故也称无压水。

2）潜水通过其上的包气带与地表连通，所以大气降水、地表水、凝结水等可以直接补给它，并且整个潜水分布区几乎都可以接受大气降水补给，因此补给区与分布区是一致的。

3）由于潜水通过包气带直接与大气圈、水圈相通，因此，大气圈和水圈中的某些气象、水文要素的变化，也就直接影响着潜水的动态变化。潜水具有季节性变化的特点，即潜水水温、水质、水量等随时间而有着较显著的变化。

4）由于没有较完整的隔水层阻隔，潜水埋藏较浅，易于取用，但也最容易被人为因素或其他因素污染，所以在选定其为供水水源时，必须考虑水源地有一定范围的保护区。

5）潜水的排泄主要有两种方式：一种是以泉的形式出露于地表或直接流入江河湖海中，这是潜水的一种主要排泄方式，称为水平向排泄，这种排泄方式是一种水分与盐分的共同排泄，一般引起水量的差异；另一种是消耗于蒸发，为垂直向排泄，这种排泄由于只有水分排泄而无盐分排泄，结果导致水量的消耗，造成潜水的浓缩，因而发生潜水含盐量增大及土壤的盐渍化。

（2）潜水面的形状。潜水面是一个自由水面，它一方面反映外界因素对潜水的影响；另一方面也反映潜水的特点，如流向、水利坡度等。一般情况下潜水面的形状是因时因地而异，它受到各种自然因素和人为因素的控制，其中主要的影响因素有气象、水文、地形地貌、地质条件以及含水层的厚度和岩石的透水性能。

1）地形。一般情况下，潜水面是呈向排泄区倾斜的曲面，起伏大体上与地形一致，但较地形平缓。

2）含水层厚度与透水性。在同一含水层中，当透水性变强时，则潜水面坡度趋向平缓；反之则变陡。当含水层厚度变大时，潜水面坡度变缓，反之则变陡。

3）气象因素。潜水面形状以大气降水和蒸发对潜水面的影响最大。雨季潜水获得的补给量较多，因而潜水面上升；旱季则相反，潜水面下降。

4）水文因素。在某些情况下，地表水的变化，也能改变潜水面的形状。在水文网发育切割剧烈的地带，潜水在河谷排泄区附近的潜水面具有倾向河谷的抛物线形式；当河水处于高水位而反补给潜水时，则潜水面呈现出从河水倾向潜水的反向抛物线形式。

5）人为因素。水库、渠道的修建，将会抬高附近的地下水位。原来坡度比较陡的潜水面，可变为较缓的潜水面。在人工抽水和矿井排水的影响下，原来坡度比较平缓的潜水面，将变为较陡的抛物线形状。

（3）潜水等水位线图。潜水等水位线图是将同一时间测得的潜水水位标高相同的各点用线连接起来，如图 5-3 所示。根据等水位线图可以解决下列问题：

1）确定潜水的流向。潜水总是由水位高的地方向水位低的地方流动。在等水位线图上，垂直于等水位线的方向即为潜水流向。

2）确定潜水的水利坡度。在潜水流向上取两个点的水位高差除以两点间的水平距离，即为该段潜水的水力坡度。

3）确定潜水的埋藏深度。区域内某一点的地形标高和潜水位之差即为该点潜水的埋藏深度。

4）确定潜水与地表水之间的相互补给关系。在邻近地表水的地段测绘潜水等水位线图，并测定地表水的标高，便可了解潜水与地表水的相互补给关系。图 5-4 表明了地下水与地表水之间的补给关系。

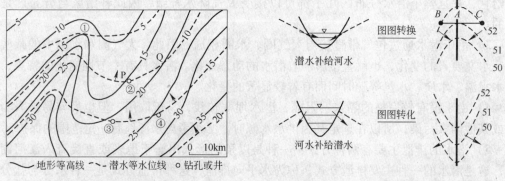

图 5-3　潜水等水位线图   图 5-4　潜水与地表水相互补给示意图

5）推断含水层的岩性或厚度的变化。在地形坡度变化不大的情况下，若等水位线由密变疏，表明含水层透水性变好或含水层变厚；相反，则说明含水层透水性变差或厚度变小。

6）确定泉水出露点和沼泽化的范围。潜水等水位线和地形等高线高程相等处，是潜水面达到地面的标志，也就是泉水出露和形成沼泽的地点。

7）提供合理的取水位置。为了取得较多的水量，取水工程应布置在地下水汇集处。当等水位线在大范围内呈现等间距的平行线时，可平行等水位线按等距布置取水井。

5.2.3　承压水

承压水是充满于两个稳定隔水层之间的含水层中具有静水压力的重力水（见图 5-5）。如未充满则称无压层间水。承压水有上下两个稳定的隔水层，上面的称为隔水顶板，下面的称隔水底板。顶、底板之间的垂直距离为承压含水层厚度。

（1）承压水的特征。承压水一般埋藏较深，上覆隔水顶板，与外界联系较差，因此具有如下特征：

1）承压水有稳定的隔水顶板存在，没有自由水面，而且水体承受静水压力，因此，承压水具有一定的压力水头。

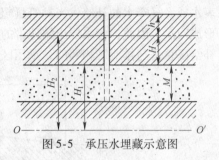

图5-5　承压水埋藏示意图

2）由于承压水具有稳定的隔水顶板，使承压含水层不能自其上部的地表直接接受大气降水和地表水的补给，因而形成了补给区与分布区的不一致。

3）承压水由于有隔水顶板的存在，补给区与分布区又不一致，因而受水文气象因素的直接影响较小，其动态一般较潜水稳定。

4）承压含水层的水头压力可因季节变化而有所不同，但只要含水层空间在始终充满着水的条件下，其中同一断面上的含水层厚度是稳定不变的。

5）承压水不易受地面污染，是理想的供水水源。

（2）承压水的储水构造。承压水的形成主要受地质构造的控制，不同的地质构造又决定了承压水埋藏条件。常见的承压水蓄水构造为承压盆地和承压斜地。

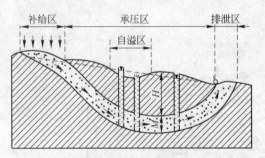

图5-6　承压盆地剖面示意图

1—隔水层；2—含水层；3—地下水位；

4—地下水流向；5—泉（上升泉）；

6—钻孔（虚线为进水部分）；

7—自喷钻孔；8—大气降水补给；

H—压力水头高度；M—含水层厚度

1）承压盆地。适宜于形成承压水的盆地构造或向斜构造，在水文地质学中称为承压盆地。承压盆地按其水文地质特征可分为补给区、承压区及排泄区三个组成部分，见图5-6。

补给区是含水层出露于地表位置较高的一段，直接接受大气降水或地表水入渗补给。在补给区由于上覆无隔水层存在，具有潜水性质，其水位直接接受气象水文及地形与岩性控制，往往具有良好的静流条件。

承压区是被隔水层覆盖并且含水层被水充满的地段，位于承压盆地的中部，该区地下水承受静水压力。承压水能否自溢地表，仅取决于承压水位与地表高程之间的高差相对关系，而与承压含水层的空隙性质无关。承压区所在的承压含水层在同一断面上的厚度是长期稳定不变的。

承压含水层在承压盆地边缘地形比较低的地段出露或含水层被切割，承压水以上升泉排出，承压含水层为起始点至承压盆地边缘这一区间即为排泄区。

2）承压斜地。适宜于形成承压水的单斜构造，在水文地质学中称为承压斜地。由含水岩层和隔水岩层所组成的单斜构造，由于含水层岩性发生相变或尖灭，或者含水层被断层所切割，均可形成承压斜地。

① 岩性发生相变或尖灭形成的承压斜地。当含水层上部出露地表，其下部在某一深度处尖灭即发生岩相变化，由透水层变为不透水层（图5-7）。在补给区，含水层接受地

表水或大气降水的补给，当补给量超过含水层可能容纳的水量时，由于下部无排泄出露而形成回水。因此，含水层出露地带的地势低处有泉溢出，形成排泄区。在这种情况下，其补给区总是与排泄区相邻的，承压区则位于另一端。

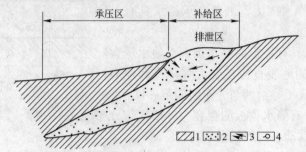

图 5-7　岩层尖灭形成的承压含水层示意图

1—不透水层；2—含水层；3—地下水流向；4—泉

在山前地区，洪积扇的岩性由近山的粗砾石向平原逐渐过渡到细砂、黏土等，即岩性由粗变细，其渗透性逐渐变弱而形成承压斜地，如图5-8所示。

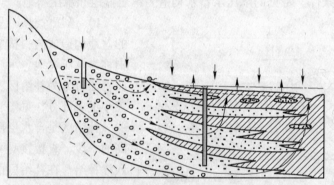

图 5-8　山前承压斜地示意图

1—基岩；2—砾石；3—砂；4—黏性土；5—潜水位；6—承压水测压水位；7—地下流水线；

8—降水入渗；9—蒸发排泄；10—下降泉；11—井（涂黑部分有水）

② 断块构造成因的承压斜地。单斜含水层的上部出露地表成为承压含水层的补给区，下部被断层切断，如果断层带导水性能好时，则能起到沟通各含水层，并使其产生水力联系的桥梁作用。同时，在适当的条件下，承压水可以通过断层以泉水排泄于地表而成为承压斜地的排泄区，这种情况下的承压区介于补给区与排泄区之间（见图5-9a）。如果断层带阻水时，那么承压斜地的补给区与排泄区位于相邻的地段，并且排泄区显得很窄，而承压区位于旁侧另一地段（见图5-9b）。

③ 侵入体阻截形成的承压斜地。当岩浆岩侵入体侵入到透水层之中，并处于地下水流的下游方向时，就起到阻水作用，如果含水层上部再覆有不透水层，则可形成自流斜地。

④ 岩层裂隙随深度变化而形成的承压斜地。对于含水层与隔水层互层的单斜构造，由于裂隙发育的强度随深度逐渐减弱，含水层的蓄水性能也随深度而逐渐变弱，渐变为裂隙极少的弱透水或不透水岩层，结果由于裂隙发育程度变弱而形成承压斜地。

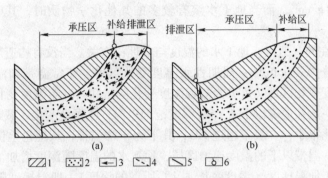

图 5-9　断块构造形成的承压斜地示意图

1—隔水层；2—含水层；3—地下水流向；4—倒水断层；5—不倒水断层；6—泉

我国承压盆地和承压斜地分布相当广泛，根据地质时代和岩性的不同，可分为两类：一类是第四纪松散沉积物所构成的承压盆地和承压斜地，广泛分布于山间盆地和山前平原；另一类是第四纪以前坚硬基岩所构成的承压盆地和承压斜地。无论是哪种类型的承压水构造，在其他条件适宜的情况下，一般都储存有丰富的承压水。

（3）承压水等水压线图。在同一承压含水层中，把承压水面上的各个等水压点作连线，并以绝对标高来表示的承压水位等高线以反映承压水的分布特征和运动规律的平面图，叫做承压水等水压线图。其作图方法与绘制潜水等水位线图的方法相同。

实际上，用等水压线图所表示的水压面是一个理想的水面，实际上并不真正存在水面。在潜水含水层中只要开凿到等水位线图所示的深度，就可见到潜水面；但根据等水压线图开凿到水压面时却见不到地下水，只有继续开凿穿透隔水顶板时，承压水才可沿井孔上升到水压面相应的高度。

根据等水压线图可以判断承压水的流向、含水层岩性和厚度的变化以及水压面的倾斜坡度等，以确定合理的取水地段。

5.3　地下水的物理性质和化学成分

地下水在岩土体中储存和运移，并不断与其周围的岩土体发生作用，溶解其中的一些可溶性物质；地下水还参与自然界的水循环，并在循环过程中与各种各样的介质接触，增加地下水的物质成分；地下水的蓄存会受到一系列自然条件和地质条件的影响，其化学成分随地区自然地理环境的变化、地质条件的变化而发生变化，即使在同一地区，地下水的化学成分还会因自然条件随时间的变化而发生改变。

地下水的物理性质与其化学成分之间有着一定的内在联系，并能在一定程度上粗略反映其物质组成情况和其蓄存的环境条件。

5.3.1　地下水的物理性质

地下水的物理性质主要包含地下水的密度、温度、颜色、透明度、放射性、气味和口味等。

（1）密度。地下水的密度取决于地下水中的其他物质成分含量，当地下水比较纯净时，其密度接近$1g/cm^3$，而当地下水溶有较多的其他化学物质时，其密度则可达1.2 ~ 1.3g/cm^3。

（2）温度。在同一地区，地下水的温度与其埋深有关。当没有构造影响时，可按温度变化将地下水划分为三个区域：周期性水温度变化区域、年常温带和温度递增区域。其中，周期性水温度变化区域又可分为昼夜温度变化区域和具有年温度变化规律的区域。昼夜温度变化区域一般在地表以下3 ~ 5m深度范围以内；年温度变化区域距地表约15 ~ 30m以内，其温度变化很小，一般不超过1℃；其下为年常温带，从理论上讲，年常温带应是一个界面；在年常温带以下的温度递增区域，地下水的温度随深度增加而逐渐升高，其温度变化规律取决于地温梯度（温度每增加1℃所需的深度），地温梯度随地域而变化，一般为33m/℃（即在年常温带以下，地温每百米约升高3℃）。

在不同地区，距地表较浅的地下水的温度差异巨大，例如在高寒地区，地表附近的地下水常年温度都在0℃以下。此外受构造影响时，地下水的温度变化会发生异常。例如在陕西临潼，很早就有利用地热水洗澡的记载；在西藏的羊八井地区，地下48m深处水温高达150℃左右，地温梯度约0.3 ~ 0.32m/℃。

（3）颜色。地下水的颜色主要取决于地下水中的化学成分。多数情况下，地下水是无色的，但当其中含有某些化学物质时，就会显现一定的颜色。例如含有H_2S的地下水呈翠绿色，含Fe_2O_3的地下水呈褐红色。受污染的地下水因污染物质的不同而颜色各异。

（4）透明度。常见的地下水是无色透明的，当含有一定量的固体物质或悬浮杂质时，透明度变差。其透明度（或称浑浊度）取决于悬浮颗粒及杂质的种类与含量。

按透明度可将地下水划分为透明的、微浊的、浑浊的和极浊的。

（5）气味和口味。地下水的气味取决于地下水中所含的挥发性物质（气体）与有机质，口味取决于水中所含的化学物质。例如，当地下水中含有H_2S时具有臭鸡蛋味，含有有机质时有霉味，含有$NaCl$时有咸味等等。

（6）放射性。因为岩土体中都含有一定量的放射性物质，所以在其中渗流的地下水也或多或少地含有放射性。当然，一般情况下地下水的放射性极其微弱，不足以对人体构成危害。但个别区域的地下水会因放射性元素含量高、放射性强而对人体健康构成危害。

5.3.2　地下水的化学成分

自然界中组成岩石的矿物有数千种，其中包含了各种各样的化学元素，地下水在岩土体中储存、运移并与岩土体不断作用，因而其所含的化学成分繁多，人类活动造成的污染使其所含物质更加复杂。亦即地下水不是纯净的水，而是一种溶有许多化学元素的溶液。

现已在地下水中发现化学元素60种以上，各种元素在地下水中的含量主要取决于它们在地壳中的含量多少以及它们的溶解度。地壳中含量最广的氧、钙、钠、钾、镁等元素在地下水中也最为常见。但地壳中含量最多的硅、铁、铝等元素，由于其溶解度小，在地下水中很少见到，而氯在地壳中含量较少，但由于其溶解度高而大量存在于地下水中。地下水的化学成分常以离子状态、气体状态和化合物状态存在于地下水中，此外在地下水中还有一些有机质、微生物及细菌等悬浮物存在。

（1）离子状态的元素。地下水中离子状态的元素主要有K^+、Na^+、Ca^{2+}、Mg^{2+}、H^+、

Fe^{2+} 和 Cl^-、SO_4^{2-}、HCO_3^-、CO_3^{2-}、NO_3^-、HO^-、SiO_3^{2-} 等等，其中最为常见的有七种：K^+、Na^+、Ca^{2+}、Mg^{2+}、Cl^-、SO_4^{2-}、HCO_3^-。氯盐在地下水中的溶解度最大，其次为硫酸盐，碳酸盐的溶解度在这三者之中为最小。地下水中的离子成分含量多少直接和地下水的总矿化度有关。

（2）气体状态物质。地下水中气体状态的物质主要有：O_2、N_2、CO_2、CH_4、H_2S 以及一些放射性气体等。其中 O_2、N_2 主要来源于大气；CO_2 除来源于大气和地表水以外，地下水中的有机质氧化以及岩石中一些无机矿物的化学反应都有可能生成 CO_2；在有有机质存在的地下封闭缺氧环境中，厌氧细菌活动的结果是生成大量 H_2S 气体，而在氧化环境中，好氧细菌又会将 H_2S 分解。CH_4 是煤系或油系地层中的地下水富含的气体。

（3）化合物。地下水中所含的化合物主要有 Fe_2O_3、Al_2O_3、H_2SiO_3 等。多为难溶于水的矿物质胶体。

此外，地下水中还常含有一些有机质胶体。

5.3.3　地下水按总矿化度的分类

单位体积的地下水中所含有的金属离子、化合物以及其他微粒的总量称为地下水的总矿化度，其单位为 g/L。

地下水总矿化度的测试方法是：取一定量的代表性水样倒入坩埚或蒸发皿中，加热至 $105\sim110℃$，待水分蒸发干后，将剩余的固体残渣称重，除以水样的体积，即得其总矿化度。

按总矿化度可将地下水分为五类，分类结果见表5-1。

表5-1　地下水按总矿化度的分类结果

地下水的分类名称	总矿化度/$g\cdot L^{-1}$
淡水	<1
微咸水	1～3
咸水	3～10
盐水	10～50
卤水	>50

5.3.4　地下水按氢离子浓度的分类

地下水的酸、碱性取决于其中的氢离子浓度，在22℃时由纯水的导电试验测得氢离子和氢氧根离子浓度各等于 $10^{-7}g/L$，此时水呈中性；当氢离子浓度大于氢氧根离子浓度时，水呈酸性反应，反之则呈碱性反应。因此除按总矿化度对地下水进行分类以外，另一种常见的地下水分类方法是按地下水中的氢离子浓度对其分类，具体分类使用的是氢离子浓度的负对数值，亦称为 pH 值，$pH=-lg(H^+)$，如 $[H^+]=\dfrac{1}{10^7}$，$pH=7$。按 pH 值划分的地下水类别见表5-2。

表5-2　按 pH 值划分的地下水类别

地下水的分类名称	pH 值
极酸性水	<5
酸性水	5～7
中性水	7
碱性水	7～9
强碱性水	>9

5.3.5　地下水的硬度

在人民生活和工业用水过程中，供热锅炉使用久了就会在锅炉中产生水垢，水垢的产生不仅会极大地降低锅炉的导热性，甚至还可能引起锅炉的爆炸。实践表明，锅炉中水垢的沉淀速度和水中的钙、镁离子含量有关，为此，人们用硬度来表示水中的钙、镁离子含量多少，用符号 $H°$ 表示，硬度高的定义为硬水，硬度低的定义为软水。我国目前采用的硬度定量标准与德国的标准相同，$H°=1$ 表示 1L 水（$1000cm^3$）中含有 10mg 的 CaO；或者含有 7.2mg 的 MgO。地下水按硬度的划分结果见表5-3。

表5-3　地下水按硬度的划分结果

地下水的分类名称	硬度（$H°$）
极软水	≤4.2
软水	4.2～8.4
微硬水	8.4～16.8
硬水	16.8～25.2
极硬水	>25.2

5.3.6　影响地下水化学成分的主要作用

地下水中各种化学成分的形成主要和两个方面的因素有关：首先与地下水的补给类型有关，地下水的补给类型不同，补给源中所含的物质成分不同，形成的地下水所包含的化学元素自然不同；影响地下水化学成分另一重要因素是地下水的存储和运移环境，地下水在存储和径流过程中不断与周围的岩土体物质发生着一系列作用来改变其化学成分，这些作用包括溶解溶滤作用、浓缩作用、离子交换和吸附作用、脱碳酸作用和脱硫酸作用等。

（1）溶解溶滤作用。地下水在岩土体中存储、渗流时，岩土体中的一些可溶性物质溶入水中，难溶物质保留下来，地下水对周围岩土体的这种作用过程称为溶解溶滤作用。地下水中的 K^+、Na^+、Ca^{2+}、Mg^{2+}、Cl^-、SO_4^{2-}、HCO_3^- 等离子都来自于地下水对岩土体的溶解溶滤作用。

地下水在石灰岩、白云岩等碳酸类岩石中存储、运移时，水与岩石中的碳酸钙、碳酸镁反应过程如下：

$$CaCO_3 + CO_2 + H_2O \rightleftharpoons Ca^{2+} + 2HCO_3^-$$

$$MgCO_3 + CO_2 + H_2O \rightleftharpoons Mg^{2+} + 2HCO_3^-$$

（2）浓缩作用。当地下水埋深较浅时，随着水分的不断蒸发和减少，单位体积的地下水中盐分含量不断增多，这种物理作用称为浓缩作用。在蒸发作用强烈的干旱和半干旱地区，浅层地下水的浓缩作用尤为突出。浓缩作用使地下水的矿化度增高以后，溶解度小的盐类物质会相继沉淀析出，并因此引起地下水化学成分的改变（硫酸盐和氯化物含量增高，碳酸盐含量减少）。

（3）离子的交换和吸附作用。岩石和土颗粒的表面有较大的吸附能力（电场作用力），因此，当地下水与岩土体的颗粒接触时，其中的一些化学物质会吸附在颗粒表面上与颗粒表面上原来已吸附的某些离子进行交换，并因此而改变地下水的化学成分。

（4）脱碳酸作用。碳酸盐在地下水中的溶解量取决于水中的 CO_2 含量。当地下水在渗流过程中由于环境改变而使其温度增高或压力降低时，CO_2 便会从地下水中逸出，地下水中的 HCO_3^- 和钙、镁离子结合后沉淀析出：

$$Ca^{2+}+2HCO_3^- \Longrightarrow CaCO_3 \downarrow +CO_2 \uparrow +H_2O$$

$$Mg^{2+}+2HCO_3^- \Longrightarrow MgCO_3 \downarrow +CO_2 \uparrow +H_2O$$

上述作用称为脱碳酸作用，石灰岩溶洞中的石笋、钟乳石等就是这种作用的结果。

（5）生物化学作用。地下水的生物化学作用是指有细菌参与的一些氧化、还原作用。例如在氧化环境中，好氧的硫黄细菌能使水中的 H_2S 氧化分解，其反应式如下：

$$2H_2S+O_2 \Longrightarrow 2H_2O+S_2$$

$$S_2+3O_2+2H_2O \Longrightarrow 4H^+ +2SO_4^{2-}$$

相反，在缺氧环境中，厌氧的脱硫细菌能使硫酸盐还原成 H_2S，即

$$SO_4^{2-}+2C+2H_2O \Longrightarrow H_2S+2HCO_3^-$$

在煤炭矿山的采空区中就容易形成富含 H_2S 的积水潭。有的将前一种反应称为硫酸化作用，而将后一种称为脱硫酸作用。

（6）混合作用。化学成分不同的地下水相遇混合后，经过一系列的化学反应，生成化学成分与原来都不相同的地下水的作用称为混合作用。例如，以 SO_4^{2-}、Na^+ 为主要化学成分的地下水和以 HCO_3^-、Ca^{2+} 为主要化学成分的地下水相混合时就会发生下述反应：

$$SO_4^{2-}+2Na^+ +Ca^{2+}+2HCO_3^- +2H_2O \Longrightarrow 2Na^+ +2HCO_3^- +CaSO_4 \cdot 2H_2O$$

析出石膏，形成以 HCO_3^- 和 Na^+ 为主要成分的地下水。

（7）人为作用。人类生产、生活活动中产生的大量垃圾被废弃在地下水的生成和存储环境中使地下水污染日趋严重。这些污染源包括生活污染源、工业污染源和农业污染源，以及沿海地区由于人类大量开采地下水造成的海水倒灌污染等；污染地下水的物质可分为无机污染物、有机污染物和病原体污染物等。1988 年我国仅废水排放量就达 362 亿吨，其中大部分未经处理就被直接排入河流水域。我国经对 532 条河流进行监测发现，其中不同程度受污染的河流共有 436 条，占被监测河流的 81.95%。这些被污染的地表水系必然会进一步造成地下水的污染。

5.3.7　地下水的侵蚀性

由于地下水是一种含有多种化学元素的水溶液，土木工程的建、构筑物基础，桥梁基础，隧道衬砌和挡土构筑物等混凝土结构物又不可避免地要长期与地下水接触，它们之间的某些物质成分必然会发生化学反应。地下水对混凝土的侵蚀是指地下水中的一些化学成

分与混凝土结构物中的某些化学物质发生化学反应，在混凝土内形成新的化合物，使混凝土体积膨胀、开裂破坏，或者溶解混凝土中的某些物质，使其结构破坏、强度降低的现象。

常见的地下水侵蚀作用有：

（1）氧化、水化侵蚀。混凝土结构物中多含有钢筋等铁金属材料，当地下水中含有较多氧气时，就会对结构物中的钢筋一类铁金属材料构成腐蚀，即

$$4Fe+3O_2 == 2Fe_2O_3$$

$$Fe_2O_3+3H_2O == 2Fe(OH)_3（胶体状态）$$

（2）酸性侵蚀。当地下水呈酸性时，氢离子会对混凝土表面的碳酸钙硬层产生溶蚀，即

$$CaCO_3+H^+ == Ca^{2+}+HCO_3^-$$

（3）碳酸类侵蚀。当水中富含 CO_2 时，会对混凝土中的氢氧化钙产生溶蚀，即

$$Ca(OH)_2+CO_2 == CaCO_3+H_2O$$

$$CaCO_3+H_2O+CO_2 == Ca^{2+}+2HCO_3^-$$

（4）硫酸类侵蚀。当地下水中含有较多的硫酸根离子时，会与混凝土中的氢氧化钙反应生成石膏，进一步生成石膏和水的结晶体，使混凝土的体积明显增大，其结果不仅降低了混凝土的强度，严重时还会造成混凝土的开裂破坏。

（5）镁盐侵蚀。富含 $MgCl_2$ 的地下水与混凝土接触时会和混凝土中的氢氧化钙反应，生成氢氧化镁和溶于水的 $CaCl_2$，使混凝土中的钙质流失，结构破坏，强度降低。

应当指出，上述几种地下水的侵蚀类型只是其中最基本的情况，实际的侵蚀过程要复杂得多，常常是几种侵蚀作用同时存在，并最终极大地削弱了混凝土的强度和完好性。工程施工中应根据地下水的化学分析结果，采用适当的防治地下水侵蚀措施。

5.4　地下水的运动

地下水在岩石空隙中的运动称为渗流（渗透），而土体被水透过的性能称为土的渗透性。发生渗流的区域称为渗流场。由于受到介质的阻滞，地下水的流动比地表水缓慢得多。在岩层空隙中渗流时，水的质点作有秩序的、互不混杂的流动，称为层流运动。在具狭小空隙的岩石（如砂、裂隙不很宽大的基岩）中流动时，重力水受介质的吸引力较大，水的质点排列较有秩序，故作层流运动。水的质点作无秩序的、互相混杂的流动，称为紊流运动。作紊流运动时，水流所受阻力比层流状态大，消耗的能量较多。在宽大的空隙中（大的溶穴、宽大裂隙），水的流速较大时，容易呈紊流运动。一般认为，绝大多数场合下土中水的流动呈现层流状态，如果土中渗流为紊流时，常导致土体发生失稳破坏。

5.4.1　渗流

5.4.1.1　基本概念

地下水在岩体、土体空隙中运动称为渗流。地下水在岩土中运动的空隙，无论大小、形状和连通情况都各不相同，因此，地下水质点在这些空隙中的运动速度和运动方向也是极不相同的，如图 5-10a 所示。如果按照实际情况研究地下水的运动，将遇到很大困难。

为此必须简化，即用连续充满这个含水层（包括颗粒骨架和孔隙）的假象水流来代替仅在岩土空隙中流动的真实水流，如图5-10b所示。

　　垂直渗流方向的含水层截面称为过水断面，它包括岩土层的空隙和颗粒骨架在内的全部截面积，如图5-11a所示。实际过水断面是该断面中地下水流动的孔隙面积，如图5-11b所示。

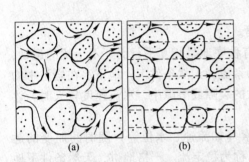

图5-10　地下水在土层空隙中的流动

（a）水流实际流线；（b）水流虚构流线

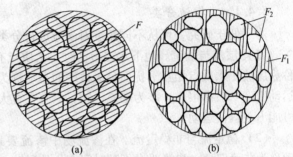

图5-11　过水断面

（a）渗流过水断面；（b）实际过水断面

5.4.1.2　过水断面、渗流速度与实际流速

　　地下水流在某过水断面上的平均流速称为渗流速度，用v表示，单位为 m/d 或 cm/d，即

$$v = \frac{Q}{A} \tag{5-12}$$

式中　A——过水断面面积，m^2 或 cm^2；

　　　Q——渗流量，m^3/d 或 cm^3/s。

　　由于过水断面不是真正的水流断面，因此渗流速度是一个假想的流速。真实流速是地下水在过水断面中孔隙部分实际流动的平均流速u，u按下式计算：

$$u = \frac{Q}{A'} = \frac{Q}{A n_e} \tag{5-13}$$

式中　A'——断面中水实际流动的孔隙面积，m^2 或 cm^2；

　　　n_e——有效孔隙度，小数或百分数。

　　有效孔隙度是指水实际流动的孔隙体积与土体积之比。对于粗粒土来说，n_e接近于n；对于细粒土 $n_e < n$。

　　比较式（5-12）和式（5-13），可得

$$v = n_e \cdot u$$

式中，n_e 总是小于1，故可知渗流速度小于实际流速。

5.4.1.3　水力坡度

　　地下水在渗流过程中要不断克服阻力，不断降低水力水头。因此，沿流程地下水的水头线是一条水头值不断减小的降落曲线，常用水力坡度来表示水头的变化特征。

　　渗流中某一点的水力坡度J可定义为渗流通过该点单位渗流途径上的水头损失，即

$$J = -\frac{\mathrm{d}H}{\mathrm{d}L}$$
(5-14)

式中   d*H*——渗流途径上的水头降落值；

d*L*——渗流途径的长度。

在渗流途径上，水头增量为负值，习惯上规定 *J* 为正值，故在式（5-14）的等号后加负号。

5.4.1.4 渗流分类

为了便于研究，可从不同角度对渗流进行分类。

（1）层流与紊流。地下水在运动时，水质点有秩序地呈相互平行而互不干扰的运动，称为层流；水质点相互干扰而呈无秩序的运动称为紊流。天然条件下，地下水在岩土中的运动速度一般都很小，多为层流运动；只有在宽大的裂隙或溶隙中，水流速度较大时，才可能出现紊流运动。

（2）稳定流与非稳定流。在渗流场中渗流要素（如流速、水位等）随时间而变的运动称为非稳定流，渗流要素不随时间变化的运动，称为稳定流。严格地讲，天然条件下地下水运动都为非稳定流，但当运动要素随时间变化不大时，为便于计算，可近似地视为稳定流。

（3）均匀流与非均匀流。沿流程渗流速度不变的渗流为均匀流，否则为非均匀流。地下水运动多为非均匀流。

5.4.1.5 流网

在层流、稳定流（水质点沿固定流线流动，水流情况不随时间变化，土的孔隙比不变，流入任意单元体的水量等于自该单元体流出的水量）状态下的平面渗流场中，水流自高水位流向低水位时，水质点沿着一条条固定的图线流动，我们将这些水质点的流动图线称为流线。沿着流线水质点的势能不断降低。把各流线上势能相等的点连接成线，这样的线称为等势线。在稳定流情况下，流线表示水质点的运动路线；等势线表示势能或水头高度的等值线，即每一根等势线上的测压管水位都是平齐的。在渗流场中，用表示不同势能的等势线簇和反映水流状况的流线簇交织而成的网格图称为流网。两条流线之间的空间称为流槽，因为水流必定沿着最大水力坡降的方向流动，所以流线和等势线必然正交。沿等势线方向，渗流的速度分量等于零。

在土体中，水由高水位向低水位渗流时，同一水质点的流动轨迹亦即同一水质点在不同时刻位置点的连线称为迹线。在层流、稳定流的渗流场中，迹线和流线重合。

绘制流网的目的是为了直观地考察水在土体中的渗流途径，并用其计算渗流量以及确定土体中各点的水头高度和水力坡降。对一维情况，实际上没有必要绘制流网，因为直接应用达西定律即可计算出流量，并确定出各点的水头高度和水力坡降。但实际工程中遇到的渗透问题很多是二维和三维情况，这时绘制流网就非常有用。图 5-12 所示为某闸坝地基的渗流流网。

流线可以徒手绘制。绘制时，先根据边界条件绘制容易确定的等水头线与流线，如在隔水边界附近流线平行于隔水边界；在分水岭处流线垂直向下；在河谷处流线垂直向上。然后，根据流线与等水头线正交的原则在已知流线和等水头线之间插补其余部分。

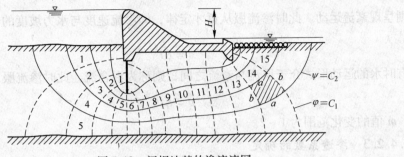

图 5-12 闸坝地基的渗流流网

5.4.2 地下水运动的基本定律

5.4.2.1 线性渗透定律——达西定律

法国水利学家达西（Henri Darcy）于 1852～1856 年通过大量的实验得到了重力水运动的线性渗透定律，又称达西定律。其数学表达式为

$$Q = KA\frac{\Delta H}{L} = KAI \tag{5-15}$$

式中　Q——渗透流量（出口处流量）；

　　　A——过水断面（相当砂柱横断面）；

　　ΔH——水头损失，$\Delta H = H_1 - H_2$；

　　　L——渗透距离；

　　　I——水力坡度（相当于 $\Delta H/L$）；

　　　K——渗透系数。

通过某一断面的流量 Q 等于流速 V 与过水断面 F 的乘积，即

$$Q = FV \quad \text{或} \quad V = Q/F$$

据此，达西公式可写成另一种表达式：

$$v = \frac{Q}{A} = KI \tag{5-16}$$

式中　v——渗透流速；

其他符号意义同前。

式（5-15）表明渗透流速 v 与水力坡度 I 的一次方成正比，故又称为直线渗透定律。由式（5-16）可知，渗透系数可定义为水力坡度等于 1 时的渗流速度，它是表征岩土透水性能大小的指标。

较早时候，认为达西定律适用于层流。20 世纪 40 年代以来，很多实验表明，并不是所有地下水的层流运动都服从达西定律，也有不符合达西定律的地下水层流运动存在。如用雷诺数表达达西定律的适用范围，即当雷诺数 $Re < 10$ 时，符合达西定律。此雷诺数比地下水由层流转变为紊流时的雷诺数 100 显然要小。故认为达西定律仅适用于雷诺数小于 10 时的层流运动。

5.4.2.2 非线性渗透定律

当地下水在宽大空隙（粗砂、砾石、卵石等）中以相当快的速度运动时，由于流速

大，则呈现紊流运动。此时渗流服从哲才定律，即渗流速度与水力坡度的 $\frac{1}{2}$ 次方成正比：

$$v = KI^{\frac{1}{2}} \tag{5-17}$$

有时水的运动形式介于层流与紊流之间，则称为混合流，此时渗流服从斯姆莱公式：

$$v = KI^{\frac{1}{m}} \tag{5-18}$$

式中，m 值的变化范围为 1～2。

5.4.2.3 渗透系数的确定

渗透系数可由室内或现场试验测定。

A 室内渗透试验

室内常水头渗透试验装置的示意图如图 5-13 所示。在圆柱形试验筒内装置土样，土的截面积为 A（即试验筒截面积），在整个试验过程中土样上的水压力保持不变。在土样中选择两点 a、b，两点的距离为 L，分别在两点设置测压管。待渗流稳定后，测得在时段 t 内流过土样的流量 Q，同时读得 a、b 两点测压管的水头差 Δh。则由达西公式可得

$$Q = qt = KIAt = KAt\frac{\Delta H}{L} \tag{5-19}$$

由此求得试验温度下土样的渗透系数为

$$K = \frac{QL}{\Delta HAt} \tag{5-20}$$

在试验过程中，如果控制水力坡降 I 保持为 1，则此时的渗透速度即为渗透系数，即

$$K = v = \frac{Q}{At} \tag{5-21}$$

黏土的渗透系数很小，流过土样的总渗流水量也很小，不易准确测定，或者所需时间很长，会因蒸发和温度的变化影响实验精度，这时就得用变水头试验。

室内变水头渗透试验装置的示意图如图 5-14 所示。在试验筒内装置土样，土的截面积为 A，高度为 1。在试验筒上设置储水管，储水管截面积为 a，在试验过程中储水管的水头不断减小。假定试验开始时，储水管水头为 h_1，经过时段 t 后储水管的水头降为 h_2。设在时间 dt 内水头降低了 $-dh$，则在 dt 时间内通过土样的流量为

$$dQ = -adh$$

则由达西公式知

$$dQ = qdt = KIAdt = K\frac{h}{l}Adt$$

故得

$$-adh = K\frac{h}{l}Adt$$

积分后得

$$-\int_{h_1}^{h_2}\frac{dh}{h} = \frac{KA}{al}\int_0^t = dt$$

即

$$\ln\frac{h_1}{h_2} = \frac{KA}{al}t$$

由此求得土的渗透系数为

$$K = \frac{al}{At}\ln\frac{h_1}{h_2} \qquad (5\text{-}22)$$

此外，土的渗透系数还可通过现场抽水试验来测定。

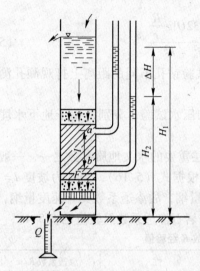

图 5-13 常水头渗透试验

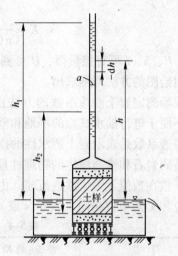

图 5-14 变水头渗透试验

B 现场抽水试验

对于粗粒土或成层的土，室内试验时不易取得原状土样，或者土样不能反映天然土层的层次和土粒排列情况。这时，从现场试验得到的渗透系数将比室内试验准确。潜水完整井抽水试验如图 5-15 所示。

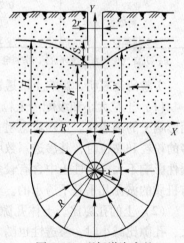

图 5-15 现场潜水完整
井抽水试验示意图

在试验现场打一个钻孔（井），沉入抽水管，自井中抽水时，井中水位降低，与周围含水层产生水位差，水即向井内流动，井周围的水位相应降低，其降低幅度随远离井壁而逐渐减小，水面形成以井为中心的漏斗状，称为降落漏斗（见图 5-15）。降落漏斗随井中水位的不断降低而扩大其范围。当井中水位稳定不变后，降落漏斗也渐趋稳定。此时漏斗所达到的范围，即抽水时的影响范围。在井壁至影响范围边界的距离，称为影响半径，以 R 表示。

以井的轴线为纵坐标，隔水层的表面为横坐标，则离井轴 x 处任意断面上的流量为

$$Q = KIA$$

由于 $A = 2\pi xy$, $I = \dfrac{\mathrm{d}y}{\mathrm{d}x}$,

故

$$Q = 2\pi xyK\frac{\mathrm{d}y}{\mathrm{d}x}$$

分离变量并积分

$$Q\int_r^R \frac{\mathrm{d}x}{x} = 2\pi K\int_h^H y \cdot \mathrm{d}y$$

$$Q\ln\frac{R}{r} = 2\pi K\frac{H^2 - h^2}{2}$$

由此求得土的渗透系数为

$$K = \frac{Q\ln\dfrac{R}{r}}{\pi(H^2 - h^2)} = \frac{0.732Q\lg\dfrac{R}{r}}{H^2 - h^2} \tag{5-23}$$

式中，H、h、r 可直接量得，Q 可测定，R 可在距试验钻孔不同的距离上打观测孔测定水位，用绘图的方法外推求出。

现场测定岩土渗透系数的方法还有注水试验和压水试验，分别适用于地下水埋藏很深、不便于进行抽水试验的场地和坚硬的岩土层。

渗透系数是表示岩土透水性的指标。它是含水层重要的水文地质参数之一，一般情况下，是同岩石和渗透液体的物理性质有关的常数。根据式（5-16），当水力坡度 $I=1$ 时，渗透系数在数值上等于渗透流速。由于水力坡度无量纲，故渗透系数具有速度量纲，即 K 的单位和 V 的单位相同，以 m/s 或 m/d 表示。松散岩石渗透系数经验值见表5-4。

表5-4　不同岩性渗透系数 K 经验值

岩　性	渗透系数 $K/\mathrm{m}\cdot\mathrm{d}^{-1}$	岩　性	渗透系数 $K/\mathrm{m}\cdot\mathrm{d}^{-1}$
黏土	0.001 ~ 0.054	细砂	5 ~ 15
亚黏土	0.02 ~ 0.5	中砂	10 ~ 25
亚砂土	0.2 ~ 1.0	粗砂	20 ~ 50
粉砂	1 ~ 5	砂砾石	50 ~ 150
粉细砂	3 ~ 8	卵砾石	80 ~ 300

注：引自《中国水资源评价》，水利电力部水文局，水利电力出版社，1987 年。

实验研究表明，影响土渗透性的因素颇多，其中主要有以下几种：

（1）土粒大小和级配。土粒大小、形状和颗粒级配会影响土中孔隙的大小及形状，因而影响土的渗透性。土颗粒愈粗、愈浑圆、愈均匀时，土的渗透性也愈好。砂土中含有较多的粉粒和黏粒时，其渗透系数明显降低。对黏性土以外的其他土，土的矿物成分对其渗透性影响不大。黏性土中含有较多的亲水性矿物时，其体积膨胀，渗透性变差。含有大量有机质的淤泥几乎是不透水的。

（2）土的孔隙比。土体孔隙比的大小，直接决定着土渗透系数的大小。土的密度增大，孔隙比减小时，渗透性也随之减小。一些学者的研究得出，土的渗透系数与孔隙比的变化关系如下式：

$$K = \frac{c_2}{S_s^2} \cdot \frac{e^3}{1+e} \cdot \frac{\rho_w}{\eta} \tag{5-24}$$

式中　e——土的孔隙比；

　　　η——水的动力黏度，$\mathrm{g}\cdot\mathrm{s}/\mathrm{cm}^2$；

　　　ρ_w——水的密度，$\rho_w = 1\mathrm{g}/\mathrm{cm}^3$；

　　　c_2——与土的颗粒形状等有关的系数；

　　　S_s——土颗粒的比表面积，cm^{-1}。

（3）土的结构构造

单粒结构的土体其渗透系数大于蜂窝结构的土体，而絮状结构土体的渗透系数一般更小。天然土层通常不是各向同性的，受土的构造影响，其渗透系数也通常不是各向同性的。例如，黄土中发育有较多的竖直方向干缩裂隙，故竖直方向的渗透系数通常比水平方向的要大一些；层状黏土中常加有粉砂层，再加上其常见的层理构造，使其水平方向的渗透系数远大于竖直方向。

（4）土中水的温度。水在土中渗流的速度与水的密度及动力黏滞系数有关，而这两个数值又与水的温度有关。一般情况下，水的密度随温度的变化很小，可忽略不计，但水的动力黏度 η 随温度变化明显。因此，室内渗流试验时，同一种土在不同的温度下会得到不同的渗透系数。在天然土层中，除了靠近地表的土层外，一般土中的温度变化很小，故可忽略温度的影响。但在室内试验时，温度变化较大，水的动力黏滞系数亦变化很大，故应考虑其对渗透系数的影响而采用其标准值。渗透系数的标准值 K_s（K_{10} 或 K_{20}）按下式确定：

$$K_s = K_t \cdot \frac{\eta_t}{\eta_s} \cdot \frac{\gamma_{ws}}{\gamma_{wt}} \tag{5-25}$$

式中　η_s——某一标准温度（10℃ 或 20℃）下水的动力黏度；

　K_t，η_t——试验温度为 t 时土的渗透系数和水的动力黏度；

　γ_{ws}，γ_{wt}——标准温度和试验温度下水的重度。

（5）土中封闭气体的含量。土中总是存在有封闭气体，土中的封闭气体含量会随着细颗粒含量的增加而增加。土中的封闭气泡会减小渗流水的过水面积，从而阻塞水流。因此，当土中封闭气体的含量增加时，其渗透系数随之减小。

此外，土中有机质和胶体颗粒的存在都会影响土的渗透系数。

5.4.3　地下水的涌水量计算

在计算流向集水构筑物的地下涌水量时，必须区分集水构筑物的类型。集水构筑物按构造形式可分为垂直的井、钻孔和水平的引水渠道、渗渠等。抽取潜水或承压水的垂直集水井分别称为潜水井或承压水井。潜水井和承压水井按其完整程度可分为完整井及不完整井两种类型。完整井是井底达到了含水层下的不透水层，水只能通过井壁进入井内；不完整井是井底未达到含水层下的不透水层，水可从井底或井壁、井底同时进入井内。

土木工程中常遇到作层流运动的地下水在井、坑或渗渠中的涌水量计算问题，其具体公式很多，可参考《水文地质手册》。

5.5　地下水与工程建设

在土木工程建设中，地下水常常起着重要作用。地下水是地质环境的重要组成部分，且最为活跃。地下水对土木工程的不良影响主要为：地下水位上升可引起浅基础地基承载力降低，地下水位下降会使地面产生附加沉降；不合理的地下水流动会诱发某些土层出现流砂、潜蚀等现象；地下水对位于水位以下岩石、土层和建筑物基础会产生浮托作用；某些地下水对混凝土还会产生腐蚀等。

5.5.1 地下水引起的工程地质问题

5.5.1.1 地面沉降

软土地区大面积抽取地下水，常造成大规模的地面沉降。由于抽水引起含水层水位下降，导致土层中孔隙水压力降低，颗粒间有效应力增加，地层压密超过一定限度，即表现出地面沉降。我国许多沿海城市，如上海、宁波、天津等都出现了地面沉降。天津市由于抽水使地面最大沉降速率高达262mm/a，最大沉降量达2.16m。

地面沉降是一个环境工程地质问题。它给建筑物、上下水道及城市道路都带来很大危害，地面沉降还会引起向沉降中心的水平移动，使建筑物基础、桥墩错动，铁路和管道扭曲拉断。

控制地面沉降的最好方法是合理开采地下水，多年平均开采量不能超过平均补给量。在地面沉降已经严重发生的地区，对含水层进行回灌可使地面沉降适当恢复。

5.5.1.2 地面塌陷

地面塌陷是松散土层中所产生的突发性陷落，多发生于岩溶地区。地面塌陷危害很大，破坏农田水利工程、交通线路，引起房屋破裂倒塌、地下管道断裂。

地面塌陷多是由地下水位局部改变引起的。例如，地面水渠或地下输水管道渗漏可使地下水位局部上升，基坑降水或矿山排水疏干可引起地下水位局部下降，因此，在短距离内出现较大的水位差，水力坡度变大，增强了地下水的潜蚀能力，对地层进行冲蚀、掏空，形成地下洞穴，当穴顶失去平衡时便发生地面塌陷。

为杜绝地面塌陷的发生，在重大工程附近应严格禁止能大幅度改变地下水位的工程施工，如果必须施工时，应进行回灌，以保持附近地下水位不要有多大的变化。

5.5.1.3 渗流变形

当地下水的动水力达到一定值时，土中一些颗粒甚至整个土体发生移动，从而引起土体变形或破坏，这种作用或现象称为渗透变形或渗透破坏。

（1）流土。流土是指在自下而上的渗流作用下，当渗流力大于土体的重度或地下水的水力坡度大于临界水力坡度时，黏性土或无黏性土体中某一范围内的颗粒或颗粒群同时发生移动的现象。流土发生于渗流逸出处而不发生于土体内部，如深基坑工程的坑底四周和挡土墙的墙趾处。由于现场施工时流土常常发生于砂层中，因此实际工作中都简称为流砂。流土（砂）在工程施工中能造成大量土体流动，致使地表塌陷或建筑物的地基破坏，给施工带来很大困难，或直接影响建筑工程及附近建筑物的稳定，因此必须进行防治。

在可能产生流砂的地区，若上层是具有一定厚度的土层，应尽量利用上层的土层作为天然地基，或者用桩基穿过流砂，应尽可能地避免开挖。如果必须开挖，可用以下方法处理流砂：

1）人工降低地下水位。使地下水位降至可能产生流砂的地层以下，然后开挖。

2）打板桩。在土中打入板桩，它一方面可以加固坑壁，同时增长了地下水的渗流路程以减小水力坡度。

3）水下挖掘。在基坑中用机械在水下挖掘，避免因排水而造成产生流土的水头差。为了增加砂的稳定性，也可向基坑中注水并同时进行开挖。

4）可采用冻结法、化学加固法、爆炸法等处理地层，提高其密实度，减小其渗透性。

5）在基坑开挖过程中，如局部地段出现流土（砂）时，可采用立即抛入大石块等方法，来克服流土（砂）的活动。

（2）管涌（潜蚀）。管涌也称潜蚀作用，可分为机械潜蚀和化学潜蚀两种。机械潜蚀是指土粒在地下水的动水压力作用下受到冲刷，将细粒冲走，使土的结构破坏，形成一种近似于细管状的渗流通道，从而掏空地基或坝体，使地基或斜坡变形、失稳；化学潜蚀是指地下水溶解水中的盐分，使土粒间的结合力和土的结构破坏，土粒被水带走，形成洞穴的作用。管涌往往发生在不均匀系数 $C_u > 10$ 的砂、砾石和卵石等粗颗粒土中，且发生时水头坡度较小，也可能发生于一些含有较多易溶盐分分散性黏性土中。在地基土层内如具有地下水的潜蚀作用时，将会破坏地基土的强度，形成空洞，产生地表塌陷，影响建筑物稳定性。在我国黄土层及岩溶地区的土层中，常有潜蚀现象产生，修建建筑物时应予以注意。

在可能发生管涌的地层中修建水坝、挡土墙及基坑排水工程时，为防止管涌的发生，设计时必须控制地下水的水力坡度，使其小于产生管涌的临界水力坡度。对管涌的处理可以采用堵截地表水渗流流入土层、阻止地下水在土层中的流动、设置反滤层、改造土的性质、减小地下水的流速及水力坡度等措施。

（3）渗透稳定性判断。流土是土的整体遭到破坏，管涌则是单个土粒在土体中移动和带出。一般可用渗透力与土体重力的合力判别土的渗透变形趋势或渗透的稳定性。在渗流出口附近的土体，当发生向上的渗流时，如果向上的渗透力克服了向下的重力时，土体就会发生浮起或流土破坏，土体处于流土临界状态的水力坡度称为临界水力坡度 I_{cr}，按下式计算：

$$I_{cr} = \frac{\gamma'}{\gamma_w} = \frac{d_s - 1}{1 + e} = (d_s - 1)(1 - n) \tag{5-26}$$

式中　γ'——土的有效重度；

γ_w——水的重度；

d_s——土粒相对密度；

n——土的孔隙率；

e——土的孔隙比。

土渗透变形的发生和发展过程有其内因和外因，内因是土颗粒组成和结构；外因是水力条件，即作用于土体渗透力的大小。

在自下而上渗流逸出处，任何土包括黏性土或无黏性土，只要满足渗透水力坡度大于临界水力坡度这一水力条件，均要发生流土，因此，只要用流网求出渗流溢出处水力坡度 I，在求出临界水力坡度 I_{cr} 后，即可按下列条件判别流土发生的可能性：

若 $I < I_{cr}$，则土体处于稳定状态；若 $I > I_{cr}$，则土体处于流土状态；若 $I = I_{cr}$，则土体处于临界状态。

流土是工程上绝对不允许发生的，设计时要保证有一定的安全系数，把溢出水力坡度限制在允许水力坡度 $[I]$ 以内，即

$$I \leqslant [I] = \frac{I_{cr}}{F_s} \tag{5-27}$$

式中 F_s——流土安全系数，取 $2.0 \sim 2.5$。

    土的渗透变形对岩土工程危害极大，所以在可能发生土的渗透变形的地区施工时，应尽量利用其上面的土层作为天然地基，也可利用桩基穿透流砂层。工程上为防止渗透变形的发生，通常从两方面采取措施：一是减小水力坡度，可以通过降低水头或增加渗径的办法来实现；二是在渗流逸出处加盖压重或设反滤层，或在建筑物下游设置减压井、减压沟等，使渗透水流有畅通的出路。

    发生管涌的水动力条件比较复杂，一般不采用公式计算其临界水力梯度，普遍采用的是图表法和直接试验法。

5.5.1.4 浮托作用

    当建筑物基础底面位于地下水位以下时，地下水对基础底面产生静水压力，即产生浮托力。如果基础位于粉土、砂土、碎石土和节理裂隙发育的岩石地基上，则按地下水位 100% 计算浮托力；如果基础位于节理裂隙不发育的岩石地基上，则按地下水位 50% 计算浮托力；如果基础位于黏性土地基上，其浮托力较难确切地确定，应结合地区的实际经验考虑。

    地下水不仅对建筑物基础产生浮托力，同样对其水位以下的岩石、土体产生浮托力，所以《建筑地基基础设计规范》（GB 50007—2011）规定：确定地基承载力特征值时，无论是基础底面以下土的天然重度或是基础底面以上土的加权平均重度，地下水位以下一律取浮重度。

5.5.1.5 基坑突涌

    当基坑下伏有承压含水层时，开挖基坑减小了底部隔水层的厚度。当隔水层较薄经受不住承压水头压力作用时，承压水的水头压力会冲破基坑底板，这种工程地质现象称为基坑突涌。

    为避免基坑突涌的发生，必须验算基坑底层的安全厚度 M。基坑底层厚度与承压水头的平衡关系式为

$$\gamma M = \gamma_w H \tag{5-28}$$

式中 γ，γ_w——黏性土与地下水的重度；

         H——相对于含水层顶板的承压水头值；

         M——基坑开挖后黏土层的厚度。

    基坑底部黏土层的厚度必须满足下式：

$$M > \frac{\gamma_w}{\gamma} H \tag{5-29}$$

当工程施工需要，开挖基坑后的坑底隔水层的厚度小于安全厚度时，为防止基坑突涌，则必须对承压含水层进行预先排水，以降低承压水头压力（见图 5-16），基坑中心承压水位降深 S 必须满足下式：

$$(H - S)\gamma_w > M\gamma \tag{5-30}$$

则 $$S \geqslant H - \frac{\gamma}{\gamma_w} M \tag{5-31}$$

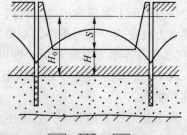

图 5-16 防止基坑突涌的排水降压
1—含水层；2—隔水层；3—承压水位

5.5.2 地下水对建筑材料的腐蚀性

土木工程建筑物，如房屋及桥梁基础、地下硐室衬砌和边坡支挡建筑物等，都要长期与地下水接触，地下水中各种化学成分与建筑物中的混凝土产生化学反应，使混凝土中某些物质被溶蚀，强度降低，结构遭到破坏；或者在混凝土中生成某种新的化合物，这些新化合物生成时体积膨胀，使混凝土开裂破坏。

地下水对混凝土的侵蚀有以下几种类型：

（1）碳酸侵蚀。当游离 CO_2 含量较多的地下水与混凝土接触时，发生如下化学反应：

$$Ca(OH)_2 + CO_2 \longrightarrow CaCO_3 \downarrow + H_2O$$

$$CaCO_3 + CO_2 + H_2O \longrightarrow Ca^{2+} + 2HCO_3^-$$

上述反应是可逆的，反应的方向主要视 CO_2 的含量而定。当水中 CO_2 含量超过平衡所需的数量时，混凝土中的 $CaCO_3$ 就被溶解。超过平衡浓度的 CO_2 被称为侵蚀性 CO_2。地下水中侵蚀性 CO_2 越多，对混凝土的腐蚀越强烈。

（2）酸性侵蚀。pH 值低的酸性水对混凝土具有腐蚀性，其反应式如下：

$$Ca(OH)_2 + 2HCl \longrightarrow CaCl_2 + 2H_2O$$

$$Ca(OH)_2 + H_2SO_4 \longrightarrow CaSO_4 + H_2O$$

$$Ca(OH)_2 + 2HNO_3 \longrightarrow Ca(NO_3)_2 + 2H_2O$$

如果生成物易溶于水，则混凝土受腐蚀快；如果生成物不易溶于水，则腐蚀缓慢，甚至起充填作用。

（3）溶出侵蚀。硅酸盐水泥遇水硬化，生成氢氧化钙、水化硅酸钙、水化铝酸钙等。地下水在流动过程中对上述生成物中的 $Ca(OH)_2$ 及 CaO 成分不断溶解带走，结果使混凝土的强度下降。这种溶解作用不仅与混凝土的密度、厚度有关，而且与地下水中 HCO_3^- 的含量关系很大，因为水中 HCO_3^- 与混凝土中 $Ca(OH)_2$ 化合生成 $CaCO_3$ 沉淀，即

$$Ca(OH)_2 + Ca(HCO_3)_2 \longrightarrow 2CaCO_3 \downarrow + 2H_2O$$

$CaCO_3$ 不溶于水，既可充填混凝土孔隙，又可在混凝土表面形成一层保护层，防止 $Ca(OH)_2$ 溶出，因此 HCO_3^- 的含量越高，水的侵蚀性越弱，当 HCO_3^- 的含量低于 2.0mg/L 或暂时硬度小于 3 时，地下水具有溶出侵蚀性。

（4）硫酸盐侵蚀。地下水中的 SO_4^{2-} 含量超过一定数值时，对混凝土造成侵蚀破坏。一般 SO_4^{2-} 含量超过 250mg/L 时，就可能与混凝土中的 $Ca(OH)_2$ 作用生成石膏。石膏在吸收 2 个分子结晶水、生成二水石膏（$CaSO_4 \cdot 2H_2O$）的过程中，体积膨胀到原来的 1.5 倍。SO_4^{2-}、石膏还可以与混凝土中的水化铝酸钙作用，生成水化硫铝酸钙结晶，其中含有多达 31 个分子结晶水，又使新生成物增大到原来体积的 2.2 倍。反应如下：

$$3(CaSO_4 \cdot 2H_2O) + 3CaO \cdot Al_2O_3 \cdot 6H_2O + 19H_2O \longrightarrow 3CaO \cdot Al_2O_3 \cdot 3CaSO_4 \cdot 31H_2O$$

水化硫铝酸钙的形成使混凝土严重溃裂，现场称之为水泥细菌。

当使用含水化硫铝酸钙极少的抗酸水泥时，可大大提高抗硫酸盐侵蚀的能力，当 SO_4^{2-} 含量低于 3000mg/L 时，不具有硫酸盐侵蚀性。

（5）镁盐侵蚀。地下水中的镁盐（$MgCl_2$、$MgSO_4$ 等）与混凝土中的 $Ca(OH)_2$ 作用生成易溶于水的 $CaCl_2$ 及易产生硫酸侵蚀的 $CaSO_4$，使 $Ca(OH)_2$ 含量降低，引起混凝土中

其他水化物的分解破坏。一般认为 Mg^{2+} 含量大于 1000mg/L 时有侵蚀性。通常地下水中 Mg^{2+} 含量都低于此值。

为了评价地下水对混凝土及铁、铝等金属材料的腐蚀性，必须在现场同时采两个水样，1 个样重 1kg，另一个样 0.3~0.5kg，并加 $CaCO_3$ 粉 3~5g。两个样在现场立即密封后送实验室分析。分析项目有：pH、游离 CO_2、侵蚀性 CO_2、Ca^{2+}、Mg^{2+}、$K^+ + Na^+$、NH_4^+、Fe^{3+}、Fe^{2+}、Cl^-、SO_4^{2-}、HCO_3^-、NO_3^-、总硬度和有机质。根据水样的化学分析结果，对照国家标准《岩土工程勘察规范》（GB 50021—2009）进行地下水侵蚀性评价。评价时还应考虑建筑物场地的环境类别和含水层的透水性。

复习思考题

5-1 简述自然界水的循环。

5-2 地下水按埋藏深度分为哪几种类型？

5-3 岩土中水的存在形式有哪些？

5-4 岩土体有哪些水理性质？

5-5 简述潜水和承压水的形成条件和特点。

5-6 简述地下水的物理性质与化学成分。

5-7 地下水按总矿化度该如何进行分类？

5-8 地下水的运动形式有哪些？

5-9 简述达西定律的应用条件。

5-10 何谓动水力与临界水力坡降？

5-11 何谓流砂与潜蚀，工程中如何防治？

5-12 影响土渗透性的因素有哪些？

5-13 简述地下水对建筑工程有哪些影响？

5-14 已知某试样长 25cm，其截面积为 103cm²，作用于试样两端的固定水位差为 75cm，水温 20℃，此时通过试样流出的水量为 100cm³/cm，试求该试样的渗透系数和土颗粒所受的水力大小。

5-15 某场地 0~9m，范围内地基土为黏土，密度 $\rho = 1.81g/cm^3$，含水量为 $w = 19.6\%$，土粒相对密度为 2.74，黏土层以下是 6m 厚的砂层，其下是不透水的岩层。黏土层底板处测得测压管水头高度为 7.6m。若基坑开挖深度为 5m，问基坑地基土是否会发生失稳？如果有发生失稳可能应采取什么措施？

5-16 如右图所示，在长为 10cm、面积 8cm² 的圆筒内装满砂土。经测定，砂粒的 $d_s = 2.65$，$e = 0.900$，筒下端与管相连，管内水位高出筒 5cm（固定不变），水流自下而上通过试样后可溢流出去。试求：（1）渗流力的大小，判断是否会产生流砂现象；（2）临界水力坡度 I_{cr} 值。

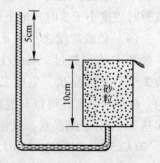

6 不良地质现象

不良地质现象即地质灾害（geological disasters），是指自然地质作用和人类活动造成的恶化地质环境，降低环境质量，直接或间接危害人类安全，并给社会和经济建设造成损失的地质事件。由于地壳上部的岩石圈遭受到各种内外力的地质作用而发生变化，形成了许多不利于工程建设的不良地质条件，并在此条件下形成了许多不良地质现象。我国是地质灾害多发的国家，地质灾害给国家造成很大的经济损失并危害到人类的生命安全。主要的地质灾害有崩塌、滑坡、泥石流、岩溶与土洞等。随着国民经济的发展，我国工程活动的数量、速度及规模越来越大，研究不良地质现象对保持生态平衡和工程建设具有重要的意义。

6.1 边坡的变形和破坏

在地表标高发生突变处，较高的一侧被称为边坡（slope）。按边坡体的形成原因，边坡被分为天然边坡和人工边坡。自然边坡是指在自然地质作用下形成的山体斜坡、河谷岸坡、冲沟岸坡、海岸陡崖等；人工边坡即工程边坡，是指在人类的工程活动中形成的斜坡，例如基坑边坡、路堤边坡、路堑边坡、露天采矿边坡、堆料边坡、土石坝边坡以及在水利工程中常见的渠道、船闸、溢洪道、坝肩边坡等。按边坡体介质的构成情况，边坡又被分为石质边坡和土质边坡。

斜坡上的土石体在自身重力作用下，有自动降低其重力势能的趋势。在自然降低其重力势能的长期地质变化过程中，边坡土石体会不断产生变形，并促使边坡土石体从逐渐出现一些微观破坏发展到最后出现许多断裂、裂缝面，使原有的边坡体的稳定性大大降低。这些稳定性较差的边坡体如果出现如地震、地表水和地下水冲刷、动水力作用以及某些人为因素影响时，就会在极短的时间内失去平衡和稳定，发生突然滑塌或其他破坏形式，形成严重的地质灾害。

自然界边坡的滑动和崩塌是人类经常遇到的自然灾害之一，目前还难以完全控制。自然边坡的破坏经常是各种地质因素长期综合作用的结果，整个作用过程是一个缓慢、渐进的过程，而最后的破坏却具有突发性的特点，并常伴有很大的破坏性和灾难性。边坡体的最后破坏常常是由其他因素触发引起的，如暴雨、地震及人类的不当工程活动等。

（1）边坡的松弛开裂（fractures of unloading）。边坡的松弛开裂是指边坡的侧向应力削弱（如河谷受到侵蚀下切或人工开挖边坡），由于荷载回弹而在坡体内出现张裂缝的现象（即松弛张裂）。松弛张裂变形如图6-1所示。

边坡的开挖或切削过程中，侧向力的消减或解除必然会使坡体内的岩土体受力状况发生改变，产生侧向应力的松弛现象，在坡脚处出现较大的剪应力，而在坡顶部及临空面附件则会出现拉应力。在拉应力作用下，岩土体向临空面方向移动，并造成岩土体开裂而形成许多微裂缝。卸荷张裂缝一般与原始谷坡坡面相平行或迁就已有的高角度构造节理或结构面发育。随着河谷的进一步深切，松弛张拉裂缝进一步向岩体内部及深处延伸，有时呈多层发育。在卸荷带还可能产生与坡面垂直或大角度相交的剪切裂缝，在坡顶张裂缝将向深部发展，张开度亦越来越宽。在边坡岩土体上的裂缝慢慢地在各种外力地质作用下进一步扩大，并造成边坡岩土体的进一步风化、开裂和破坏。失去完整性的边坡岩土体稳定性下

图 6-1　松弛张裂变形

降，并有可能在一些偶然因素诱发下产生边坡失稳破坏。

　　（2）崩塌（falling avalanche）。崩塌是指在陡坡地段，边坡上部的岩体受陡倾裂缝切割，在重力作用下突然脱离母岩，翻滚坠落的急剧变形破坏现象。崩塌以自由坠落为其主要的运动形式，岩块在斜坡上滑动、滚动并在运动过程中相互碰撞破碎，最终塌落在山脚下形成岩堆或崩积体。规模巨大的坍塌称为山崩（rock avalanches），小型的崩塌则称为坠石（rock fall）。

　　坍塌的实例表明：陡倾的块状和巨厚层状岩质边坡，具有与边坡面走向近乎平行的陡倾结构面时，有利于大型崩塌的形成；平缓的层状或互层状斜坡，由于平缓的软弱面对陡倾的拉裂面起了一定的阻隔作用，不利于拉裂面向深部发展，因此以小型崩塌或危石坠落为主。

　　岩体的风化作用，破裂面中孔隙水压力，水沿细微裂缝的楔入作用，高寒地区裂缝中渗水的反复冻胀作用以及地震或者爆破引起的附加应力，都可以称为促进崩塌的外部因素。黄土边坡的垂直裂缝发育，当坡脚受到地表流水的淘蚀作用时，常见的破坏方式为崩塌。崩塌体一旦堵塞江河常造成严重的洪灾和地质灾害。西安翠华山地质公园崩塌很多，并形成堰塞湖。

　　例如，1911 年帕米尔高原巴尔坦格河谷一次巨大的山崩，崩落体积达 36 亿~48 亿立方米，堵塞河流形成长 75km，深 262m 的大湖；1969 年 6 月雅砻江上游唐古栋处发生的山崩堵江事件，6800 万立方米岩土迅速滑入江中，筑成 175~355m 高的天然堆石坝，蓄水 6.8 亿立方米，溢流溃坝时，下游水位陡涨 40 余米，距崩塌地点 100 多公里金沙江汇合处，水位上涨 16m。

　　长江三峡库区链子崖崖坡山体产生裂缝 29 条，深者可达 100m 左右，这些变形开裂裂缝大多沿着岩体中原有的构造结构面发育，有些裂缝已穿切可能的潜在软弱层面；宝成铁路观音山斜坡开裂裂缝计 11 条，大多为 60°~70°的高倾角，裂缝沿断层带、不同岩体界面或构造节理发育，显示地质构造对山体开裂变形的控制作用。这些边坡都属于潜在崩塌危石（见图 6-2）。

　　（3）倾倒（topple）。倾倒是边坡破坏的一种特殊形式。岩层以角变位（旋转）为其主要变形形式，一般来说都具有反倾边坡结构，特别是与边坡面反倾的薄层塑性岩层（如页岩、千枚岩、片岩等）或软硬相间的岩体（如砂、页岩、石灰岩、页岩互层等）。由于

图 6-2　长江三峡库区链子崖危岩

挠曲型蠕动，岩层向临空一侧发生屈曲，形成"点头哈腰"的姿势，但很少折裂。有时在软层中夹有砂岩等脆性岩石时则可能发生折裂、倒转，形成倾倒松动体。当同倾顺层边坡垂直于层面的节理密集发育时，与反倾的层状边坡结构相似，表层亦能产生倾倒变形，形成滑坡体。例如黄河小浪底水利枢纽-坝址倾倒变形；金川露天矿边坡（开挖深度达 400m）虽然发生严重的倾倒变形，但没有发生整体滑动。

（4）滑坡（landslide）。滑坡是指边坡一部分岩体，以一定的加速度，沿某一滑动面发生剪切滑动的现象。滑动面可以是受剪应力最大的贯通性剪裂面或带，也可以是岩体中的软弱结构面。按滑动面的形态可划分为圆弧形（曲线形）滑面和平面两种基本类型。圆弧形滑面多发生在均质土坡、半岩质或强风化的岩质边坡中，这类滑面形态受坡体中最大剪应力面所控制，常接近于对数螺旋面，计算时常简化为圆弧面。沿曲面滑动时，滑体将发生旋转，故又称旋转式滑坡。平面滑动包括阶梯形多层滑面或由两组或多组软弱结构面构成的楔形滑面等。滑坡的形式很多，分布很广，但在山区发生的频率较高。

（5）泥石流（debris flow）。泥石流是边坡岩土体破坏的一种形式。在地质条件不良，地形陡峭的山区，由于暴雨后或者骤然融雪造成的地面汇流所形成的夹带有大量泥沙、石块等固体物质的特殊洪流。这种特殊的洪流爆发时，依陡峭的山势，以较高或极高的速度沿着峡谷深涧，顺着山坡冲向地势低处。因其往往突然爆发、历时短暂、能量巨大、来势凶猛、具有强大的破坏力。在短时间内可冲毁地表建筑、运输线路、桥梁等建构物，埋没农田和森林，甚至阻断河流、改变山河地貌，毁坏城镇和途经居民点，造成重大的人员伤亡和财产损失。

泥石流主要分布在温带、半干旱、冰川分布高山区，以北回归线至北纬 50°间山区最活跃。如阿尔卑斯山-喜玛拉雅山系，其次是拉丁美洲、大洋洲和非洲某些山区。我国幅员辽阔，山区面积达 70%，是世界上泥石流最频繁的国家之一。我国的泥石流主要分布在西南、西北和华北的山区。如云南东川地区、金沙江中、下游沿岸和四川西昌地区都是泥石流分布集中、活动频繁的地区。甘肃东南部山区、黄土高原也是泥石流泛滥成灾的地区（见图 6-3）。另外，华东、中南部分山地以及东北的辽西山地、长白山区也有零星分布。

图 6-3　甘肃舟曲泥石流灾害

6.2　滑坡与崩塌

6.2.1　滑坡

　　规模大的滑坡一般是长期缓慢地往下滑动，滑动过程可延续几年、十几年甚至更长时间，其滑动速度在突变阶段显著增大。有些大型滑坡滑动速度很快，称为大型高速滑坡，滑动速度达到20m/s以上。例如，1983年3月发生的甘肃东川洒勒山滑坡，滑坡体为5×10^7 m³，最大滑速达$30 \sim 40$m/s，损失惨重。

6.2.1.1　滑坡的形态特征

　　滑坡的规模有大有小，小型滑坡的滑动土石体仅有数十或数百立方米，大型滑坡的滑动土石体则可达数百万、数千万甚至数亿立方米。滑坡的规模越大，其造成的破坏通常也越大。滑坡在平面上的边界和形态受滑坡的规模、类别和所处的发育阶段有关。为了正确地识别滑坡，必须知道滑坡的形态特征。一般地，滑坡在滑动过程中，常会在地面上留下一系列的滑动后的形态特征，这些形态特征可以作为判断滑坡是否存在的可靠标志。通常一个发育完全的滑坡一般由下列要素组成（见图6-4）：

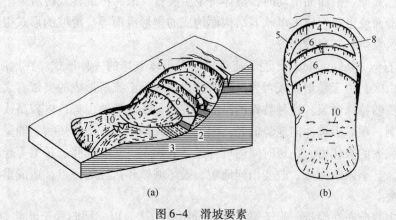

（a）　　　　　　　　　　　　（b）

图6-4　滑坡要素

（a）剖面；（b）平面

1—滑坡体；2—滑动面；3—滑动床；4—滑坡壁；5—滑坡周界；6—滑坡台阶；7—滑坡舌；
8—拉张裂缝；9—剪切裂缝；10—鼓张裂缝；11—扇形裂缝

　　（1）滑坡体。沿滑动面向下滑动的那部分岩体或土体称为滑坡体，可简称为滑体。通常滑坡体表面土石松动破碎，起伏不平，裂缝纵横，但其内部一般仍保持着未滑动前的层位和结构。滑坡体的体积，小的为几百至几千立方米，大的可达几百万甚至几千万立方米。

　　（2）滑动带。滑动时形成的碾压破碎带，土石受到揉皱，发生片理化和糜棱化现象，往往由压碎岩、岩屑和黏土物质组成，厚度可达十至数十厘米，包括扰动带则可达数米。滑动带的抗剪强度一般低于其他部分。

　　（3）滑动面。滑坡体沿其向下滑动的面称为滑动面，可简称为滑面。此面是滑坡体与下面不动的滑床之间的分界面。有的滑坡有明显的一个或几个滑动面；有的滑坡没有明显的滑动面,而有一定厚度的由软弱岩土层构成的滑动带。大多数滑动面由软弱岩土层层理面或节理面等软弱结构面贯通而成。滑动面的形状因地质条件而异。一般来说,发生在均质土中的滑坡,滑动面多呈圆弧形(曲形线);沿层层面或构造裂隙发育的滑坡,滑动面多呈直线形或折线形。确定滑动面的性质和位置是进行滑坡整治的先决条件和主要依据。

(4)滑坡床。滑动面以下稳定不动的岩体或土体称为滑坡床。

(5)滑坡壁。滑坡体后缘与不滑动岩体断开处形成高约数十厘米至数十米的陡壁称滑坡壁,平面上呈弧形,是滑动面上部在地表露出的部分。

(6)后缘张裂缝。在滑坡壁后缘,呈弧状。

(7)滑坡舌(又称滑坡前缘或滑坡头)。滑坡体前线伸出部分如舌状,故称为滑坡舌。其可深入河谷或河流,甚至超过河对岸。由于受滑床摩擦阻滞,舌部往往隆起形成滑坡鼓丘。

(8)滑坡台阶。滑坡体各部分下滑速度差异或滑体沿不同滑面多次滑动,在滑坡上部形成阶梯状台面称为滑坡台阶。

(9)主滑轴线(又称为滑坡轴)。滑坡在滑动时运动速度最快的纵向线称为主滑轴线。其代表滑体运动的主方向,位于滑体上推力最大、滑床凹槽最深、滑体最厚的纵断面上。

(10)滑坡裂隙。在滑坡体及其周界附近有各种裂隙,包括:

1)拉张裂隙。滑坡体与后缘岩层拉开时,在后壁上部坡面上留下的一些弧形裂隙称为拉张裂隙。若斜坡面出现拉张裂隙,往往是滑坡将要发生的先兆。沿滑坡壁向下的张裂隙最深、最长、最宽,称为主裂隙。

2)鼓张裂隙。滑坡体在下滑过程中,前方受阻和后部岩土挤压而向上鼓起所形成的裂隙称为鼓张裂隙。

3)扇形裂隙。滑坡滑动时,滑坡舌向两侧扩散而形成许多辐射状的裂隙称为扇形裂隙。

4)剪切裂隙。滑坡体与两侧未滑动岩层间的裂隙称为剪切裂隙。

6.2.1.2 滑坡的分类

滑坡现象在成因上与形态方面都十分复杂,滑动时表现出各不相同的特点。为了更好地认识和治理滑坡,对滑坡作用的各种环境和现象特征以及形成滑坡的各种因素综合考虑进行总结,以便反映出各类滑坡的特征及其发生、发展规律,从而有效地预防滑坡的发生,或在滑坡发生后进行有效的治理,减少它的危害,需要对滑坡进行分类。

(1)按滑坡体的主要物质组成和滑坡与地质构造关系划分。本类滑坡可分为覆盖层滑坡、基石滑坡和特殊滑坡。

1)覆盖层滑坡又可分为:

黏性土滑坡:黏性土本身变形滑动,或与其他成因的土层接触面或沿基岩接触面而滑动。

黄土滑坡:不同时期的黄土层中的滑坡,并多群集出现,常见于高阶地前缘斜坡上。

碎石滑坡:各种不同成因类型的堆积层体内滑动或沿基岩面滑动。

风化壳滑坡:风化壳表层间的滑动。多见于岩浆岩(尤其是花岗岩)风化壳中。

2)基石滑坡按与地质结构的关系(见图6-5)又可分为:

均质滑坡：发生在层理不明显的泥岩、页岩、泥灰岩等软弱岩层中，滑动面均匀光滑。

切层滑坡：滑动面与层面相切的滑坡，在坚硬岩层与软弱岩层相互交替的岩体中的切层滑坡等。

顺层滑坡：沿岩层面或裂隙面滑动，或沿坡积层与基岩交界面或基岩间不整合面等滑动。

3）特殊滑坡。特殊滑坡包括融冻滑坡、陷落滑坡等。

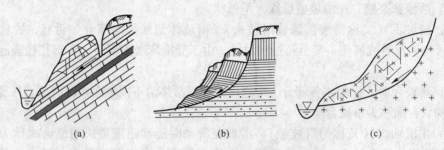

图 6-5　滑坡按结构的分类
（a）均质滑坡；（b）顺层滑坡；（c）切层滑坡

（2）按滑坡体的厚度划分。滑坡按滑体的厚度进行分类，可分为浅层滑坡（厚度一般不大于 6m）、中层滑坡（厚度 6 ~ 20m）、厚层滑坡（厚度 20 ~ 30m）和超厚层滑坡（厚度大于 30m）。

（3）按滑坡体规模的大小划分。滑坡按滑坡体规模的大小，可分为小型滑坡（滑坡体的体积小于 $3×10^4 m^3$）、中型滑坡（滑坡体的体积为 $3×10^5 ~ 5×10^5 m^3$）、大型滑坡（滑坡体的体积为 $5×10^5 ~ 3×10^6 m^3$）、巨型滑坡（滑坡体的体积大于 $3×10^6 m^3$）。

（4）按形成的年代划分。

1）新滑坡。新滑坡是指由于开挖山体形成，正在反复活动或者停止活动不久，仍然存在滑动危险的滑坡。新滑坡具有很大的潜在危险性，是监测、预防、治理的主要对象。

2）古滑坡。古滑坡是指久已存在的滑坡，其中又可分为死滑坡（目前处于较稳定状态的滑坡）与活滑坡（正处于极限平衡状态的滑坡）。

（5）按滑坡力学特征分类。

1）推移式滑坡。滑体上部局部破坏，上部滑动面局部贯通，向下挤压下部滑体，最后整个滑体滑动，多是由于滑体上部增加荷载或地表水沿拉张裂隙渗入滑体等原因所引起的。

2）平移式滑坡。始滑部位分布在滑动面的许多点，同时局部滑动，然后逐步发展成整体滑动。

3）牵引式滑坡。滑体下部先失去平衡发生滑动，逐渐向上发展，使上部滑体受到牵引而跟随滑动，大多是因坡脚遭受冲刷和开挖而引起的（见图 6-6）。

6.2.1.3　滑坡的形成条件

滑坡产生的根本原因在于边坡岩土体的性质、坡体介质内部的结构构造和边坡体的空间形态发生变化。滑坡的形成与地层岩性、地质构造、地形地貌等内部条件和水作用、地

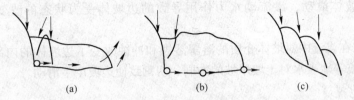

图 6-6 滑坡的分类

（a）推移式滑坡；（b）平移式滑坡；（c）牵引式滑坡

震、大型爆破和其他人为因素等外部条件密切相关。

A 地质条件

地质条件包括边坡的岩性和地质构造。

（1）边坡体的岩性。天然边坡是由各种各样的岩体或土体组成。由于介质性质的不同，其抗剪切能力，抗风化能力和抗水冲刷、破坏能力也不相同，抗滑动的稳定性自然各异。例如，由土体组成的边坡体，坡体的介质力学指标易受水的影响而明显降低，因此较其他介质的边坡更容易滑动。

（2）边坡体内部的地质构造。边坡体内部的结构构造情况如岩层或土层层面、节理、裂缝等常常是影响边坡体稳定性的决定性因素。尤其是当其中的一些裂缝或结构构造面的产状比较陡峭时，就很容易引起边坡体的滑动。滑坡体常在以下情况发生：

1）硬质岩层中夹有薄层软质岩、软弱破碎带或薄风化层，软弱夹层的倾角较陡且有地下水活动时，岩层可能沿着软弱夹层产生滑动。

2）边坡体有玄武岩等层状介质时，极易顺岩体的层面发生顺层滑坡，含煤地层易沿煤层发生顺层滑坡。

3）变质岩类中的片岩、千枚岩、板岩等的结构构造面密集，易产生滑坡；坡积地层或洪积地层下方常有基岩面下伏，下伏的基岩面坚硬且隔水，当大气降水沿土体空隙下渗后，极易在下伏基岩面之上形成软弱的饱和土层，使土体沿此软弱面滑动。

4）存在断层破碎带、节理裂缝密集带的边坡体，易沿此类结构面发生滑坡。

B 气候径流条件

气候径流条件主要包括气候条件和水文地质作用。

（1）气候条件。气候条件变化会使岩石的风化作用加剧，炎热干燥的气候会使土层开裂破坏，这些都会对边坡的稳定性造成影响。

（2）水文地质作用。地表水以及地下水的活动常常是导致产生滑坡的重要因素。有关资料显示，90%以上的边坡滑动都和水的作用有关。水的作用表现在以下几个方面：

1）因水的渗入而使边坡体的重量发生变化而导致边坡的滑动。大气降水沿土坡表面下渗，使土层上体的重量增加，改变了土坡原有的受力状态，而有可能引起土坡的滑动。

2）水的渗入造成土坡介质力学性质指标的变化而导致边坡滑动。斜坡堆积层中的上层滞水和多层带状水极易造成堆积层产生顺层滑动。斜坡上部岩层节理裂缝发育、风化剧烈，形成含水层，下部岩层较完整或相对隔水时，在雨季容易沿含水层和隔水层界面产生滑坡。

3）断裂带的存在使地下水、地表水和不同含水层之间发生水力联系，坡体内水压力变化复杂导致坡体滑动，渗流动水力作用导致的边坡体受力状态的改变也会导致坡体滑动。

4）地下水在渗流中对坡体介质的溶解溶蚀和冲蚀改变了边坡体的内部构造而导致边坡滑动，或河流等地表水对土坡岸坡的冲刷、切割致使边坡产生滑动。

C 地形地貌

边坡的坡高、倾角和表面起伏形状对其稳定性有很大的影响。坡角愈平缓、坡高愈低，边坡体的稳定性愈好。边坡表面复杂、起伏严重时，较易受到地表水或地下水的冲蚀，坡体稳定性也相对较差。另外，边坡体的表面形状不同，其内部应力状态也不同，坡体稳定性自然不同。高低起伏的丘陵地貌，是滑坡集中分布的地貌单元，山间盆地边缘、山地地貌和平原地貌交界处的坡积和洪积地貌也是滑坡集中分布的地貌单元。凸形山坡或上陡下缓的山坡，当岩层倾向与边坡顺向时，易产生顺层滑动。

D 其他因素

其他因素包括地震、爆破、机械振动、人为破坏、堆载等导致滑坡的因素。

在地震过程中，受地震波的反复作用，边坡岩土体结构很容易遭到破坏，并造成边坡沿其中的一些裂缝、结构面或其他软弱面向下滑动；人们在平整场地、修筑道路、开挖渠道、基坑以及开采过程中，都有可能破坏边坡原有的稳定性而引起滑坡；不适当地在坡体上部堆放荷载，可引起推移式滑坡；不合理地开采矿藏，使山体斜坡失稳滑动或引起崩塌性滑坡；大型爆破产生的动力效应也能诱发山体滑坡；斜坡上修筑渠道或铺设管道，由于渠道或管道漏水，引起坡体滑动等其他因素都可能导致滑坡的产生。

6.2.1.4 滑坡的发育过程

一般来说，滑坡的发生是一个长期的变化过程，通常将滑坡的发育过程划分为三个阶段：蠕动变形阶段、滑动破坏阶段和渐趋稳定阶段。研究滑坡发育的过程对于认识滑坡和正确地选择防滑措施具有很重要的意义。

A 蠕动变形阶段

斜坡在发生滑动之前通常是稳定的。有时在自然条件和人为因素作用下，可以使斜坡岩土强度逐渐降低（或斜坡内部剪切力不断增加），造成斜坡的稳定状况受到破坏。在斜坡内部某一部分因抗剪强度小于剪切力而首先变形，产生微小的移动，往后变形进一步发展，直至坡面出现断续的拉张裂缝。随着拉张裂缝的出现，渗水作用加强，变形进一步发展，后缘拉张，裂缝加宽，开始出现不大的错距，两侧剪切裂缝也相继出现。坡脚附近的岩土被挤压，滑坡出口附近潮湿渗水，此时滑动面已大部分形成，但尚未全部贯通。斜坡变形再进一步发展，后缘拉张裂缝不断加宽，错距不断增大，两侧羽毛状剪切裂缝贯通并撕开，斜坡前缘的岩土挤紧并鼓出，出现较多的鼓张裂缝，滑坡出口附近渗水混浊，这时滑动面已全部形成，接着便开始整体地向下滑动。从斜坡的稳定状况受到破坏，坡面出现裂缝，到斜坡开始整体滑动之前的这段时间称为滑坡的蠕动变形阶段。蠕动变形阶段所经历的时间有长有短。长的可达数年之久，短的仅数月或几天的时间。一般来说，滑动的规模愈大，蠕动变形阶段持续的时间愈长。斜坡在整体滑动之前出现的各种现象，叫做滑坡的前兆现象。尽早发现和观测滑坡的各种前兆现象，对于滑坡的预测和预防都是很重要的。

B 滑动破坏阶段

滑坡在整体往下滑动的时候，滑坡后缘迅速下陷，滑坡壁越露越高，滑坡体分裂成数块，并在地面上形成阶梯状地形，滑坡体上的树木东倒西歪地倾斜，形成"醉林"。滑坡体上的建筑物严重变形以致倒塌毁坏。随着滑坡体向前滑动，滑坡体向前伸出，形成滑坡舌。在滑坡滑动的过程中，滑动面附近湿度增大，并且由于重复剪切，岩土的结构受到进一步破坏，从而引起岩土抗剪强度进一步降低，促使滑坡加速滑动。滑坡滑动的速度大小取决于滑动过程中岩土抗剪强度降低的绝对数值，并和滑动面的形状，滑坡体厚度和长度，以及滑坡在斜坡上的位置有关。如果岩土抗剪强度降低的数值不多，滑坡只表现为缓慢的滑动；如果在滑动过程中，滑动带岩土抗剪强度降低的绝对数值较大，滑坡的滑动就表现为速度快、来势猛，滑动时往往伴有巨响并产生很大的气浪，有时造成巨大灾害。

C 渐趋稳定阶段

由于滑坡体在滑动过程中具有动能，所以滑坡体能越过平衡位置，滑到更远的地方。滑动停止后，除形成特殊的滑坡地形外，在岩性、构造和水文地质条件等方面都相继发生了一些变化。例如：地层的整体性已被破坏，岩石变得松散破碎，透水性增强含水量增高，经过滑动，岩石的倾角或者变缓或者变陡，断层、节理的方位也发生了有规律的变化；地层的层序也受到破坏，局部的老地层会覆盖在第四纪地层之上等。在自重的作用下，滑坡体上松散的岩土逐渐压密，地表的各种裂缝逐渐被充填，滑动带附近岩土的强度由于压密固结又重新增加，这时对整个滑坡的稳定性也大为提高。经过若干时期后，滑坡体上的东倒西歪的"醉林"（见图6-7）又重新垂直向上生长，但其下部已不能伸直，因而树干呈弯曲状，有时称它为"马刀树"（见图6-8），这是滑坡趋于稳定的一种现象。当滑坡体上的台地已变平缓，滑坡后壁变缓并生长草木，没有崩塌发生；滑坡体中岩土压密，地表没有明显裂缝，滑坡前缘无水渗出或流出清凉的泉水时，就表示滑坡已基本趋于稳定。滑坡趋于稳定之后，如果滑坡产生的主要因素已经消除，滑坡将不再滑动，而转入长期 稳定。若产生滑坡的主要因素并未完全消除，且又不断积累，当积累到一定程度之后，稳定的滑坡便又会重新滑动。

图6-7 醉林

图6-8 马刀树

6.2.1.5 滑坡稳定性评价

滑坡的工程地质评价方法有地质分析法、力学分析法和工程地质类比法三种。

A 地质分析法

（1）以边坡的地貌形态演化来预测和评价边坡稳定性，可根据以下地貌特征进行判断：

1）边坡出现独特的簸箕形或圈椅形地貌，与上下游河谷平顺边坡不相协调，在岩石外露的陡坡下，中间则有一个坡度较为平缓的核心台地。

2）在边坡高处的陡坡下部出现洼地、沼泽或其他负地形，而又不是硅酸盐类岩层，陡坡的后缘有环状或弧形裂缝。

3）在地层、构造等条件类似的河段上，局部边坡的剖面呈现上陡、中缓、下陡等地貌形态，而缓坡高程与当地阶地又不相协调。

4）在现在河床受冲刷的凹岸，山坡反而稍微突出河中，有时形成急滩，或在古河床受冲刷的凹岸，河岸边有大块孤石分布，这很可能是由于滑坡体下缘已被冲走而残留的大孤石。

5）双沟同源地形。一般山坡上的沟谷多是一沟数源，而在一些大型滑坡体上，两侧为冲沟环抱，而上游同源或相距很近，有时甚至形成环谷，青壮年期的滑坡地形，后部台地清晰，可见陷落洼地或池沼，双沟上游的距离亦较远，而老年期滑坡地形表面剧烈起伏形成缓坡，一直延伸到河岸，地形等高线呈明显紊乱。

6）在山坡上出现树干下部歪斜上部直立的"马刀树"和东倒西歪的"醉汉树"；

7）陡峭峡谷段出现缓坡，有可能是滑坡地形，但必须区别因地层岩性变化而出现的缓坡。

必须指出，地貌形态的成因是很复杂的，在判断滑坡标志时，不能仅根据一点就判断是滑坡，要综合考虑。例如，滑坡台地应与河流侵蚀阶地或冲积台地区别开来。侵蚀阶地是由较稳定的岩层所构成，表层堆积不厚，显示早期河床的侵蚀基准面。冲积台地覆盖层下有一层底砾，与相邻台地具有大致相同的高程。滑坡台地主要由坡积层所构成，无底砾层，高程无一定规律。

（2）根据岩性、地质构造等条件评价边坡的变形破坏方式和判别滑坡。

1）不同岩层组成的边坡有其常见的变形破坏方式。例如，有些岩层中滑坡特别发育，这是由于该岩层含有特殊的矿物成分、风化物，易于形成滑带，如高灵敏的海相黏土、裂缝黏土、第三系、侏罗系的红色页岩，泥岩层、二叠系煤系地层以及古老的泥质变质岩系都是易滑地层。在黄土地区，边坡的变形破坏方式以滑坡为主，而在花岗岩、厚层石灰岩地区则以崩塌为主；在片岩、千枚岩、板岩地区则往往产生地层挠曲和倾倒等蠕动变形。坚硬完整的块状或厚层状岩石，如花岗岩、砾岩、石灰岩等可形成数百米高的陡坡；而淤泥及淤泥质土地段，由于软土的塑性流动，边坡随挖随坍，难以开挖渠道。河岸边坡堆积层中含石块较大，其坡角为 $30° \sim 40°$，而含砾岩或软质碎石较多的，其坡角为 $25° \sim 30°$。

2）滑坡范围内的岩石常有扰动松脱现象，其基岩层位、产状特征和外围不连续；局部地段新老地层呈倒置现象。

3）滑带或滑面与倾向坡脚断层面的区别是：滑面产状有起伏波折，总体有下凹趋势，而断层面一般产状较稳定；滑坡带厚度变化大，物质成分较杂，所含砾石磨圆度好而挤碎性差，而断层带物质与两侧岩性有关，构造岩类型多样；滑坡擦痕与主滑方向一致，只存在于黏性软塑带中或基岩表面一层，而断层擦痕与坡向或滑体的方向无关，且深入基岩呈平行的多层状。

（3）根据水文地质表示判断滑坡。山坡泉水较多，呈点状不规则分布，说明山坡可能已滑动，使地下水通道切断，坡脚成为高地地下水排泄面；斜坡含水层的原有状况被破坏，使边坡成为复杂的单独含水体。

（4）根据边坡变形体的外形和内部变形迹象判断边坡的演变阶段。

1）具有以下标志可认为滑坡处于稳定阶段：

① 山坡滑坡地貌已不明显，原有滑坡平台宽大且已夷平，土体密实，无不均匀沉陷现象。

② 滑坡壁面稳定，长满树木，找不到新的擦痕；前缘的斜坡较缓，土体密实，无坍塌现象；滑坡舌迎河部分为含有大孤石的密实土层。

③ 河水目前已远离滑坡台地，台地外有的已有海滩阶地。

④ 滑坡两侧自然沟谷切割很深，已达基岩。

⑤ 原滑坡台地的坡脚有清澈的泉水外露。

2）具有以下标志可认为滑坡可能处于复活阶段：

① 边坡产生新的裂缝，并逐渐扩展。

② 虽有滑坡平台，但面积不大，并向下缓倾或山坡表面又不均匀陷落的局部平台，参差不齐。

③ 滑坡地表潮湿、坡脚泉水出露点多。

④ 在处于当前河流冲刷条件下，但滑坡前缘土体松散、崩塌。

⑤ 在勘探或钻探时发现有明显的滑动面，滑面光滑，并见擦痕，滑面见新生黏土矿物，可认为是滑坡是否复活的主要根据。

（5）根据周期性规律判定促进边坡演变的主导因素。促进边坡变形破坏的各种因素，在地质历史进程中都有其周期性变化规律。在某一时期必然由某一主导因素所制约。例如，河流由侵蚀到淤积、再侵蚀、再淤积的循环往复；气候、水文的季节性和多年性变化；地震的周期性出现，使边坡变形破坏也会具有周期性的规律。因此，研究这些规律，对预测滑坡的形成与发展有重要的意义。

（6）边坡稳定性的区域性评价。在地质、地貌和气候条件相似的地区，边坡变形破坏的演变规律也会具有相似性。因此研究滑坡的区域性规律，对预测、防止滑坡的发生、发展有理论和实践的意义。

必须指出，地质分析法应建立在详细的滑坡工程地质勘察资料的基础上，并与工程地质定量评价相结合，才能做出正确的结论。

B 力学分析法

滑坡是斜地上岩土体遭到破坏，使滑坡体沿着滑动面（带）下滑而造成的地质现象。滑动面有平直的或弧形的，如图6-9所示。在均质滑坡中，滑动面多呈圆形。

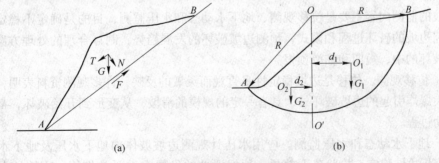

(a)   (b)

图6-9 滑坡力学平衡示意图

（a）平面滑动；（b）圆弧滑动

在平面滑动情形下，滑坡体的稳定性系数 K 为滑动面上的总抗滑力 F 与岩土体重力 Q 所产生的总下滑力 T 之比，即

$$K = \frac{总抗滑力}{总下滑力} \qquad\qquad (6\text{-}1)$$

或

$$K = \frac{抗滑力矩}{滑动力矩} \qquad\qquad (6\text{-}2)$$

当 $K=1$ 时，边坡处于极限平衡状态；当 $K<1$ 时，边坡失稳，滑动；当 $K>1$ 时，边坡稳定。工程上一般要求 $K=1.1 \sim 1.5$，视工程等级与性质而选取。

C　工程地质类比法

对拟建工程地区的工程地质条件与具有类似工程地质条件相邻地区的已建工程，进行分析比较而获取对拟建工程岩体稳定性程度的认识，以便参考。

6.2.1.6　滑坡勘察与监测

A　滑坡的勘察

滑坡的勘察应查明滑坡的类型、要素、范围、性质、地质背景及其危害程度，分析滑坡的成因，判断稳定程度，预测其发展趋势，提出防止对策及整治方案，包括以下工作：

（1）工程地质测绘。测绘可根据滑坡的规模，选用 1∶200 ~ 1∶2000 的地形、地质图为底图。测绘与调查的内容包括：当地滑坡史、易滑地层分布、气象、地质构造图及工程地质图；微地貌形态及其演变过程，圈定各滑坡要素及分布范围；研究滑动带的部位、划痕指向、滑面的形态等等。

（2）勘察。勘察的主要任务是查明滑坡体的范围、厚度、地质剖面、滑面的个数、形态及物质的成分，查明滑坡体内地下水的水层的层数、分布、来源、动态及各含水层间的水力关系。勘察的方法可以采用井探、槽探、洞探，如要研究深部滑动可采用钻探并可用地面物探方法。

（3）工程地质试验。主要是测定滑坡体内各土层的物理力学性质及水理性质，特别要重点研究滑带土的抗剪程度指标及变化规律，有时可采用室内和野外原位测试相结合。为了检验采用的滑动面的抗剪强度计算指标是否正确，可采用反演分析法。

B　滑坡的监测

滑坡的监测内容主要是位移观测、地下水动态和水压监测，目的是确定不稳定区的范围，研究边坡的破坏过程和模式，预测边坡破坏的发展趋势，制订合理的处理方案，并包括边坡破坏的中、短期和临滑预报。

（1）位移观测。位移是边坡稳定性最直观而灵敏的反映，许多观测资料表明，除局部坍塌和大爆炸引起的边坡破坏外，具有一定的规模的滑坡，从变形到开始破坏，都具有明显的移动过程。

（2）地下水动态和水压监测。应用水压计观测边坡坡体内地下水压及地下水位的变化，对分析边坡稳定，检验疏干效果，预报滑坡的发展有重要的作用。边坡如有排水设施，可观测地下水涌水量。

6.2.1.7　滑坡的防治原则和防治措施

A　滑坡防治的原则

为了预防和制止斜坡变形破坏对建筑物造成的危害，对斜坡变形破坏需要采取防治措施。实践表明，要确保斜坡不发生变形破坏，或发生变形破坏之后不再继续恶化，必须加强防治。防治的总原则应该是"以防为主，及时治理"。具体的防治原则可概括为以下几点：

（1）以查清工程地质条件和了解影响斜坡稳定性的因素为基础。查清斜坡变形破坏地段的工程地质条件是最基本的工作环节，在此基础上分析影响斜坡稳定性的主要及次要因素，并有针对性地选择相应的防治措施。

（2）整治前必须搞清斜坡变形破坏的规模和边界条件。变形破坏的规模不同，处理措施也不相同，要根据斜坡变形的规模大小采取相应的措施。此外，还需掌握变形破坏面的位置和形状，以确定其规模和活动方式，否则就无法确切地布置防治工程。

（3）按工程的重要性采取不同的防治措施。对斜坡失稳后后果严重的重大工程，势必要提高安全稳定系数，故防治工程的投资量大；非重大的工程和临时工程，则可采取较简易的防治措施。同时，防治措施要因地制宜，适合当地情况。

B　滑坡防治的措施

根据上述防治原则以及实际经验，现将各种措施归纳为以下几个方面：

（1）防御绕避。当线路工程（如铁路、公路）遇到严重不稳定斜坡地段，处理又很困难时则可采用防御绕避措施。其具体工程措施有内移做隧、外移做桥等。上述各项措施，可归纳为"挡、排、削、护、改、绕"六字方针。要根据斜坡地段具体的工程地质条件和变形破坏特点及发展演化阶段选择采用，有时则采取综合治理的措施。

（2）消除和减轻地表水和地下水的危害。防止外围地表水进入滑坡区，可在滑坡边界外围修截水沟。排除地下水的措施很多，应根据边坡的地质结构特征和水文地质条件加以选择，常用的方法有：水平钻孔疏干；垂直孔或竖井排水；竖井抽水；巷道疏干和支撑盲沟等（见图6-10）。

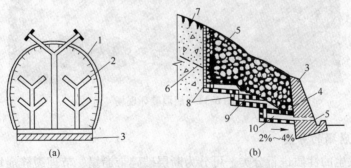

图 6-10　支撑盲沟与挡土墙的联合结构

（a）平面图；（b）剖面图

1—截水天沟；2—支撑盲沟；3—挡土墙；4—干砌的块石、片石；5—泄水孔；6—滑动面位置；

7—粗砂、砾石反滤层；8—有孔混凝土盖板；9—浆砌片；10—纵向盲沟

（3）改善边坡岩土体的力学强度，增大抗滑力。对于滑床上陡下缓，滑体头重脚轻的

或推移式滑坡，可在滑坡上部的主滑地段减重或在前部的抗滑地段加填压脚，以达到滑体的力学平衡。对于小型滑坡可采取全部清除。减重后应验算滑面从残存滑体薄弱部分剪出的可能性。设置支挡结构（如抗滑片石垛、抗滑挡墙、抗滑桩等）以支挡滑体或把滑体锚固在稳定地层上。由于支挡结构能比较少地破坏山体，有效地改善滑体的力学平衡条件，是目前用来稳定滑坡的有效措施之一。目前常用的支挡结构有抗滑土垛、抗滑片石垛、抗滑挡墙、抗滑桩、锚杆（索）锚固等。

（4）改善滑带土的性质。例如，采用焙烧、电渗排水、压浆及化学加固等方法直接稳定滑坡。此外，还可针对某些影响滑坡滑动的因素进行整治，如为了防止流水对滑坡前缘的冲刷，可设置护坡、护堤、石笼及拦水坝等防护和导流工程。

6.2.2 崩塌

在陡峻的山坡以及海、湖、河流的高坡上的岩土体，在重力作用下突然而猛烈地向下倾倒、崩落的现象，称为崩塌。崩塌经常发生在陡峭山坡、岸坡上，以及人工开挖的高边坡上。崩塌会使建筑物，有时甚至使整个居民点遭到破坏，使公路和铁路被掩埋。由崩塌带来的损失，不仅是建筑物毁坏的直接损失，并且常因此而使交通中断，给运输带来重大损失（见图6-11）。我国兴建天兰铁路时，为了防止崩塌掩埋铁路耗费大量工程量。崩塌有时还会使河流堵塞形成堰塞湖，这样就会使上游建筑物及农田淹没。在宽河谷中，由于崩塌使河流改道及改变河流性质而造成急湍地段。

图 6-11　崩塌破坏现场

6.2.2.1 崩塌的分类

崩塌按其发生的性质进行分类，可分为断层破碎带崩塌、节理裂缝崩塌、风化破碎体崩塌和软硬岩层接触带崩塌。

根据崩塌的特征、规模和危害程度可将崩塌分为三类：

Ⅰ类：山坡陡峭，岩层软硬相间，风化程度严重。

Ⅱ类：山坡较陡，岩层软硬相间分布较清楚，有较严重的风化现象。

Ⅲ类：山坡较平缓，岩层单一，有轻微的风化现象。

6.2.2.2 崩塌的形成条件

（1）地形条件。高陡斜坡是形成崩塌的必要条件。规模较大的崩塌一般多发生在高度大于30m，坡度大于45°（大多数介于55°~75°之间）的陡峻斜坡上。斜坡的外部形状对崩塌的形成也有一定的影响。一般在上缓下陡的凸坡和凹凸不平的陡坡上易于发生崩塌。

（2）岩性条件。岩石性质不同，其强度、风化程度、抗风化和抗冲刷的能力及其渗水程度都是不同的。如果陡峻山坡是由软硬岩层互层组成，由于软岩层易于风化，岩层失去支持而引起崩塌。一般形成陡峻山坡的岩石，多为坚硬而性脆的岩石，属于这种岩石的有厚层灰岩、砂岩、砾岩及喷出岩。在大多数情况下，岩石的节理程度是决定山坡稳定性的主要因素之一。虽然岩石本身可能是坚固的，风化轻微的，但其节理发育亦会使山坡不稳定。当节理顺山坡发育时，特别是当发育在山坡表面的突出部分时有利于发生崩塌。

（3）构造条件。如果斜坡岩层或岩体的完整性好就不易发生崩塌。实际上，自然界的斜坡经常是由性质不同的岩层以各种不同的构造和产状组合而成的，而且常常为各种构造面所切割，从而削弱了岩体内部的联结，为产生崩塌创造了条件。一般来说，岩层的层面、裂隙面、断层面、软弱夹层或其他的软弱岩性带都是抗剪性能较低的"软弱面"。如果这些软弱面倾向临空且倾角较陡，则当斜坡受力情况突然变化时，被切割的不稳定岩块就可能沿着这些软弱面发生崩塌。

（4）自然因素。岩石的强烈风化、裂隙水的冻融、植物根系的楔入等都能促使斜坡岩体发生崩塌现象。降雨渗入岩体裂隙后，一方面会增加岩体的重量，另一方面能使裂隙中的充填物或岩体中的某些软弱夹层软化，并产生静水压力及动水压力，都会促使斜坡岩体产生崩塌现象。地震能使斜坡岩体突然承受巨大的惯性荷载，因而往往能促成大规模的崩塌。另外，四季变化和昼夜温差也能使岩石性质发生变化，引起坍塌。

（5）其他因素。人类不合理的工程活动，如公路路堑开挖过深、边坡过陡等也常引起边坡发生崩塌。开挖路基或建筑物地基改变了斜坡外形，使斜坡变陡，软弱构造面暴露，部分被切割的岩体失去支撑，结果引起崩塌。此外，坡顶弃方过大或不妥当的爆破施工，也常促使斜坡发生崩塌现象。

6.2.2.3 崩塌的防治

只有小型崩塌，才能防止其不发生，对于大的崩塌只好绕避。对于Ⅱ、Ⅲ类崩塌，以根治为原则，不能消除和根治时应采取综合措施。路线通过小型崩塌区时，防止的方法分为防止崩塌产生的措施及拦挡防御措施。防止产生的措施包括遮挡、支撑加固、护面、排水、刷坡等。

（1）清除危岩。采用爆破或打楔将陡崖削缓，并清除易坠的岩体。

（2）危岩支顶。为使孤立岩坡稳定，可采用铁链锁绊或铁夹，混凝土作支垛、护壁、支柱、支墩等以提高有崩塌危险岩体的稳定性。

（3）调整地表水流，堵塞裂隙或向裂隙内灌浆。在崩塌地区上方修截水沟，以阻止水流流入裂隙。

（4）坡面加固。为了防止风化将山坡和斜坡铺砌覆盖起来或在坡面上喷浆、勾缝、镶嵌和锚拴等（见图6-12）。

（5）筑明洞或御塌棚。

（6）拦截防御。筑护墙、拦石堤及围护棚以阻挡坠落石块，并及时清除围护建筑物中的堆积物。

（7）在软弱岩石裸露处修筑挡土墙，以支持上部岩体的质量。

对于可能发生大型崩塌的地区或崩塌产生且频繁地区，在工程建设选址或线路时应尽量避开。

图6-12　柔性防护

6.2.2.4　崩塌的勘察和工程评价

A　崩塌的勘察

拟建场地或附近存在对工程安全有影响的崩塌（或危岩）应进行勘察。

（1）地形地貌及崩塌类型、规模、范围，崩塌体的大小和崩落方向。

（2）岩体基本质量等级、岩性特征和风化程度。

（3）地质构造，岩体结构类型，结构面的产状、组合关系、闭合程度、力学属性、延展及贯穿情况。

（4）气象（重点是大气降水）、水文、地震和地下水的活动。

（5）崩塌前的迹象和崩塌原因。

当需判定危岩的稳定性时，宜对张裂缝进行监测。对有较大危害的大型危岩，应结合监测结果，对可能发生崩塌的时间、规模、滚落方向、途径、危害范围等做出预报。

B　崩塌的工程评价

各类崩塌的岩土工程评价应符合下列规定：

（1）规模大，破坏后果很严重，难于治理的，不宜作为工程场地，线路应绕避。

（2）规模较大，破坏后果严重的，应对可能产生崩塌的危岩进行加固处理，线路应采取防护措施。

（3）规模小，破坏后果不严重的，可作为工程场地，但应对不稳定危岩采取治理措施。

6.3　泥　石　流

泥石流是山区特有的特殊洪流，其来势凶猛，历时短暂，破坏力强。典型的泥石流流域，一般可以分为形成、流通和堆积三个动态区，如图6-13所示。

（1）形成区。形成区位于流域上游，包括汇水动力区和固体物质供给区，多为高山环抱的山间小盆地，山坡陡峻，沟床下切，纵坡较陡，有较大的汇水面积。区内岩层破碎，风化严重，山坡不稳，植被稀少，水土流失严重，崩塌、滑坡发育，松散堆积物储量丰富，区内岩性及剥蚀强度，直接影响着泥石流的性质和规模。

（2）流通区。流通区一般位于流域的中、下游地段，多为沟谷地形，沟壁陡峻，河床狭窄、纵坡大，多陡坎或跌水。

（3）堆积区。堆积区多在沟谷的出口处。地形开阔，纵坡平缓，泥石流至此多漫流扩

散，流速降低，固体物质大量堆积，形成
规模不同的堆积扇。

以上几个分区，仅对一般的泥石流流
域而言，由于泥石流的类型不同，常难以
明显区分，有的流通区伴有沉积，如山坡
型泥石流其形成区就是流通区，有的泥石
流往往直接排入河流而被带走，无明显的
堆积层。

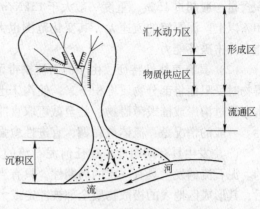

图 6-13　泥石流流域分区示意图

6.3.1　泥石流的形成条件

泥石流的形成和发展与流域的地质、
地形和水文气象条件有密切的关系，同时
也受人类经济活动的深刻影响。其主要因素在于有便于集物的地形，上部有大量的松散物
质，短时间内有大量水的来源。

6.3.1.1　泥石流的形成条件

（1）地质条件。地质条件决定了松散固体物质来源，当汇水区和流通区广泛分布有厚
度很大、结构松软、易于风化、层理发育的岩土层时，这些软弱岩土层是提供泥石流的主
要物质来源。此外，还应注意到泥石流流域地质构造的影响，如断层、裂隙、劈理、片
理、节理等发育程度和破碎程度，这些构造破坏现象给岩层破碎创造条件，从而也为泥石
流的固体物质提供来源。我国一些著名的泥石流沟群，如云南东川、四川西昌、甘肃武都
和西藏东南部山区大都是沿着构造断裂带分布的。

（2）地形条件。泥石流流域的地形特征是山高谷深、地形陡峻、沟床纵坡大。上游形
成区有广阔的盆地式汇水面积，周围坡陡，有利于大量水流迅速汇聚而产生强大的冲刷
力；中游流通区纵坡降 0.05 ~ 0.06 或更大，可作为搬运流通沟槽；下游堆积区坡度急速
变缓，有开阔缓坡作为泥石流的停积场所。

（3）水文气象条件。水既是泥石流的组成部分，又是搬运泥石流物质的基本动力。泥
石流的发生与短时间内大量流水密切相关，没有大量的流水，泥石流就不可能形成。因
此，泥石流的形成就需要在短时间内有强度较大的暴雨或冰川和积雪的强烈消融，或高山
湖泊、水库的突然溃决等。气温高或高低气温反复骤变，以及长时间的高温干燥，均有利
于岩石的风化破碎，再加上水对山坡岩土的软化、潜蚀、侵蚀和冲刷等，使破碎物质得以
迅速增加，这就有利于泥石流的产生。

（4）人类活动的影响。良好的植被可以减弱剥蚀过程，延缓径流汇集，防止冲刷，保
护坡面。在山区建设中，由于矿山剥土、工程弃渣处理不当等，也可导致泥石流的发生。

综上所述，泥石流的形成要同时具备：

1）在某一山地河流流域内，坡地上或河床内有数量足够的固体碎屑物；

2）有数量足够的水体（暴雨、水库溃决等）；

3）较陡的沟坡地形。

6.3.1.2　泥石流的特征

（1）重度大、流速高、阵发性强。泥石流含有大量的泥沙石块等松散固体物质，其体

积含量一般超过 15% ，重度一般大于 $13kN/m^3$ 。黏稠的泥石流固体物质的体积含量可高达 80% 以上。泥石流的流速大，其变化范围也大，一般为 2.5 ~ 15m/s 不等，具有强大的动能和冲击破坏能力。

（2）具有直线性特征。由于泥石流携带了大量固体物质，在流途上遇沟谷转弯处或障碍物时受阻而将部分物质堆积下来，使沟床迅速抬高，产生弯道超高或冲起爬高，猛烈冲击而越过沟岸或摧毁障碍物，甚至截弯取直冲出新道而向下游奔泻，这就是泥石流的直进性。一般的情况是：流体愈黏稠，直进性愈强，冲击力就愈大。

（3）发生具有周期性。在任何泥石流的发生区，较大规模的泥石流并不是经常发生的。泥石流的发生具有一定的周期性，只有当其条件具备时才可能发生。一次泥石流发生后，其形成区地表的松散物质全部被冲走或大部分被冲走，因此需要一段时间才能聚集足够多的风化碎散物质，才可能发生下一次骤然汇水引发的泥石流，因此不同区域的泥石流发生的周期是不同的。

（4）堆积物特征。泥石流的堆积物，分选性差，大小颗粒杂乱无章，其中的石块、碎石等较大颗粒的磨圆度差，棱角分明，堆积表面呈现垄岗突起、巨石滚滚等不同的特征。以上这些特征可供人们判断和识别泥石流，帮助人们研究泥石流的类型、发生频率、规模大小、形成历史和堆积速度。

6.3.2　泥石流的分类

由于泥石流产生的地形地质条件有差别，故泥石流的性质、物质组成、流域特征及其危害程度等也随地形地质的不同而变化。根据不同的标准可以将泥石流分成不同的类型。

（1）按组成的物质成分划分。

1）黏性泥石流。黏性泥石流是指含大量黏性土的泥石流或泥流（见图6-14）。其特征是：黏性大，密度高，有阵流现象。固体物质占 40% ~ 60% ，最高达 80% 。水不是搬运介质，而是组成物质。稠度大，石块呈悬浮状态，爆发突然、持续时间短，不易分散，破坏力大。

2）稀性泥石流。其以水为主要成分，黏土、粉土含量一般小于 5% ，固体物质占 10% ~ 40% ，有很大分散性。搬运介质为浑水或稀泥浆。砂粒、石块以滚动或跃

图 6-14　泥石流中含有大量的黏土

移方式前进，具有强烈的下切作用。其堆积物在堆积区呈扇状散流，岔道交错，改道频繁，不易形成阵流现象。

（2）按泥石流沟谷流域形态特征分类。

1）标准型泥石流。其具有明显的形成、流通、沉积三个区段。形成区多崩塌、滑坡等不良地质现象，地面坡度较陡峻。流通区较稳定，沟谷断面多呈 V 形。沉积区一般均形成扇形地，沉积物棱角明显，破坏能力强，规模较大。

2）河谷型泥石流。河谷型泥石流的流域呈狭长形，形成区分散在河谷的中、上游。

固体物质补给远离堆积区，沿河谷既有堆积亦有冲刷。沉积物棱角不明显。其破坏能力较强，周期较长，规模较大（见图6-15）。

3）山坡型泥石流。山坡型泥石流沟少流短，沟坡与山坡基本一致，没有明显的流通区，形成区直接与堆积区相连。洪积扇坡陡而小，沉积物棱角尖锐、明显，大颗粒滚落扇脚。冲击力大，淤积速度较快，但规模较小（见图6-16）。

图6-15 河谷特大型泥石流

图6-16 山坡型泥石流

（3）按泥石流的规模及危害程度分类。按泥石流的规模及危害程度可将泥石流分为特大泥石流、大型泥石流、中型泥石流和小型泥石流等。

1）特大型泥石流。特大型泥石流多为黏性泥石流，其流域面积大于 $10km^2$，最大泥石流的流量约为 $2000m^3/s$，一次或每年多次冲出的土石方量总和超过50万立方米。发育地沟谷地表裸露、岩石破碎，风化作用强烈，水土流失十分严重，不良地质现象极为发育，沟谷纵坡坡度大，沟床中有大量巨石，河道内阻塞现象严重，破坏作用巨大。

2）大型泥石流。大型泥石流流域面积大约为 $5 \sim 10km^2$，最大泥石流的流量约为 $500 \sim 2000m^3/s$，一次或每年多次冲出的土石方量大约为10万~50万立方米。发育地地表侵蚀和风化作用强烈，水土流失严重，沟谷狭窄，纵坡坡度大，有较多的松散物质堵塞沟道，破坏作用严重。

3）中型泥石流。中型泥石流流域面积大约为 $2 \sim 5km^2$，最大泥石流的流量约为 $100 \sim 500m^3/s$，一次或每年多次冲出的土石方量大约为1万~10万立方米。发育地地表侵蚀和风化作用较强烈，水土流失较严重，沟道中有淤积现象，破坏作用较严重。

4）小型泥石流。小型泥石流流域面积小于 $2km^2$，最大泥石流的流量小于 $100m^3/s$，一次或每年多次冲出的土石方量小于1万立方米。发育地地表侵蚀和风化作用较弱，大部分地区水土流失不严重，不良地质现象零星发育，规模较小，以沟坡坍塌和土溜为主，破坏作用不大。

（4）按发育阶段分类。按发育阶段分类，可将泥石流分为发展期泥石流、活跃期泥石流、衰退期泥石流和终止期泥石流等。

1）发展期泥石流是指刚开始发生到活跃期以前这一阶段的泥石流。其主要特征是重力侵蚀作用正在增强，松散物质聚集速度加快，爆发频率不断增高，发生规模不断加大，输送能力不断增强。与此同时，危害程度也不断加大。

2）活跃期泥石流是指正处于强烈活动且持续稳定时期的泥石流。其主要特征为重力侵蚀作用强烈，爆发频率高，发生规模大，输送能力强，堆积扇发展强烈。

3）衰退期泥石流是指发生于活跃期以后直至终止期阶段的泥石流。

4）终止期泥石流是指已经停止不再发生的泥石流。其堆积扇已经出现清水沟槽，沟槽以外的扇体表面开始被植被覆盖。

（5）按复生频率并考虑规模及危害性的分类。

1）高频率泥石流沟谷。高频率泥石流沟谷基本上每年均有泥石流灾害发生，固体物质主要来源于滑坡、崩塌，泥石流爆发雨强小于 2～4mm/10min。除岩性因素外，滑坡崩塌严重的沟谷多发生黏性泥石流，规模大；反之，多发生稀性泥石流，规模小。

2）低频率泥石流沟谷。低频率泥石流沟谷中泥石流灾害发生周期一般在 10 年以上，固体物质主要来源于沟床，泥石流发生时"揭床"现象明显。暴雨时坡面的浅层滑坡往往是激发泥石流的因素。泥石流爆发雨强一般大于 4mm/10min。泥石流规模一般较大，性质有黏，有稀。

6.3.3　泥石流的防治措施

防治泥石流应全面考虑跨越、排导、拦截以及水土保持等措施，根据因地制宜和就地取材的原则，注意总体规划，采取综合防治措施。

（1）水土保持。水土保持包括封山育林、植树造林、平整山坡、修筑梯田；修筑排水系统及支挡工程等措施。水土保持虽是根治泥石流的一种方法，但需要一定的自然条件，收效时间也较长。

（2）跨越。根据具体情况，可以采用桥梁、涵洞、过水路面、明洞及隧道、渡槽等方式跨越泥石流（见图 6-17）。采用桥梁跨越泥石流时，既要考虑淤积问题，也要考虑冲刷问题。确定桥梁孔径时，除考虑设计流量外，还应考虑泥石流的阵流特性，应有足够的净空和跨径，保证泥石流能顺利通过。桥位应选在沟道顺直、沟床稳定处，并应尽量与沟床正交，不应把桥位设在沟床纵坡由陡变缓的变坡点附近。

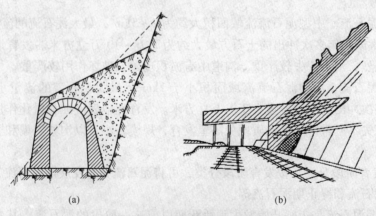

（a）   （b）

图 6-17　护路明洞与护路廊道

（a）护路明洞；（b）护路廊道

（3）排导。采用排导沟、急流槽、导流堤等措施使泥石流顺利排走，以防止掩埋

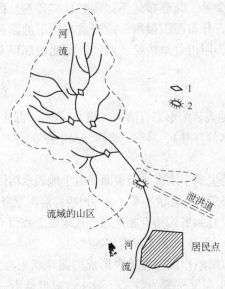

图 6-18　泥石流排导措施
1—坝和堤防；2—导流坝

道路，堵塞桥涵。泥石流排导沟是常用的一种建筑物。设计排导沟应考虑泥石流的类型和特征。为减小沟道冲淤，防止决堤漫溢，排导沟应尽可能按直线布设。必须转弯时，应有足够大弯道半径。排导沟纵坡宜一坡到底，如必须变坡时，从上往下应逐渐变陡。排导沟的出口处最好能与地面有一定的高差，同时必须有足够的堆淤场地，最好能与大河直接衔接，如图 6-18 所示。

（4）滞流与拦截。滞流措施是在泥石流沟中修筑一系列低矮的拦挡坝，其作用是：拦蓄部分泥砂石块，降低泥石流的规模；固定泥石流沟床，防止沟床下切和谷坡坍塌；缓减沟床纵坡，降低流速。拦截措施是修建拦渣坝或停淤场，将泥石流中的固体物质全部拦淤，只许余水过坝。

6.3.4　泥石流流域的工程地质评价

泥石流地区工程建设适宜性的评价，应符合下列要求：

（1）特大型泥石流和大型泥石流沟谷不应作为工程场地，各类线路宜避开。

（2）中型泥石流沟谷不宜作为工程场地，当必须利用时应采取治理措施；线路应避免直穿堆积扇，可在沟口设桥（墩）通过。

（3）小型泥石流沟谷可利用其堆积区作为工程场地，但应避开沟口，线路可在堆积扇通过，可分段设桥和采取排洪、导流措施，不宜改沟、并沟。

（4）当上游大量弃渣或进行工程建设改变了原有供排平衡条件时，应重新判定产生新的泥石流的可能性。

6.4　岩溶与土洞

6.4.1　岩溶

岩溶是由于地表水或地下水对可溶性岩石侵蚀而产生的一系列地质现象（见图 6-19）。岩溶主要是可溶性岩石与水长期作用的产物。岩溶在国外又被称为喀斯特现象。可溶性岩石有碳酸盐类（包括石灰岩、硅质灰岩和泥灰岩）、硫酸盐类（包括石膏、芒硝）、卤盐类（岩盐、钾盐）。就溶解度而言，卤盐高于硫酸盐，硫酸盐

图 6-19　岩溶地貌

高于碳酸盐。在自然界中，卤盐类与硫酸盐类岩石少见，其分布远不如碳酸盐类普遍。因此，在工程上主要考虑碳酸盐类。我国的碳酸盐岩石分布面积很广，被覆盖在地下的面积更大，主要分布在云贵高原，广西、广东丘陵地带，四川盆地边缘，湖南、湖北西部以及山西、山东、河北的山地等。

6.4.1.1 岩溶地貌类型

岩溶形态可分为地表岩溶形态和地下岩溶形态。地表岩溶形态有溶沟（槽）、石芽、漏斗、溶蚀洼地、坡立谷、溶蚀平原等。地下岩溶形态有落水洞（井）、溶洞、暗河、天生桥等。

（1）常见的地表岩溶形态如下：

1）溶沟溶槽。溶沟溶槽是微小的地形形态，它是生成于地表岩石表面，由于地表水溶蚀与冲刷而成的沟槽系统地形。溶沟溶槽将地表刻切成参差状，起伏不平，这种地貌称溶沟原野，这时的溶沟溶槽间距一般为 2～3m。当沟槽继续发展，以致各沟槽互相连通，在地表上残留下一些石笋状的岩柱。这种岩柱称为石芽。石芽一般高 1～2m，多沿节理有规则排列。

2）漏斗。漏斗是由地表水的溶蚀和冲刷并伴随塌陷作用而在地表形成的漏斗状形态。漏斗的大小不一，近地表处直径可大到上百米，漏斗深度一般为数米。漏斗常成群地沿一定方向分布，常沿构造破碎带方向排列。漏斗底部常有裂隙通道，通常为落水洞的深处，使地表水能直接引入深部的岩溶化岩体中。

3）溶蚀洼地。溶蚀洼地是由许多的漏斗不断扩大汇合而成。平面上呈圆形或椭圆形，直径由数米到数百米。溶蚀洼地周围常有溶蚀残丘、峰丛、峰林，底部有漏斗和落水洞。

4）坡立谷和溶蚀平原。坡立谷是一种大型的封闭洼地，也称溶蚀盆地。面积由几平方公里到数百平方公里，坡立谷再发展而成溶蚀平原。在坡立谷或溶蚀平原内经常有湖泊、沼泽和湿地等。底部经常有残积洪积层或河流冲积层覆盖。

（2）常见的地下岩溶形态如下：

1）落水洞和竖井。落水洞和竖井皆是地表通向地下深处的通道，其下部多与溶洞或暗河连通。它是岩层裂隙受流水溶蚀、冲刷扩大或坍塌而成。常出现在漏斗、槽谷、溶蚀洼地和坡立谷的底部，或河床的边部，呈串珠状排列。

2）溶洞。溶洞是由地下水长期溶蚀、冲刷和塌陷作用而形成的近于水平方向发育的岩溶形态。溶洞早期是作为岩溶水的通道，因而其延伸和形态多变，溶洞内常有支洞，有钟乳石、石笋和石柱等岩溶产物（见图6-20、图6-21）。这些岩溶沉积物是由于洞内的滴水为重碳酸钙水，因环境改变释出 CO_2，使碳酸钙沉淀而成。

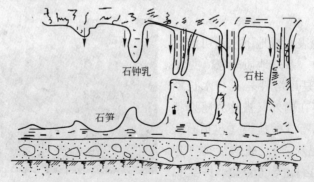

图 6-20　石钟乳、石笋和石柱生成示意图

3）暗河。暗河是地下岩溶水汇集和排泄的主要通道。部分暗河常与地面的沟槽、漏斗和落水洞相通，暗河的水源经常是通过地面的岩溶沟槽和漏斗经落水洞流入暗河内。因此可以根据这些地表岩溶形态分布位置，概略地判断暗河的发展和延伸。

4）天生桥。天生桥是溶洞或暗河洞道塌陷直达地表而局部洞道顶板不发生塌陷，形成的一个横跨水流的石桥，称其天生桥。天生桥常为地表跨过槽谷或河流的通道。

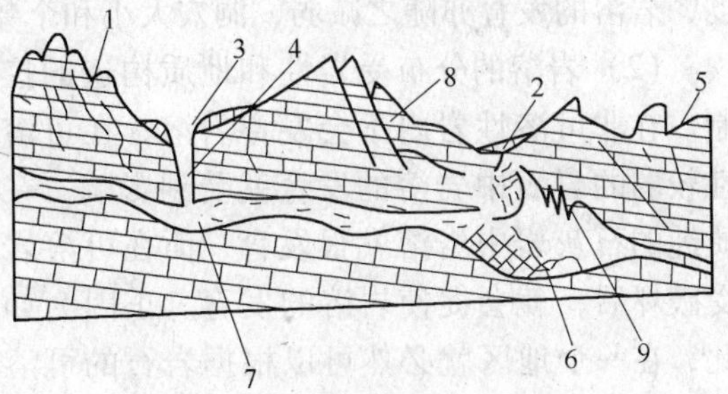

图 6-21　溶洞的形态示意图
1—石芽、石林；2—塌陷洼地；3—漏斗；
4—落水洞；5—溶沟、溶槽；6—溶洞；
7—暗河；8—溶蚀裂缝；9—钟乳石

6.4.1.2　岩溶的形成和发育条件

（1）岩溶的形成条件。岩溶地形是在一定的条件下天然发育而成的一种奇特的自然地貌奇观。岩溶地貌的形成必须具备四个基本条件，即岩体、水质、水在岩体中活动、岩溶的垂直分带。

（2）岩溶的发育条件。岩石的可溶性与透水性、水的溶蚀性和流动性是岩溶发生和发展的四个基本条件。此外，岩溶的发育与地质构造、新构造运动、水文地质条件以及地形、气候、植被等因素有关。

1）岩石的可溶性。石灰岩、白云岩、石膏、岩盐等为可溶性岩石，由于它们的成分和结构不同，其溶解性能也不相同。石灰岩、白云岩是碳酸盐岩石，溶解度小，溶蚀速度慢，而石膏的溶蚀速度较快，岩盐的溶蚀速度最快。石灰岩和白云岩分布之泛，经过长期溶蚀，岩溶现象十分显著。质纯的厚层石灰岩要比含有泥质、炭质、硅质等杂质的薄层石灰岩溶蚀速度要快，形成的岩溶规模也大。

2）岩石的透水性主要取决于岩层中孔隙和裂隙的发育程度。尤其是岩层中断裂系统的发育程度和空间分布情况，对岩溶的发育程度和分布规律起着控制作用。

3）水的溶蚀性主要取决于水中 CO_2 的含量，水中含侵蚀性 CO_2 越多，则水的溶蚀能力越强，则会大大增强对石灰岩的溶解速度。湿热的气候条件有利于溶蚀作用的进行。

4）水的流动性取决于石灰岩层中水的循环条件，它与地下水的补给、渗流及排泄直接相关。岩层中裂隙的形态、规模、密集度以及连通情况决定了地下水的渗流条件，它控制着地下水流的比降、流速、流量、流向等水文地质因素。地形平缓，地表通流差，渗入地下的水量就多，则岩溶易于发育；覆盖为不透水的黏土或亚黏土且厚度又大时，岩溶发育程度减弱。地下水的主要补给是大气降水，降雨量大的地区水源补给充沛，岩溶就易于发育。

6.4.1.3　岩溶的分布规律和影响岩溶发生、发展的主导因素

A　岩溶的分布规律

（1）岩溶的分布随深度而减弱，并受当地岩溶侵蚀基准面的控制。因为岩溶的发育是与裂缝的发育和水的循环交替有着密切的关系，而裂缝的发育通常随深度而减少；另一方面，地表水下渗，地下水从地下水分水岭向地表河谷运动，必然促使地下洞穴及管道的形成。但在河谷侵蚀基准面——即当地岩溶侵蚀基准面以下，地下水运动和循环交替强度变

弱，岩溶的发育亦随之减弱，洞穴大小和个数随深度而逐渐减少。

（2）岩溶的分布受岩性和地质构造的控制。在非可溶性岩内不会发育岩溶，在可溶性较弱的岩石中岩溶的发育就受到影响，在质纯的石灰岩中岩溶就很发育，而在可溶岩受破坏后，就会促使岩溶的发育。正因为如此，在一个地区就必然可以根据岩石的可溶性不同和构造破坏的程度划分出岩溶发育程度不同的范围。可以看到，在石灰岩裸露区岩溶常呈片状分布；在可溶岩与非可溶性岩相间区岩溶呈带状分布；在可溶岩中节理密集带、断层破碎带，岩溶也呈带状分布（见

图 6-22　喀斯特地貌（往往呈带状分布）

图 6-22）。另外，在可溶岩与非可溶岩接触地带，岩溶作用也表现得非常强烈，岩溶极为发育。

（3）在垂直剖面上岩溶的分布常成层状。地壳常常处于间歇性的上升或下降阶段，由于地壳升降，岩溶侵蚀基准面发生变化，地下水为适应基准面而进行垂直溶蚀，从而产生垂直通道。当地壳处于相对稳定时期时，地下水则向地表河谷方向运动，从而发育成近水平的廊道。若地壳再次发生变化，就会形成另一高度的垂直和水平的岩溶洞穴。如此反复，就可在可溶岩厚度大、裂缝发育、地下水径流量大的地区形成多个不同高程的溶洞层。

（4）岩溶分布的地带性和多代性。由于地处维度不同，影响岩溶发育的气候、水文、生物、土壤条件也不相同，因而岩溶的发育程度和特征就会不同，呈现出明显的地带性。此外，现在看到的岩溶形态，都是经过多次岩溶作用过程，长期发展演变的结果，即经过多次地壳运动、气候变更以及岩溶条件的改变，岩溶或强或弱一次一次积累、叠加而形成的，这就形成了岩溶的多代性。

　　B　影响岩溶发育、发展的主导因素

（1）地层岩性及可溶性岩层厚度。可溶岩层的成分和岩石结构是岩溶发育和分布的基础。成分和结构均一且厚度很大的石灰岩层，最适合岩溶发育和发展。因此，许多石灰岩地区的岩溶规模很大，形态也比较齐全。白云岩略次于石灰岩，含有泥质或其他杂质的石灰岩或白云岩，溶蚀速度和规模都小得多。岩层的厚度直接影响到岩溶的发育，岩溶随深度的增加而减弱。厚度较大的岩层更易形成岩溶的层性和多代性。

（2）地质构造和岩石的微观构造。褶皱、节理和断层等地质构造控制着地下水的流动通道，地质构造不同，岩溶发育的形态、部位及程度都不同。背斜轴部张节理发育多形成漏斗、落水洞、竖井等垂直洞穴。向斜轴部属于岩溶水的聚水区，水平溶洞及暗河是其主要形态。此外，向斜轴部也有各种垂直裂隙，故也会形成陷穴、漏斗、落水洞等垂直岩溶形态。褶曲翼部是水循环强烈地段，岩溶一般均较发育。张性断裂破碎带有利于地下水渗透溶解，是岩溶强烈发育地带。压性断裂带中岩溶发育较差。但压性断裂的主动盘，可能有强烈岩溶化现象。一般情况下，产状倾斜较陡的岩层，岩溶发育比产状平缓的岩层发育弱得多，而且较慢。可溶岩与非可溶岩的接触带或不整合面，常是岩溶水体的流动的渠道，岩溶沿着这些地方发育较强烈。

（3）新构造运动。新构造运动的性质是十分复杂的，从对岩溶发育的影响来看，地壳的升降运动关系最为重要。其运动的基本形式有上升、下降、相时稳定三种。地壳运动的性质、幅度、速度和波及范围控制着地下水循环交替条件的好坏及其变化趋势，从而控制了岩溶发育的类型、规模、速度、空间分布及岩溶作用的变化趋势。

（4）地形地貌。地形地貌条件是影响地下水的循环交替条件的重要因素，间接影响岩溶发育的规模、速度、类型及空间分布。区域地貌表征着地表水文网的发育特点，反映了局部的和区域性的侵蚀基准面和地下水排泄基准面的性质和分布，控制了地下水的运动趋势和方向，从而也控制了岩溶发育的总趋势。地面坡度的大小直接影响降水渗入量的大小。在比较平缓的地段，降水所形成的地表径流缓慢，则渗入量就较大，有利于岩溶发育。

（5）气候条件。气候是岩溶发育的一个重要因素，它直接影响着参与岩溶作用的水的溶蚀能力和速度，控制着岩溶发育的规模和速度。因此，各气候带内岩溶发育的规模和速度、岩溶形态及其组合特征是大不相同的。气候类型的特征表现在气温、降水量、降水性质、降水的季节分配及蒸发量的大小和变化。其中，以气温高低及降水量大小对岩溶发育的影响最大。

6.4.1.4 岩溶的类型

岩溶的类型划分方法有多种，各种方法都采用不同的依据来进行类别划分。岩溶的类型划分主要有：

（1）按埋藏条件分类。按可溶性岩石的埋藏条件可将岩溶划分为裸露型岩溶、覆盖型岩溶和埋藏型岩溶（见图6-23）。从工程角度出发，这种类别划分结果与工程建设的关系更为密切，因为岩溶的埋藏条件与建筑场地的适宜性和稳定性直接相关。

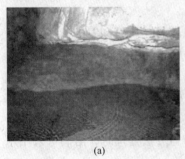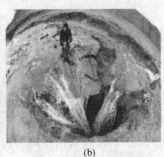

（a）　　　　　　　　　　（b）　　　　　　　　　　（c）

图 6-23　岩溶的埋藏条件分类
（a）裸露型岩溶；（b）覆盖型岩溶；（c）埋藏型岩溶

1）裸露型岩溶。裸露型岩溶的可溶性岩石基本上都出露地表，仅有零星的小片为洼地所覆盖。各种地表和地下的岩溶形态均较为发育，地下水和地表水直接相连，相互转化，地下水位变化幅度大，岩溶形成的地下空洞也大，对工程的危害极大。

2）覆盖型岩溶。覆盖型岩溶的可溶性岩石表面大部分为第四纪沉积物所覆盖。地表覆盖层中也常发育有各种空洞、漏斗、洼地和浅水塘，也是一种对工程危害较大的岩溶类型。

3）埋藏型岩溶。埋藏型岩溶的可溶岩大面积埋藏于不溶性基岩之下，岩溶发育在地下深处，岩溶形态以溶孔、溶隙为主，也有规模较大的溶洞存在。一般而言，埋藏型岩溶对地面工程的危害不大，但对采矿工程却有较大的危害，井下硐室或巷道若遇岩溶水就会发生严重透水事故。

（2）按区域气候状况分类。按区域气候
状况可将岩溶分为热带岩溶、亚热带岩溶、
温带岩溶、干旱地区岩溶和海岸岩溶。热带
岩溶形成于气温高、湿度大、雨量充沛、植
被茂密的湿热气候带地区。亚热带岩溶的岩
溶地貌以丘陵洼地为典型特征。温带岩溶
（见图 6-24）多发生在地层深部，而地表的
岩溶形态则较为少见甚至没有。干旱地区岩
溶的岩溶以干谷和岩溶泉为其特征，地表岩
石在温度作用下风化严重，但是岩溶发育非
常微弱。海岸岩溶除了受气候带影响之外，
更多的是受海水水质、水温、海水面升降等
因素的影响，岩溶作用较为强烈。

图 6-24　温带岩溶

此外，还有按形成年代、水文地质标志等进行的岩溶类别划分方法。

6.4.1.5　岩溶的防治措施

在进行建（构）筑物布置时，应先将岩溶和土洞的位置勘察清楚，然后针对实际情况
做出相应防治措施。当建（构）筑物的位置可以移位时，为了减少工程量和确保建（构）
筑物的安全，应首先设法避开有威胁的岩溶和土洞区，如公路选线时应避开破碎带，选择
难溶层；对于桥梁、隧道确保无大的溶洞、落水洞等。实在不能避开时，再考虑处理
方案。

（1）挖填。挖填是指挖除溶洞中的软弱充填物，回填以碎石、块石和混凝土等，并分
层夯实，以达到改善地基的效果。在溶洞回填的碎石上设置反滤层，以防止潜蚀发生。

（2）跨盖。当洞埋藏较深或洞顶板不稳定时，可采用跨盖方案，如采用长梁式基础或
桁架式基础或刚性大平板等方案跨越。但梁板的支承点必须放置在较完整的岩石上或可靠
的持力层上，并注意其承载能力和稳定性。

（3）灌注。对于溶洞因埋藏较深，不可能采用挖填和跨盖方法处理时，溶洞可采用水
泥或水泥黏土混合灌浆于岩溶裂隙中，应注意灌满和密实。

（4）排导。洞中水的活动可使洞壁和洞顶溶蚀、冲刷或潜蚀，造成裂隙和洞体扩大，
或洞顶坍塌。因而对自然降雨和生产用水应防止下渗，采用截排水措施，将水引导至他处
排泄。

6.4.1.6　岩溶场地的勘察

拟建工程场地或其附近存在对工程安全有影响的岩溶时，应进行岩溶勘察。岩溶勘察
宜采用工程地质测绘和调查、物探、钻探等多种手段结合的方法进行，并应符合下列
要求：

（1）可行性研究勘察应查明岩溶洞隙、土洞的发育条件，并对其危害程度和发展趋势
做出判断，对场地的稳定性和工程建设的适宜性做出初步评价。

（2）初步勘察应查明岩溶洞隙及其伴生土洞、塌陷的分布，发育程度和发育规律，并

按场地的稳定性和适宜性进行分区。

（3）详细勘察应查明拟建工程范围及有影响地段的各种岩溶洞隙和土洞的位置、规模、埋深，岩溶堆填物性状和地下水特征，对地基基础的设计和岩溶的治理提出建议。

（4）施工勘察应针对某一地段或尚待查明的专门问题进行补充勘察。当采用大直径嵌岩桩时，尚应进行专门的桩基勘察。

6.4.2 土洞

土洞一般是特指存在于岩溶地区的可溶性岩层之上的第四纪覆盖层中的空洞（见图6-25）。土洞因地下水或者地表水流入地下土体内，将颗粒间可溶成分溶滤，带走细小颗粒，使土体被掏空成洞穴而形成，这种地质作用的过程称为潜蚀。当土洞发展到一定程度时，上部土层发生塌陷，破坏地表原来形态，危害建筑物的安全和使用。

图 6-25　常见的土洞

6.4.2.1　土洞的形成

土洞的形成和发育与土层的性质、地质构造、水的流动和岩溶的发育等因素有关。土洞的形成主要是由水的潜蚀作用造成的。潜蚀是指地下水流在土体中进行溶蚀和冲刷的作用。地下水流先将可溶成分溶解，而后将细小颗粒从大颗粒的孔隙中带走，这种具有溶蚀作用的潜蚀称为溶滤潜蚀。溶滤潜蚀主要是因溶解土中的可溶物使土中颗粒间的连结性减弱和破坏，从而使颗粒分离和散开，为机械潜蚀创造条件。

可见，在土洞的形成过程中，水起到了决定性作用。根据我国土洞的生长特点和水的作用形式，土洞可分为由地表水下渗发生的机械潜蚀作用形成的土洞和岩溶水流潜蚀作用形成的土洞。

A　由地表水下渗发生机械潜蚀作用形成的土洞

这种土洞的主要形成因素有三点：

（1）土层的性质。土层的性质是造成土洞发育的根据。最易发育成土洞的土层性质和条件是含碎石的亚砂土层内。这样给地表水有向下渗入到碎石亚砂土层中造成潜蚀的良好条件。

（2）土层底部必须有排泄水流和土粒的良好通道。在这种情况下，可使水流挟带土粒向底部排泄和流失。上部覆盖有土层的岩溶地区，土层底部岩溶发育是造成水流和土粒排泄的最好通道。在这些地区土洞发育一般较为剧烈。

（3）地表水流能直接渗入土层中。地表水渗入土层内有三种方式：第一种是利用土中孔隙渗入；第二种是沿土中的裂隙渗入；第三种是沿一些洞穴或管道流入。其中第二种渗入水流是造成土洞发育最主要的方式。土层中的裂隙是在长期干旱条件下，因地表收缩而产生的。这些裂隙成为下雨时良好的通道，于是水不断地向下潜蚀，水量越大，潜蚀越快，逐渐在土层内形成一条不规则的渗水通道。在水力作用下，将崩散的土粒带走，产生了土洞，并继续发育直至顶板破坏，形成地表塌陷。

B 由岩溶水流潜蚀作用形成土洞

这类土洞与岩溶水有水力联系，它分布于岩溶地区基岩面与上覆土层接触处，这类土洞的生成是由于岩溶地区的基岩面与上覆土层接触处分布有一层饱水程度较高的软塑至半流动状态的软土层。在基岩表面有沟、裂隙、落水洞等发育。这样基岩透水性很强。当地下水在岩溶的基岩表面附近活动时，水位的升降可使软土层软化，地下水的流动能在土层中产生潜蚀和冲刷，可将软土的土粒带走，于是在基岩表面处被冲刷成洞穴，这就是土洞形成过程。当土洞不断地被潜蚀和冲刷，土洞逐渐扩大，至顶板不能负担上部压力时，地表就发生下沉或整块塌落，地表呈碟形的、盆形的、深槽的和竖井状的洼地。

6.4.2.2 土洞的处理

在建筑物地基范围内有土洞和地表塌陷时，必须认真进行处理。常用的措施如下：

（1）处理地表水和地下水。在建筑场地范围内，做好地表水的截流、防渗、堵漏等工作，以便杜绝地表水渗入土层中。这种措施对由地表水引起的土洞和地表塌陷，可起到根治的作用。对形成土洞的地下水，当地质条件许可时，可采用截流、改道的办法，防止土洞和地表塌陷的发展。

（2）挖填处理。这种措施常用于浅层土洞。对地表水形成的土洞和塌陷，应先挖除软土，然后用块石或毛石混凝土回填。对地下水形成的土洞和塌陷，可挖除软土和抛填块石后做反滤层，面层用黏土夯实。

（3）灌砂处理（见图6-26）。灌砂适用于埋藏深、洞径大的土洞。施工时在洞体范围的顶板上钻两个或多个钻孔。直径大的用来灌砂，直径小的用来排气。灌砂同时冲水直到小孔冒砂为止。如果洞内用水，灌砂困难，可用压力灌注强度等级为C15的细石混凝土，也可灌注水或砾石。

（4）垫层处理。在基础底面下夯填黏性土夹碎石做垫层，以提高基底标高，减小土洞顶板的附加压力，这样以碎石为骨架可降低垫层的沉降量并增加垫层的强度，碎石之间由黏性土充填，可避免地表水下渗。

（5）梁板跨越。当土洞发育剧烈，可用梁、板跨越土洞，以支撑上部建筑物，采用这种方案时，应注意洞旁土体的承载力和稳定性。

（6）采用桩基或沉井。对重要的建筑物，当土洞较深时，可用桩基或沉井穿过覆盖土层，将建筑物的荷载传至稳定的岩层上。

6.4.2.3 黄土地区土洞与陷穴

黄土陷穴的产生是地下水不断对黄土进行潜蚀的结果，也与黄土自身特性有着密不可分的关系。潜蚀作用与地下水活动有着十分密切的关系。黄土是一种质地疏松、具有大量孔隙、竖向裂缝发育的土，通常有湿陷性甚至自重湿陷性，还含有大量可溶性胶结物质。渗流水将其中的一部分可溶性物质溶化，带走，致使黄土的微观结构强度降低。当渗透水流的水力梯度较大时会扩大黄土的裂缝或毛细孔隙，使之发育成管状孔道。发生渗透的水流断面扩大后，渗透水流流速加快，更加提高了水流的侵蚀和搬运作用，并最终在黄土内部形成空洞。一旦在土体内部产生的空洞体积不断扩大，上覆黄土就有可能在一些因素影响下发生垮塌，在地表面形成洞穴（见图6-27）。

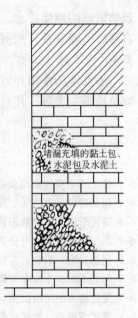

图6-26　灌砂处理

黄土洞穴的产生与地形有很大的关系，并不是所有地区的黄土地层中均发育有黄土陷穴，其分布具有一定的规律性，陷穴一般形成于地形起伏变化较大处，特别是由缓坡突然转为陡坡的地段。黄土陷穴分布具有如下规律：

（1）地貌上的分布规律。在河谷阶地边缘及黄土塬、梁周围的冲沟两岸以及沟床中常发育有黄土陷穴。阶地高差越大陷穴越深。

（2）地层层位上的分布规律。黄土陷穴易产生在疏松的黄土层中，主要分布在近代黄土及马兰黄土中，离石黄土上部也偶见分布，而下部离石黄土及午城黄土由于形成时代较早，土质密实，钙质夹层多，裂缝多为钙质结核所充填，而使陷穴的发育受到极大的限制。

图6-27　甘肃中川地区的陷穴

黄土陷穴发育地带具有如下地貌特征：

（1）黄土碟状凹地。边缘稍陡的碟形凹地，直径可达数十米，呈椭圆或圆形，多分布在地势平坦的易积水凹地中。

（2）漏斗状陷穴。陷穴直径数十米至十几米，多分布在沟脑及沟岸处。

（3）圆筒状陷穴。陷穴为圆筒状，穴壁陡峭，直径可达数米，深5～10m，最深可达20m。此种陷穴初期穴壁完整，后期穴壁坍塌，底部堵塞。多分布在阶地边缘和坡度突变的地带。

（4）串珠状陷穴。整个陷穴呈直线分布，穴地为潜流暗洞，潜流出口多在陡坡底部，系由漏斗状，圆筒状陷穴进一步发展而成。

（5）黄土天桥。其是由串珠状陷穴进一步发展而成。

黄土陷穴发生发展的主要原因是地下水潜蚀的结果，所以防治黄土陷穴首先要做好建筑物附近的地面排水工程，隔断流向建筑场地的地下水。此外对已有的陷穴，目前采用的有灌砂、灌浆及开挖回填夯实等几种处理方法。其中开挖回填夯实效果最好，采用也最为普遍。

不良地质作用和地质灾害还包括采空区、地面沉降、活动断裂、场地和地基的地震效应及地震灾害等。其对工程建设影响很大，工程中应查明、分析、评价与评付其适宜性。

复习思考题

6-1 常见的不良地质现象有哪些?

6-2 何谓边坡，边坡的变形和破坏方式有哪些?

6-3 简述滑坡的主要形态及形成条件。

6-4 如何对泥石流进行分类? 简述泥石流的防治措施。

6-5 何谓岩溶，影响岩溶发生、发展的影响因素有哪些?

6-6 何谓土洞，工程中如何采取防治措施?

6-7 简述滑坡的防治措施与治理方法。

6-8 简述工程不良地质现象对工程建设的影响。

7 特殊土的工程性质

我国幅员广阔，分布土类繁多，地质条件复杂，工程性质各异，从沿海到内陆，由山区到平原，分布着多种多样的土类。由于不同的地理环境、气候条件、地质成因、历史过程、物质成分和次生变化等原因，一些土具有与一般土不同的特殊性质，这些具有特殊工程性质的土类称为特殊土（special soils）。各种天然或人为形成的特殊土的分布，具有一定的规律，表现一定的区域性，因此，又称为区域性土。

在我国，具有特殊工程意义的特殊土包括沿海及内陆地区各种成因的软土；主要分布于西北、华北等干旱、半干旱气候区的黄土；西南亚热带湿热气候区的红黏土；主要分布于南方和中南地区的膨胀土；高纬度、高海拔地区的多年冻土及盐渍土、人工填土和污染土等。本章主要阐述软土、湿陷性黄土、膨胀土、红黏土、冻土、填土、盐渍土、混合土、风化岩和残积土等的工程特性以及对其工程问题的分析与评价。

7.1 软 土

软土泛指淤泥及淤泥质土，是第四纪后期于沿海地区的滨海相、泻湖相、三角洲相和溺谷相、内陆平原或山区的湖相和冲积洪积沼泽相等静水或非常缓慢的流水环境中沉积，并经生物化学作用形成的饱和软黏土。它富含有机质，天然含水量 w 大于液限 w_L，天然孔隙比 e 大于或等于 1.0。其中：当 $e \geqslant 1.5$ 时，称为淤泥；当 $1.5 > e \geqslant 1.0$ 时称为淤泥质土，它是淤泥与一般黏性土的过渡类型；当土中有机质含量不小于 5% 且不大于 10% 时，称有机质；当有机质含量大于 10% 且不大于 60% 时，称为泥炭质土；当有机质含量大于 60% 时，称为泥炭。泥炭是未分解的植物遗体堆积而成的一种高有机土，呈深褐-黑色。其含水量极高，压缩性很大且不均匀，往往以夹层或透镜体构造存于一般黏性土或淤泥质土层中，对工程建设极为不利。

7.1.1 软土的组成和形态特征

软土的组成成分和形态特征是由其生成环境决定的。由于它形成于上述水流不通畅、饱和缺氧的静水盆地，这类土主要由黏粒和粉粒等细小颗粒组成。淤泥的黏粒含量较高，一般达 30%～60%。黏粒的黏土矿物成分以水云母和蒙脱石为主，含大量的有机质。有机质含量一般达 5%～15%，最大达 17%～25%。这类黏土矿物和有机质颗粒表面带有大量负电荷，与水分子作用非常明显，因而在其颗粒外围形成很厚的结合水膜，且在沉积过程中由于粒间静电引力和水分子引力作用，呈絮状和蜂窝状结构。因此，软土含大量的结合水，并由于存在一定强度的粒间连结而具有显著的结构性。

由于软土的生成环境及上述粒度、矿物组成和结构特征，结构性显著且处于形成初期，呈饱和状态，软土在其自重作用下难于压密，而且来不及压密。因此，不仅使其必然具有高孔隙性和高含水量，而且使淤泥一般呈欠压密状态，以致其孔隙比和天然含水量随埋藏深度有很小的变化，因而土质特别松软，淤泥质土一般呈欠压密或正常压密状态，其强度随深度有所增大。

淤泥和淤泥质土一般呈软塑状态，但其结构一经扰动破坏，就会使其强度剧烈降低甚至呈流动状态。因此，淤泥和淤泥质土的黏度实质上处于潜流状态。

7.1.2 软土的工程性质

（1）高含水量和高孔隙性。工程实践表明，软土的天然含水量一般为 50% ~ 60%，甚至更大，饱和度可达 100%。液限一般为 40% ~ 60%，天然含水量随液限的增大呈正比例增加。天然孔隙比在 1 ~ 2 之间，最大达 3 ~ 4。其饱和度一般大于 95%，因而天然含水量与其天然孔隙比呈直线变化关系。软土如此高含水量和高孔隙性特征是决定其压缩性和抗剪强度的重要因素。

（2）渗透性弱。软土的渗透系数一般在 $i \times 10^{-4}$ ~ $i \times 10^{-8}$ cm/s 之间，而大部分滨海相和三角洲相软土地区，由于该土层中夹有数量不等的薄层或极薄层粉、细砂，粉土等，故在水平方向的渗透性较垂直方向要大得多。

（3）压缩性高。软土均属高压缩性，其压缩性系数 a_{1-2} 一般为 0.7 ~ 1.5MPa^{-1}，最大可达 4.5MPa^{-1}，它随着土的液限和天然含水量的增大而增高。

由于该类土具有含水量高、渗透性低及压缩性高等特征，因此，在建筑荷载作用下的变形有如下特征：

1）变形大而不均匀。实际资料表明，对于砖墙承重的混合结构，如以层数来表示地基受到荷载的大小，则 4 ~ 6 层的民用房屋其平均沉降量一般可达 25 ~ 50mm；七层的则多达 60 ~ 70mm；对于带有不同等级工作制吊车荷载的单层工业厂房，其沉降量约为 20 ~ 60mm；对于大型构筑物，如水池、料仓、油罐等，其沉降量一般都大于 50mm，甚至超过 100mm。

在相同的条件下，软土地基的变形量比一般黏性土地基要大几倍至十几倍。因此，上部荷重的差异和复杂的结构体型都会引起严重的差异沉降和倾斜。

2）变形稳定历时长。因软土的渗透性很弱，水分不易排出，故使建筑物沉降稳定历时较长，如图 7-1 所示。例如沿海、江浙一带这种软黏土地基上的大部分建筑物在建成约 5 年之久的时间内，往往仍保持着每年 1mm 左右的沉降速率，其中有些建筑物则每年下沉 3 ~ 4mm。

（4）抗剪强度低

软土的抗剪强度小且与加荷载速度及排水固结条件密切相关。不排水三轴快剪强度值很小，且与其侧压力大小无关，即其内摩

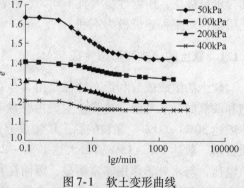

图 7-1 软土变形曲线

擦角很小，内聚力一般都小于 20kPa；直剪快剪内摩擦角一般为 2° ~ 5°，内聚力为 10 ~ 15kPa；排水条件下的抗剪强度随固结程度的增加而增大，固结快剪的内摩擦角可达 8° ~

12°，内聚力为 20kPa 左右。这是因为在土体受荷时，其中孔隙水在充分排出的条件下，使土体得到正常的压密，从而逐步提高其强度。因此，要提高软土地基的强度，必须控制施工和使用时的加荷速度，特别是在开始阶段，加荷不能过快过大，以便每增加一级荷重与土体在新的受荷条件下强度的提高相适应。如果相反，则土中水分将来不及排出，土体强度不但来不及得到提高，反而会由于土中孔隙水压力的急剧增大，有效应力降低而产生土体的挤出破坏。

（5）较显著的触变性和蠕变性。由于软土的结构性在其强度的形成中占据相当重要的地位，因而触变性也是它的一个突出的性质。我国东南沿海地区的三角洲相及滨海泻湖相软土的灵敏度一般在 4～10 之间，个别达到 13～15。

软土的蠕变性是比较明显的。在长期恒定应力作用下，软土将产生缓慢的剪切变形，并导致抗剪强度的衰减。在固结沉降完成之后，软土还可能继续产生可观的次固结沉降。上海等地许多工程的现场实测结果表明：当土中孔隙水压力完全消散后，建筑物还会继续沉降。

7.1.3　不同成因类型软土层的分布和构造差异

软土的分布、土层构造以及土质还因其成因类型的不同而有所不同。沿海及温州、宁波一带泻湖相沉积软土的特征是：分布广阔，厚度大，土质均一。该地区除了地表约 1m 厚的一般黏性土外，其下厚度 30cm 以上的都是塑性很大（$I_p \approx 30$）的淤泥，含水量一般为 60%～80%，孔隙比达 1.6～1.8，极限强度仅 30～60kPa。福州地区的溺谷相淤泥则分布范围及厚度变化大，但土质更差，而上海和天津等地的三角洲相和滨海相软土虽然分布广，厚度稳定，但由于属海陆交互沉积并受到潮汐作用影响，土层分选程度差，多交错的斜层理，间夹粉砂，粉土薄层和透镜体。有的土层呈"千层饼"样的细微层状构造，其水平向渗透性往往高于垂直向 2～4 倍，受荷时固结速度比均匀软土要大得多。因此，上海、天津等地区软土的工程性质相对较好。

一般内陆湖相软土的特点是厚度大而更富含有机质，往往掩埋有分布范围和厚度不等的肥淤泥和泥炭夹层或透镜体，很少有砂夹层。

古河道牛轭湖相及山区河、湖盆地和山前谷底淤积软土由于受形成条件和原始地形影响，分布面积不大，但厚度变化悬殊。例如，贵州省软土多呈透镜状或鸡窝状分布，有时相距不过 2m，厚度相差竟达到 7～8m 之多。这类土的工程性质往往比一般平原湖相软土更差，造成了地基的严重不均匀性。

7.1.4　软土的勘察

7.1.4.1　勘察内容

据《岩土工程勘察规范》（GB 50021—2001），软土勘察除应符合常规要求外，尚应查明下列内容：

（1）成因类型、成层条件、分布规律、层量特征、水平向和垂直向的均匀性；

（2）地表硬壳层的分布与厚度、下伏硬土层或基岩的埋深和起伏；

（3）固结历史、应力水平和结构破坏对强度和变形的影响；

（4）微地貌形态和暗埋的塘、浜、沟、坑、穴的分布、埋深及其填土的情况；

（5）开挖、回填、支护、工程降水、打桩、沉井等对软土应力状态、强度和压缩性的影响；

（6）当地的工程经验。

7.1.4.2　勘察方法

（1）软土地区勘察宜采用钻探取样与静力触探结合的手段。勘探点布置应根据土的成因类型和地基复杂程度确定。当土层变化较大或有暗埋的塘、浜、沟、坑、穴时应予加密。

（2）软土取样应采用薄壁取土器，其规格应符合规范要求。

（3）软土原位测试应采用静力触探试验、旁压试验、十字板剪切试验、扁铲侧胀试验和螺旋板载荷试验。

（4）软土的力学参数宜采用室内试验、原位测试，结合当地经验确定。有条件时，可根据堆载试验、原型监测反分析确定。抗剪强度指标室内宜采用三轴试验，原位测试宜采用十字板剪切试验。

（5）软土勘察，勘探点的间距一般不应超过 30cm，深度可按 $Z=d+mb$ 估算。式中，Z 为钻孔深度，d 为基础埋深、b 为基础宽度，m 为深度系数，控制孔取 2.0，一般孔取 1.0。

7.1.5　软土的试验方法

软土的室内土工试验包括压缩系数、先期固结压力、压缩指数、回弹指数、固结系数等测定，可分别采用常规固结试验、高压固结试验等方法确定。

软土剪切试验应合理选用试验方法：

（1）当建筑物加荷速率较快，地基土为低透水的软黏土时，应采用不固结不排水三轴剪切试验。

（2）当建筑物加荷速率较慢，土体基本固结后又承受快速加载作用时，应采用固结不排水三轴剪切试验或固结快剪。

（3）当建筑物加荷速度较慢，土体中的孔隙水压力能充分消散时，应采用固结排水三轴剪切试验或慢剪。

7.1.6　软土地基的分析评价

软土的岩土工程评价应包括下列内容：

（1）判定地基产生失稳和不均匀变形的可能性；当工程位于池塘、河岸、边坡附近时，应验算其稳定性。

（2）软土地基承载力应根据室内试验、原位测试和当地经验，并结合下列因素综合确定：

1）软土成层条件、应力历史、结构性、灵敏度等力学特性和排水条件。

2）上部结构的类型、刚度、荷载性质和分布，对不均匀沉降的敏感性。

3）基础的类型、尺寸、埋深和刚度等。

4）施工方法和程序。

（3）当建筑物相邻高低层荷载相差较大时，应分析其变形差异和相互影响；当地面有大面积堆载时，应分析对相邻建筑物的不利影响。

（4）地基沉降计算可采用分层总和法或土的应力历史法，并应根据当地经验进行修正，必要时，应考虑软土的次固结效应。

（5）提出基础形式和持力层的建议；对于上为硬层、下为软土的双层土地基应进行下卧层验算。

软土岩土工程分析与评价包括稳定性评价与地基深度及变形评价。评价的原则：应采用原位测试、室内试验、理论计算及地区建筑经验等相结合的综合分析的方法确定，并注重采取减少地基变形和不均匀沉降及提高地基强度的措施。

7.2 湿陷性黄土

湿陷性土是指在200kPa压力下浸水荷载试验的湿陷量与承压板宽度之比大于0.023的土。它包括干旱和半干旱地区的湿陷性碎石土、湿陷性砂土、湿陷性黄土等。本节主要介绍湿陷性黄土的工程性质。

7.2.1 湿陷性黄土的分布和组成

黄土是一种第四纪地质历史时期干旱气候条件下的沉积物。一般认为黄土应具备如下特征：为风力搬运沉积，无层理；颜色以黄色、褐黄色为主，有时呈灰黄色；颗粒组成以粉粒为主，含量一般在60%以上，几乎没有粒径大于0.25mm的颗粒；富含碳酸钙盐类；垂直节理发育；一般有肉眼可见的大孔隙。当缺少其中的一项或几项特征时，称为黄土状土或次生黄土，满足前述所有特征的称为原生黄土或典型黄土。一般将原生黄土和次生黄土统称为黄土。

黄土在我国的分布约有63万余平方公里，主要分布在我国的黄河流域的甘肃、陕西、山西大部分地区以及河南、河北、山东、宁夏、内蒙古等省。以甘肃的陇西、陇东地区，陕西的陕北地区、关中地区的黄土性质最为典型。

湿陷性黄土的颗粒组成以粉粒为主，一般占总质量的60%以上，小于0.005mm的黏粒含量较少，大于0.1mm的细砂颗粒含量在5%以内，大于0.25mm的中砂以上的颗粒则很少见到。黄土中含有大量的碳酸盐、硫酸盐和氯化物等可溶盐类。从区域特点上看，黄土颗粒有从西北向东南逐渐变细的趋势。

黄土是在干旱半干旱的气候条件下形成的，少量的水分以及溶于水中的盐类都集中到较粗颗粒的表面和接触点处，可溶盐逐渐浓缩沉淀而成为胶结物，形成以粗粉粒为主体骨架的蜂窝状大孔隙结构。同时，黄土在干旱季节因失去大量水分而体积收缩，形成许多竖向裂隙，使黄土具有了柱状构造。在湿陷性黄土地区进行工程建设，必须了解黄土的工程特性，查明黄土的湿陷性质、湿陷性土的厚度及其分布变化，确定湿陷性黄土的湿陷类型和湿陷性黄土地基的湿陷等级。

7.2.2 湿陷性黄土的工程性质

（1）压缩性。湿陷性黄土由于有可溶盐和存在负孔隙压力，所以在天然状态下，它的压缩性较低，但一旦遇到水的作用，可溶盐类溶解和负孔隙压力消失，压缩性骤然增高，此时土即产生湿陷。

（2）抗剪强度。湿陷性黄土由于存在可溶盐类负孔隙压力和部分原始黏聚力，形成较高的结构强度，使土的黏聚力增大，但如果土体受水浸湿，易产生胶溶作用，使土的结构强度减弱，直至完全消失，此时土即产生湿陷。湿陷性黄土的内摩擦角与含水量也有很大关系，含水量越大，内摩擦角越小。

（3）渗透性。湿陷性黄土由于具有垂直节理，因此其渗透性不同方向是不一样的，垂直向渗透系数一般要比水平向大 10 倍左右。

（4）湿陷性。湿陷性是指土在自重压力或土的附加压力和自重压力共同作用下受水浸湿时产生急剧而大量的附加下沉的性质。湿陷性黄土的湿陷性与物理性指标的关系极为密切。

湿陷性与干密度的关系：黄土的干密度越小，湿陷性越强，当干密度大于 $10g/cm^3$ 时，一般均不具湿陷性。

湿陷性与孔隙比的关系：黄土的孔隙比越大，湿陷性越强。

湿陷性与含水量和饱和度的关系：黄土的含水量（饱和度）越低，湿陷性越强，当饱和度大于 70% 时，湿陷系数大于 0.015 的仅占 3.4%。

湿陷性与液限的关系：黄土的液限越小，湿陷性越强，当液限大于 30% 时，黄土的湿陷性一般较弱，且多为非自重湿陷类型；液限小于 30%，湿陷性较为强烈。

7.2.3　湿陷性黄土的评价

7.2.3.1　湿陷系数和自重湿陷系数

衡量黄土是否具有湿陷性及湿陷性大小的指标是湿陷系数 δ_s，它是单位厚度的黄土土样在给定的工程压力作用下，受水浸湿后所产生的湿陷量，由室内压缩试验测定。在压缩仪中将高度为 h_0 的原状试样逐级加压到规定的压力 p，等土样压缩稳定后测得试样高度 h_p，然后加水浸湿土样，测得下沉稳定后的高度 h_p'，设土样的原始高度为 h_0，则土样湿陷系数 δ_s 为

$$\delta_s = \frac{h_p - h_p'}{h_0} \tag{7-1}$$

当 $\delta_s < 0.015$ 时，应定其为非湿陷性黄土；当 $\delta_s \geqslant 0.015$ 时，应定其为湿陷性黄土。

在上述试验中，若压力 p 取为该土样在地层中的上覆饱和自重压力时，所测得的湿陷系数称为自重湿陷系数，用符号 δ_{zs} 表示。

当土的自重湿陷系数 $\delta_{zs} < 0.015$ 时，定其为非自重湿陷性黄土；当 $\delta_{zs} \geqslant 0.015$ 时，定其为非自重湿陷性黄土。

7.2.3.2　湿陷起始压力

黄土的湿陷量是压力的函数，如图 7-2 所示。非自重湿陷性黄土，存在着一个压力界限值，压力低于这个数值，黄土即使浸水也不会发生湿陷变形（$\delta_s < 0.015$），只有当压力超过某个界限值时，黄土才开始产生湿陷变形（$\delta_s \geqslant 0.015$），这个界限压力值被称为湿陷起始压力 p_{sh}。

在非自重湿陷性黄土地基上进行荷载不大的基础和土垫层设计时，在经济可能的情况下，可以适当加宽基础底面尺寸或加厚垫层厚度，使基底压力或垫层底面总压力（自重压

力与附加压力之和）不超过受力层黄土的湿
陷起始压力，这样既使地基浸水也可避免湿
陷事故的发生。

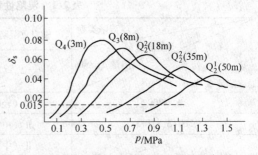

7.2.3.3　黄土建筑场地的湿陷类型

自重湿陷性黄土在没有外荷载的作用下，
浸水后也会迅速发生剧烈的湿陷。这使得即
使一些荷载很小的建筑物也难免遭受破坏，
而非自重湿陷性黄土地区这种情况却相对少
见。因此，对于湿陷类型不同的黄土地基，

图 7-2　黄土湿陷性与压力的关系示意图

所采取的设计和施工措施也应有所区别。在黄土地区地基勘察中，应用场地的实测自重湿
陷量或计算自重湿陷量来判定建筑场地的湿陷类型。建筑场地的实测自重湿陷量应根据现
场试坑浸水试验确定，计算自重湿陷量则按下式计算：

$$\Delta_{zs} = \beta_0 \sum_{i=1}^{n} \delta_{zsi} h_i \tag{7-2}$$

式中　δ_{zsi}——第 i 层土自重湿陷系数；

　　　h_i——第 i 层土的厚度，cm；

　　　β_0——因地区土质而异的修正系数，对陇西地区可取 1.5，对陇东陕北地区可取
　　　　　1.2，对关中地区可取 0.9，对其他地区可取 0.5；

　　　n——总计算厚度内自重湿陷性土层的数目。总计算厚度应自天然地面算起（当
　　　　　挖、填方厚度及面积较大时，应自设计地面算起）至其下全部自重湿陷性黄
　　　　　土层的底面为止，其中自重湿陷系数 $\delta_{zs} < 0.015$ 的土层不应累计。

当 $\Delta_{zs} \leqslant 7cm$ 时，该建筑场地被判定为非自重湿陷性黄土场地；$\Delta_{zs} > 7cm$ 时，判定为自
重湿陷性黄土场地。当自重湿陷量的实测值和计算值出现矛盾时，应按自重湿陷量的实测
值判定。

7.2.3.4　湿陷性黄土的湿陷等级

湿陷性黄土地基的湿陷等级应根据基底下各土层累计的总湿陷量（计算所得）和计算
自重湿陷量的大小综合判定。总湿陷量按下式计算：

$$\Delta_s = \beta \sum_{i=1}^{n} \delta_{si} h_i \tag{7-3}$$

式中　δ_{si}，h_i——第 i 层土的湿陷系数和厚度（cm）；

　　　β——考虑黄土地基侧向挤出和浸水概率等因素的修正系数，缺乏实测资料时，
　　　　　基础底面下 5.0m（或压缩层）深度范围内可取 1.5，基底下 5～10m 深
　　　　　度内，取 $\beta=1$，基底下 10m 以下至非湿陷性黄土层顶面，在自重湿陷性
　　　　　黄土场地，可取工程所在地区的 β_0 值。

湿陷量的计算值 Δ_s 的计算深度，应自基础底面（如基底标高不确定时，自地面下
1.50m）算起；在非自重湿陷性黄土场地，累计至基底下 10m（或地基压缩层）深度为
止；在自重湿陷性黄土场地，累计至非湿陷黄土层的顶面为止。其中湿陷系数 δ_s（10m 以
下为 δ_{zs}）小于 0.015 的土层不累计。

湿陷性黄土地基的湿陷等级见表 7-1。

表 7-1　湿陷性黄土地基的湿陷等级

湿陷类型 计算自重湿 陷量 Δ_{zs}/mm 总湿陷量 Δ_s/mm	非自重湿陷性场地	自重湿陷性场地	
	$\Delta_{zs} \leqslant 70$	$70 < \Delta_{zs} \leqslant 350$	$\Delta_{zs} > 350$
$\Delta_s \leqslant 300$	Ⅰ（轻微）	Ⅱ（中等）	—
$300 < \Delta_s \leqslant 700$	Ⅱ（中等）	Ⅱ（中等）或Ⅲ（严重）①	Ⅲ（严重）
$\Delta_s > 700$	Ⅱ（中等）	Ⅲ（严重）	Ⅳ（很严重）

①当总湿陷量 $\Delta_s > 300$mm、自重湿陷量的计算值 $\Delta_s > 300$mm 时，可判为Ⅲ级；其他情况可判为Ⅱ级。

7.2.4　湿陷性黄土勘察

湿陷性黄土的勘察应查明湿陷性黄土的物理力学性质，确定湿陷类型、湿陷等级及其在平面上和深度上的界限。

（1）勘探点的布置应根据总平面图、建筑物类别和工程地质条件复杂程度确定。取土勘探点的数量不得少于全部勘探点的 2/3。取土勘探点中，应有一定数量的探井，在Ⅲ、Ⅳ级自重湿陷性黄土场地，探井数量不得少于 1/3。

（2）勘探点的深度，除应大于地基压缩层的深度外，对非自重湿陷性黄土场地，还应大于基础底面下 5m，对自重湿陷性黄土场地，当基础底面下的湿陷性黄土层厚度大于10m 时，对陇西地区和陇东陕北地区，不应小于基础底面下 15m，对其他地区不应小于基底下 10m。对甲、乙类建筑物应有一定数量的取土勘探点穿透湿陷性黄土层。

（3）采取原状土试样，必须保持其天然的湿度和结构。在探井中采取原状土样，竖向间距宜为 1m，土样直径不应小于 10cm；在钻孔中采取原状土样，必须严格掌握钻进方法，压入法或重锤一击法的取样方法，取土器应使用专门的黄土薄壁取土器。

（4）采用静力触探、标准贯入试验或旁压试验探查地层的均匀性和测求力学性质指标。当需进一步确定湿陷起始压力或地基承载力时，应进行载荷试验。

（5）对地下水有升降趋势或变化幅度较大时，从初步勘察阶段开始，即应进行地下水动态的长期观测。

（6）根据实测或计算自重湿陷量划分场地湿陷类型：当实测或计算自重湿陷量大于 7cm时，应定为自重湿陷性黄土场地；当实测湿陷量小于或等于 7cm 时，应定为非自重湿陷性黄土场地。计算自重湿陷量，应从天然地面算起，至其下全部湿陷性黄土层的底面为止。

（7）根据自重湿陷量和总湿陷量划分湿陷性黄土地基的湿陷等级（参见 GB50025—2004）。总湿陷量应从基础底面算起，在非自重湿陷性黄土场地，累计至基底下 5m（或压缩层）深度为止；在自重湿陷性黄土场地，对甲、乙类建筑，应累计至非湿陷性土层顶面为止。对丙、丁类建筑，当基底下的湿陷性土层厚度大于 10m 时，陇西、陇东陕北地区不应小于 15m，其他地区不应小于 10m。

7.2.5　湿陷性黄土地基的工程措施

（1）地基处理措施。其目的在于破坏湿陷性黄土的大孔结构，以便全部或部分消除地基的湿陷性，从根本上避免或削弱湿陷现象的发生。常用的地基处理方法有换填法、密实法、胶结法、加筋法等。

（2）防水措施。在建筑物的建造与使用过程中，注意整个建筑场地的防水与排水问题，防止地基被浸湿。

（3）结构措施。在设计中考虑地基基础与上部结构相互作用的理念，增强建筑物的刚度，调整地基土的不均匀沉降。

7.3 膨 胀 土

膨胀土是土中黏粒成分主要由亲水性矿物组成，具有显著的吸水膨胀和失水收缩两种变形特性的黏性土。虽然一般黏性土也都有膨胀、收缩特性，但其变形量不大；而膨胀土的膨胀—收缩—再膨胀的周期性变形特性非常显著，并给工程带来危害，因而将其作为特殊土从一般黏性土中区别出来。我国膨胀土分布很广，以云南、广西、湖北、安徽、河北、河南等省（自治区）的山前丘陵和盆地边缘最严重，此外，贵州、陕西、山东、江苏、四川等省都有分布。按其成因大体有残积-坡积、湖积、冲积-洪积和冰水沉积四个类型，其中以残、坡积型及湖积型膨胀土的膨胀性最强。从形成年代看，一般为上更新统及其以前形成的土层。从分布的气候条件看，在亚热带气候区的云南、广西等地的膨胀土与全国其他温带地区的膨胀土比较，膨胀性明显强烈。

7.3.1 膨胀土的特征及其判别

膨胀土一般强度较高，压缩性低，易被认为是建筑性能较好的地基土，但由于其具有膨胀和收缩的特性，当利用这种土作为建筑物地基时，如果对它的特性缺乏认识，或在设计和施工中没有采取必要的措施，结果会给建筑物造成危害。

7.3.1.1 膨胀土的特征

A　土体的现场工程地质特征

（1）地形地貌特征。膨胀土多分布于Ⅱ级以上的河谷阶地或山前丘陵地区，个别处于Ⅰ级阶地。在微地貌方面有如下共同特征：

1）呈垄岗式低丘，浅而宽的沟谷，地形坡度平缓，无明显的自然陡坎。

2）人工地貌，如沟渠、坟墓、土坑等很快被夷平，或出现剥落、"鸡爪冲沟"，在池塘、库岸、河溪边坡地段常有大量的坍塌或小滑坡发生。

3）旱季地表出现裂缝，长数米至数百米，宽数厘米至数十厘米，深数米。特点是多沿地形等高线延伸，雨季闭合。

（2）土质特征。

1）颜色呈黄、黄褐、灰白、花斑（杂色）和棕红等色。

2）多为高分散的黏土颗粒组成，常有铁锰质及钙质结核等零星包含物，结构致密细腻。一般呈坚硬、塑硬状态，但雨天浸水剧烈变软。

3）近地表部位常有不规则的网状裂缝。裂缝面光滑，呈蜡状或油脂光泽，时有擦痕或水迹，并有灰白色黏土（主要有蒙脱石或伊利石矿物）充填，在地表部分常因失水而张开，雨季又因浸水而重新闭合。

B 膨胀土的物理、化学及膨胀性指标

（1）黏粒含量多达 35% ~85%。其中粒径小于 0.002mm 的胶粒含量一般也在 30% ~ 40% 范围。液限一般在 40% ~50%，塑性指数多在 22 ~35 之间。

（2）天然含水量接近或略小于塑限，常年不同季节变化幅度为 3% ~6%，故一般呈坚硬或塑硬状态。

（3）天然孔隙比小，变化范围在 0.50 ~0.80 之间。云南的较大，为 0.70 ~1.20，同时其天然孔隙比随土体湿度的增减而变化，即土体增湿膨胀，孔隙比变大，土体失水收缩，孔隙比变小。

（4）自由膨胀量一般超过 40%，也有超过 100% 的。各地膨胀土的膨胀率、收缩率等指标的试验结果差异很大。例如，就膨胀力而言，同一地点同一层土的膨胀力在河南平顶山可以从 6 ~550kPa，一般值也在 30 ~250kPa；云南蒙自为 20 ~220kPa，一般值在 10 ~ 80kPa。同样收缩率值平顶山从 2.7% ~8%；蒙自是 4% ~15%。这是因为这些试验是在天然含水量的条件下进行的，而同一地区土的天然含水量随季节及其环境条件而变化。试验证明，当膨胀土的天然含水量小于最佳含水量（或塑限）之后，每减小 3% ~5%，其膨胀力可增大数倍，收缩率则大为减小。

（5）膨胀土的强度和压缩性。膨胀土在天然条件下一般处于硬塑或坚硬状态，强度较高，压缩性较低。但这种土层往往由于干缩、裂缝发育，呈现不规则网状与条带状结构，破坏了土体的整体性，降低承载力，并可能使土体丧失稳定性。这一点对浅基础、重荷载的情况不能单纯从"平衡膨胀力"的角度，或小块试样的强度考虑膨胀土的整体强度问题。

7.3.1.2 膨胀土的判别

膨胀土的判别是解决膨胀土问题的前提，因为只有确认了膨胀土及其膨缩性等级才可能有针对性地研究、确定需要采取的防治措施。

膨胀土的判别方法，应采用现场调查与室内物理性质和胀缩特性试验指标鉴定相结合的原则。即首先必须根据土体及其埋藏、分布条件的工程地质特征和建于同一地貌单元的已有建筑物的变形、开裂情况作初步的判断，然后再根据试验指标进一步验证综合判别。

凡具有前述土体的工程地质特征以及已有建筑物变形、开裂特征的场地，且土的自由膨胀率大于或等于 40% 的土应判定为膨胀土。

7.3.2 影响膨胀土胀缩变形的主要因素

膨胀土的胀缩变形特性主要由土的内在因素决定，同时受到外部因素的制约。胀缩变形的产生是膨胀土的内在因素在外部适当的环境条件下综合作用的结果。影响土的胀缩变形的主要因素如下所述。

7.3.2.1 内因

（1）矿物及化学成分。膨胀土主要由蒙脱石、伊利石等矿物组成，亲水性强，胀缩变形大。化学成分以氧化硅、氧化铝、氧化铁为主。例如，氧化硅含量大，则胀缩量大。

（2）黏粒的含量。由于黏土颗粒细小，比表面积大，因而具有很大的表面能。

（3）土的密度。土的密度大即孔隙比小，则浸水膨胀强烈，失水收缩小，反之，密度小即孔隙比大，则浸水膨胀小，失水收缩大。

（4）土的含水量。若初始含水量与膨胀后含水量接近，则膨胀小，收缩大。反之则膨胀大，收缩小。

（5）土的结构强度。结构强度愈大，则土体限制胀缩变形的能力也愈大。当土的结构被破坏后，土的胀缩性也增大。

7.3.2.2 外因

（1）气候条件。气候条件是影响土胀缩变形的主要因素，包括降雨量、蒸发量、气温、相对湿度和地温等，雨季土体吸水膨胀，旱季失水收缩。

（2）地形、地貌条件。地形、地貌条件与土中水的变化是主要的因素。同类膨胀土地基，地势低处比高处胀缩变形小得多；在边坡地带，坡脚地段比坡肩地段的同类地基的胀缩变形要小得多。

（3）日照通风的影响。许多关于膨胀土地基上的建筑物开裂情况的调查资料表明：房屋向阳面，即南、西、东，尤其南、西两面的开裂较多。背阳面即北面开裂较少，甚至没有。

（4）在炎热和干旱地区，建筑物周围的阔叶树，对建筑物的膨缩性造成不利的影响。尤其在旱季，当无地下水或者地表水补给时，由于树根的吸水作用，会使土中的含水量减少，更加剧了地基土的干缩变形，使近旁有成排树木的房屋产生裂缝。

（5）局部渗水的影响。对于天然湿度较低的膨胀土，当建筑物内、外有局部水源补给（如水管漏水、雨水和施工时用水未能及时排除）时，必然会增大地基胀缩变形的差异。

另外，在膨胀土地基上建筑冷库或高温构筑物，如无隔热措施也会因不均匀胀缩变形而开裂。

7.3.3 膨胀土的胀缩性指标

（1）自由膨胀率 d_{ef}（%）。自由膨胀率是指人工制备的通过 0.5mm 筛的烘干土，在水中增加的体积与原体积之比的百分数，按下式计算：

$$d_{ef}=\frac{V_w-V_0}{V_0}\times100 \tag{7-4}$$

式中　V_w——试样在水中膨胀稳定后的体积，mL；

V_0——试样原有体积，mL。

自由膨胀率的测试方法简单易行，是膨胀土的综合判别指标。但它不能反映原状土的膨胀变形，因此不能用于评价地基的膨胀量。

（2）膨胀率 d_{ep}（%）。膨胀率是指在一定压力下，浸水膨胀稳定后，试样增加的高度与原高度之比的百分数，按下式计算：

$$d_{ep}=\frac{h_w-h_0}{h_0}\times100 \tag{7-5}$$

式中　h_w——试样浸水膨胀稳定后的高度，mm；

h_0——试样原始高度，mm。

膨胀率的测定是用原状土，但试验是有侧限的，与实际条件有差别。

试验表明，膨胀率随着垂直荷载的增大而显著减小。因此，当用于确定地基的膨胀等级时，按规范膨胀率可在垂直荷重为 50kPa 的条件下测定；若用于考虑土的膨胀性对建筑物的影响，计算地基膨胀变形量时，则应按基底附加应力和土的自重应力分布的实际情况，在相应荷重下测定土的膨胀率。

（3）膨胀力 p_e。膨胀力为原状土样在体积不变时，由于浸水膨胀产生的最大内应力。土的膨胀率越大，其膨胀力也越大；反之，膨胀力越小。对于某一膨胀土试样的试验过程，当土的膨胀量逐渐增加，直到最大限度时，相应的膨胀内力则随之减小，直至完全消失。因此，具体条件下的土的膨胀力与膨胀率有着相互消长的关系。

（4）土的收缩率 d_s 及收缩系数 l_s。土的收缩率 d_s（%）亦称线缩率，是指原状土样在干燥过程中收缩的高度与其原始高度之比的百分数，按下式计算：

$$d_s = \frac{h_0 - h}{h_0} \times 100 \tag{7-6}$$

式中 h——试样失水收缩后的高度，mm；

h_0——试样的原始高度，mm。

7.3.4 膨胀土的勘察及其试验方法

（1）膨胀土的勘察应遵守下列规定：

1）勘探点宜结合地貌单元和微地貌形态布置；其数量应比非膨胀岩土地区适当增加，其中采取试样的勘探点不应少于全部勘探点的 1/2。

2）勘探孔的深度，除应满足基础埋深和附加应力的影响深度外，尚应超过大气影响深度；控制性勘探孔不应小于 8m，一般性勘探孔不应小于 5m。

3）在大气影响深度内，每个控制性勘探孔均应采取Ⅰ、Ⅱ级土试样，取样间距不应大于 1.0m，在大气影响深度以下，取样间距可为 1.5～2.0m；一般性勘探孔从地表水下 1m 开始至 5m 深度内，可取Ⅲ级土试样，测定天然含水量。

（2）试验方法。

1）膨胀土的室内试验，应测定的指标有：自由膨胀率；一定压力下的膨胀率；收缩系数；膨胀力。

2）重要的和有特殊要求的工程场地，宜进行现场浸水载荷试验、剪切试验或旁压试验。对膨胀岩应进行黏土矿物成分、体膨胀量和无侧限抗压强度试验。对各向异性的膨胀土，应测定其不同方向的膨胀率、膨胀力和收缩系数。

3）对初判为膨胀土的地区，应计算土的膨胀变形量、收缩变形量和胀缩变形量，并划分胀缩等级。计算和划分方法应符合现行国家标准《膨胀土地区建筑技术规范》（GBJ 112—87）的规定。有地区经验时，亦可根据地区经验分级。

4）当在拟建场地或其邻近有膨胀土损坏的工程时，应判定为膨胀土，并进行详细调查，分析膨胀土对工程的破坏机制，估计膨胀力的大小和胀缩等级。

7.3.5 膨胀土的工程评价

（1）对建在膨胀土上的建筑物，其基础埋深、地基处理、桩基设计、总平面布置、建筑和结构措施、施工和维护，应符合现行国家标准《膨胀土地区建筑技术规范》

（GBJ 112—87）的规定。

（2）一级工程的地基承载力应采用浸水载荷试验方法确定；二级工程宜采用浸水载荷试验确定；三级工程可采用饱和状态下不固结不排水三轴剪切试验计算或根据已有经验确定。

（3）对边坡及位于边坡上的工程，应进行稳定性验算；验算时应考虑坡体内含水量变化的影响；均质土可采用圆弧滑动法，有软弱夹层及怪状膨胀土应按最不利的滑动面验算；具有胀缩裂缝和地裂缝的膨胀土边坡，应进行沿裂缝滑动的验算。

7.3.6 膨胀土地基的工程措施

（1）建筑措施。建筑物的体型力求简单，避免平面凹凸曲折和立面高度不一。

（2）结构措施。增强建筑物的整体刚度，设置圈梁和构造柱等。

（3）地基处理措施。建筑物尽量避免不良地质现象发育区，最好布置在胀缩性较好，和土质均匀地段；基础埋深尽可能选择在非膨胀土上，可采用换填法处理地基（将地基中膨胀土全部或部分挖除），若采用桩基时，宜穿透膨胀土层。

（4）施工措施。根据设计要求、地质条件和施工季节，做好施工组织设计。在施工中应尽量减少地基中含水量的变化，以便减少土的胀缩变形。

7.4 红 黏 土

碳酸盐岩系出露区的岩石，经红土化作用形成棕红、褐黄等色，液限等于或大于50%的高塑性黏土称为红黏土，见图7-3。红黏土经搬运、沉积后仍保留其基本特征，且液限大于45%的土，称为次生红黏土，在相同物理指标情况下，其力学性能低于红黏土。红黏土及次生红黏土广泛分布于我国的云贵高原、四川东部、广西、粤北及鄂西、湘西等地区的低山、丘陵地带顶部和山间盆地、洼地、缓坡及坡脚地段。

图 7-3 常见的红黏土场地

7.4.1 红黏土的特征

（1）颜色。红黏土呈褐红、棕红、紫红及黄褐色。

（2）土层厚度 。一般厚 3～10m，个别地带厚达 20～30m。因受基岩起伏影响，往往在水平距离仅 1m 范围内，厚度可突变 4～5m，很不均匀。

（3）状态与裂隙。沿深度状态上部硬，下部软。因胀缩交替变化，红黏土中网状裂隙发育，裂隙延伸至地下 3～4m，破坏了土体的完整性。位于斜坡、陡坎上的竖向裂隙，容易引起滑坡。

7.4.2　红黏土的组成及其物理力学性质

7.4.2.1　红黏土的组成成分

由于红黏土系碳酸盐类及其他类岩石的风化后期的产物，母岩中较活动性的成分 SO_4^{2-}、Ca^{2+}、Na^+ 等经长期风化淋滤作用相继流失，SiO_2 部分流失，此时地表则多积聚含水铁铝氧化物及硅酸盐矿物，并继而脱水变为氧化铁、氧化铝等，使土染成褐红至砖红色。因此，红黏土的矿物成分除仍含有一定数量的石英颗粒外，大量的黏土颗粒则主要为多水高岭石、水云母类、胶体 SiO_2 及赤铁矿、三水铝土矿等组成，不含或极少含有有机质。

多水高岭石的性质与高岭石基本相同，它具有不活动的结晶格架，当被浸湿时，晶格间距极少改变，故与水结合能力很弱。三水铝土矿等铁、硅氧化物，也都是不溶于水的矿物，它们的性质比多水高岭石更稳定。

红黏土颗粒周围的吸附阳离子成分也以水化程度很弱的 Fe^{3+}、Al^{3+} 为主。

红黏土的粒度较均匀，呈高分散性。黏粒含量一般为 60%～70%，最大达 80%。

7.4.2.2　红黏土的物理力学性质

(1) 天然含水量高，一般为 40%～60%，有的高达 90%。

(2) 孔隙比大。天然孔隙比一般为 14～17，最高 20，具有大孔性。

(3) 高塑性。液限一般为 60%～80%，高达 110%；塑限一般为 40%～60%，高达 90%；塑性指数一般为 20～50。

(4) 由于塑限很高，所以尽管天然含水量高，一般仍处于坚硬或硬可塑状态，液性指数一般小于 0.25。但是其饱和度一般在 90% 以上，因此，甚至坚硬黏土也处于饱水状态。

(5) 一般呈现较高的强度和较低的压缩性。

(6) 不具有湿陷性，原状土浸水后膨胀量很小，但失水后收缩剧烈。

(7) 各种指标的变化幅度很大，具有高分散性。

(8) 具有表面收缩、上硬下软、裂隙发育的特征。

(9) 透水性微弱，多为裂隙潜水和上层滞水。

红黏土的天然含水量高，孔隙比很大，但却具有较高的力学强度和较低的压缩性的原因，主要在于其生成环境及其相应的组成物质和坚固的粒间连接。

红黏土呈现孔隙性首先在于其颗粒组成的高分散性，是黏粒含量特别多和组成这些细小黏粒的含水铁铝氧化物在地表高温条件下很快失水而相互凝聚胶结，从而较好地保存了它的絮状结构的结果。因此，红黏土有较高的强度，主要是因为这些铁、铝、硅氧化物颗粒本身性质稳定及互相胶结所造成的。特别是在风化后期，有些氧化物的胶体颗粒会变成结晶的铁、铝、硅氧化物，而且它们是抗水的、不可逆的，故其粒间连结强度更大。另外，由于红黏土颗粒周围吸附阳离子成分主要为 Fe^{3+}、Al^{3+}，这些铁、铝离子颗粒外围的结合膜很薄，也加固了其粒间的连结强度。

红黏土的天然含水量很高，也是由于其高分散性，表面能很大，因而吸附大量水分子的结果。故这种土中孔隙是被结合水，而且主要是被强结合水所充填。强结合水，由于受土颗粒的吸附力很大，分子排布很密，且处于饱和状态，但它的天然含水量一般只接近其塑限值，故使之具有较高的强度和较低的压缩性。

由于红黏土分布地区地表温度高，又处于明显的地壳上升阶段，对于一般分布在山坡、山岭或坡脚地势较高地段的红黏土，其地表水和地下水的排泄条件好，使土的天然含水量也只接近于塑限，而与其液限的差值很大（达30%～50%），必然使土体处于坚硬或硬可塑状态。

7.4.3 红黏土的勘察及其试验方法

7.4.3.1 勘察

依据《岩土工程勘察规范》（GB 50021—2009），红黏土地区的岩土工程勘察，应着重查明其状态分布、裂隙发育特征及地基的均匀性。

（1）红黏土的状态除按液性指数判定外，还可按含水比 α_w 判定，见表7-2。

（2）红黏土的结构可根据其裂隙发育特征按表7-3分类。

表7-2 红黏土的状态分类

状态	含水比 α_w
坚 硬	$\alpha_w \leqslant 0.55$
硬 塑	$0.55 \leqslant \alpha_w \leqslant 0.70$
可 塑	$0.70 < \alpha_w \leqslant 0.85$
软 塑	$0.85 < \alpha_w \leqslant 1.00$
流 塑	$\alpha_w > 1.00$

注：$\alpha_w = w/w_L$。

表7-3 红黏土的结构分类

土体结构	裂隙发育特征
致密状的	偶见裂隙（<1 条/m）
巨块状的	较多裂隙（1～2 条/m）
碎块状的	富裂隙（>5 条/m）

（3）红黏土的复浸水特性可按表7-4分类。

（4）红黏土的地基均匀性可按表7-5分类。

表7-4 红黏土的复浸水特性分类

类别	I_r 与 I'_r 关系	复浸水特性
I	$I_r \geqslant I'_r$	收缩后复浸水膨胀，能恢复到原位
II	$I_r < I'_r$	收缩后复浸水膨胀，不能恢复到原位

注：$I_r = w_L/w_P$，$I'_r = 1.4 + 0.0066w_L$。

表7-5 红黏土的地基均匀性分类

地基均匀性	地基压缩层范围内岩土组成
均匀地基	全部由红黏土组成
不均匀地基	由红黏土和岩石组成

（5）红黏土地区勘探点的布置，应取较密的间距，查明红黏土厚度和状态的变化。初步勘察勘探点间距宜取30～50m；详细勘察勘探点间距，对均匀地基宜取12～24m，对不均匀地基宜取6～12m。厚度和状态变化大的地段，勘探点间距还可加密。各阶段勘探孔的深度可按规范规定执行。对不均匀地基，勘探孔深度应达到基岩。

对不均匀地基，有土洞发育或采用岩面端承桩时，宜进行施工勘察，其勘探点间距和勘探孔深度根据需要确定。

（6）当岩土工程评价需要详细了解地下水埋藏条件、运动规律和季节变化时，应在测绘调查的基础上补充进行地下水的勘察、试验和观测工作，有关要求按规范规定执行。

7.4.3.2 试验方法

（1）红黏土的室内试验除应满足本规范规定外，对裂隙发育的红黏土应进行三轴剪切试验或无侧限抗压强度试验。必要时，可进行收缩试验和复浸水试验。当需评价边坡稳定性时，宜进行重复剪切试验。

（2）红黏土的地基承载力应按规范的规定确定。当基础浅埋、外侧地面倾斜、有临空面或承受较大水平荷载时，应结合以下因素综合考虑确定红黏土的承载力：

1）土体结构和裂隙对承载力的影响。

2）开挖面长时间暴露，裂隙发展和复浸水对土质的影响。

7.4.4 红黏土的工程评价

红黏土的工程评价应符合下列要求：

（1）建筑物应避免跨越地裂密集带或深长地裂地段。

（2）轻型建筑物的基础埋深应大于大气影响急剧层的深度；炉窑等高温设备的基础应考虑地基土的不均匀收缩变形；开挖明渠时应考虑土体干湿循环的影响；在石芽出露的地段，应考虑地表水下渗形成的地面变形。

（3）选择适宜的持力层和基础形式，在满足规范要求的前提下，基础宜浅埋，利用浅部硬壳层，并进行下卧层承载力的验算；不能满足承载力和变形要求时，应建议进行地基处理或采用桩基础。

（4）基坑开挖时宜采取保湿措施，边坡应及时维护，防止失水干缩。

7.4.5 红黏土地基的问题

一般红黏土是较好的地基，但也存在下列问题：

（1）有些红黏土具胀缩性，其受水浸湿后体积膨胀，干燥失水后体积收缩。

（2）红黏土厚度与下卧层岩性有关，其地基具有不均匀性。

（3）红黏土由于含水量的变化，其土质与强度不同。

（4）由于地表水和地下水的影响，红黏土地区有岩溶和土洞存在，影响场地的稳定。

7.5 冻 土

冻土是指温度在0℃以下，并含有冰胶结的土层，它是一种有土壤水或地下水参与的冰冻现象。由于是发生在地下岩石和土层中，故又称为冻土。冻土根据冰冻作用的时间长短，可分为两种类型：一类是常年冻结不融的称为多年冻土；另一类是寒季冻结，暖季融化的称为季节性冻土。

7.5.1 冻土的分布、厚度及其影响因素

冻土层的厚度及分布受纬度和海拔高度的控制，自极地向低纬度方向不断减小，最后消失。在北极诸岛，冻土上限几乎接近地表，厚度达100m以上，常温层的地温低达−15℃，其分布如图7-4所示。例如，西伯利亚的连续多年冻土层厚度可达1400m以上，向南至连续冻土带南部，厚度减至100m以内，常温层地温增至−5～−3℃左右，出现的不连续多年冻土层厚度通常小于50m。至南界附近（北纬48°）冻土层厚度仅1～2m。

受地表流水和地质条件的影响，多年冻土在水平方向上的分布并不都是连续的，有的

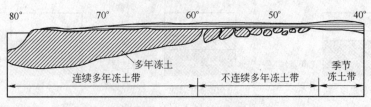

图 7-4　冻土的分布

地区还分布着面积不等的融区。融区是指冻土带内的融土分布区，可分两类：一类是融土从地表向下穿透整个冻土层，称为贯通融区；另一类是融土未穿透整个冻土层，其下仍有多年冻土存在，叫做非贯通融区。在多年冻土区的大河河床、湖泊底部及温泉的周围往往形成贯通融区，而小河河床、部分河漫滩及阶地、湖泊四周可能形成非贯通。依据冻土带内是否存在融区，将多年冻土带划分为不连续多年冻土带和连续多年冻土带。一般根据冻土带内融区所占面积的大小，又可分为具有岛状融区的多年冻土亚带和具有大面积融区的岛状冻土亚带。在具有岛状融区的不连续冻土带，融区一般占总面积的20% ~30%，而在岛状冻土区，融区的面积可占70% ~80%。

　　在围绕极地的高纬度地区分布的多年冻土具有明显的维度地带性。在北半球自北向南，由连续多年冻土带逐渐过渡到不连续多年冻土带，以-5℃年平均地温等值线作为连续多年冻土分布的南界，不连续多年冻土的南界与-4℃年平均气温等值线相符。

　　多年冻土的厚度、分布及其类型虽然受纬度和海拔高度的控制，但是在同一纬度和高度的冻土区，受具体的地质地貌等自然因素影响还是存在一定的差异，表现为非地带性的特点。图 7-5 所示为北极冻土典型地貌。这些影响冻土发育的因素有海陆分布、土体的颗粒组成、地形、植被与雪盖。

图 7-5　北极冻土典型地貌

7.5.2　冻土的基本特征

　　在多年冻土层中，上层处于冬季冻结和夏季融化的变化中，称为活动层。下层是常年不融化的永冻层，称为多年冻结层（图 7-6）。当多年冻土的活动层在冬季的冻结深度都能达到多年冻结层，其间隔有一层未冻结的土层，则称为不衔接多年冻土。如果遇到冬季寒冷，而夏季又较凉的年份，可能出现夏季土层的融化深度小于前一个冬季冻结深度的情况，结果便在活动层与多年冻土层之间出现一层隔年冻结层，这一层很薄，一般只有 10 ~20m 厚，只能保留一年或几年。

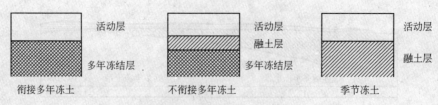

图 7-6　冻土结构示意图

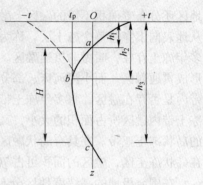

图 7-7　地温随气温发生变化

在多年冻土分布区，常温层以上的地温随气温发生季节性变化，变化幅度随深度增加而逐渐缩小，到常温层为零。因此，常温层的地温值也称为年平均地温，这一地温为负值（图 7-7 中的 t_p）。常温层到地表的距离为地温变化深度（图 7-7 中的 h_2）。在常温层以上，某一深度的地温值为 0℃（图 7-7 中的 a 点），该深度以上的土层就是冬季冻结、夏季融化的活动层，下层是处于终年冻结状态的多年冻结层，这一深度称为多年冻土上限，从地表到这一深度的距离（图 7-7 中的 h_1）为多年冻土层上限的埋深，也就是活动层的厚度。

由常温层往下，受来自地球内部热量的影响，地温逐渐升高，到图 7-7 中的 c 点为 0℃，该处的深度为多年冻土下限。多年冻土上、下限之间的距离称为多年冻土厚度（图 7-7 中的 H）。

多年冻土具有以下特征：

（1）组成特征。冻土由矿物颗粒、冰、未冻结的水和空气组成。矿物颗粒是主体，它的大小、形状、成分、比表面积、表面活动性等对冻土性质及冻土中发生的各种作用都有重要的影响。冻土中的冰是冻土存在的基本条件，也是冻土各种工程性质的形成基础。

（2）结构特征。冻土结构有整体结构、网状结构和层状结构三种。整体结构是温度降低最快，冻结时水分来不及迁移和集中，冰晶在土中均匀分布，构成整体结构。网状结构是在冻结过程中，由于水分转移和集中，在土中形成网状交错冰晶，这种结构对土原状结构有破坏，融冻后土呈软塑和流塑状态，对建筑物稳定性有不良影响。层状结构是在冻结速度较慢的单向冻结条件下，伴随水分转移和外界水的充分补给，形成土层、透镜体和薄冰层相间的结构，原有土结构完全被分割破坏，融化时产生强烈融沉。

（3）构造特征。多年冻土的构造是指多年冻土层与季节冻土层之间的接触关系，如图 7-8 所示。衔接型构造是指季节冻土的下限达到或超过了多年冻土层的上限的构造。这是稳定的、发展的多年冻土区的构造。非衔接型构造是季节冻土的下限与多年冻土上限之间有一层不冻土。这种构造属退化的多年冻土区。

7.5.3　冻土的工程性质

7.5.3.1　物理及水理性质

为了评价多年冻土的工程性质，必须测定天然冻土结构下的重度、密度、总含水量

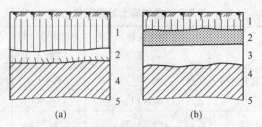

图 7-8 多年冻土构造类型

（a）衔接型；（b）非衔接型

1—季节冻土层；2—季节冻土最大冻结深度变化范围；3—融土层；4—多年冻土层；5—不冻层

（冰及未冻土）和相对含冰量（土中冰重与总含水量之比）四项指标。其中未冻结水含量采用下式计算：

$$w_c = Kw_p \qquad (7-7)$$

式中 w_c——未冻结水含量；

w_p——土的塑限含水量；

K——温度修正因数（见表 7-6）。

总含水量 w_n 和相对含水量 w_i 按下式计算：

$$w_n = w_b + w_c \qquad (7-8)$$

$$w_i = w_b / w_c \qquad (7-9)$$

式中 w_b——在一定温度下冻土中的含水量，%；

w_c——在一定温度下，冻土中未冻水量，%。

表 7-6 温度修正因数 K 值表

土的名称	塑性指数 I_p	地温/℃							
		-0.3	-0.5	-1.0	-2.0	-4.0	-6.0	-8.0	-10.0
砂类土、粉土	$I_p \leqslant 2$	0	0	0	0	0	0	0	0
粉土	$2 < I_p \leqslant 7$	0.6	0.5	0.4	0.35	0.3	0.28	0.26	0.25
粉质黏土	$7 < I_p \leqslant 13$	0.7	0.65	0.6	0.5	0.45	0.43	0.41	0.4
粉质黏土	$13 < I_p \leqslant 17$		0.75	0.65	0.55	0.5	0.48	0.46	0.45
黏土	$I_p > 17$		0.95	0.9	0.65	0.6	0.58	0.56	0.55

7.5.3.2 力学性质

多年冻土的强度和变形主要反映在抗压强度、抗剪强度和压缩性系数等方面。由于多年冻土中冰的存在，使冻土的力学性质随温度和加载时间的变化的敏感性大大增加。在长期荷载作用下，冻土强度明显衰减，变形显著增大。温度降低时，土中含冰量增加，未冻结水减少，冻土在短期荷载作用下强度大增，变形可忽略不计。

7.5.3.3 多年冻土的分类

根据融化下沉系数 δ_0 的大小，多年冻土可分为不融沉、弱融沉、融沉、强融沉和融陷五个等级，并应符合表 7-7 的规定。

表7-7 多年冻土的融沉性分类

土 的 名 称	总含水量 $w_0/\%$	平均融化下沉系数 δ_0	融沉等级	融沉类别	冻土类型
砂石土，砾、粗、中砂（粒径小于 0.075mm 的颗粒含量不大于 15%）	$w_0 < 10$	$\delta_0 \leqslant 1$	I	不融沉	少冰冻土
	$\omega_0 \geqslant 10$	$1 < \delta_0 \leqslant 3$	II	弱融沉	多冰冻土
砂石土，砾、粗、中砂（粒径小于 0.075mm 的颗粒含量不大于 15%）	$\omega_0 < 12$	$\delta_0 \leqslant 1$	I	不融沉	少冰冻土
	$12 \leqslant \omega_0 < 15$	$1 < \delta_0 \leqslant 3$	II	弱融沉	多冰冻土
	$15 \leqslant \omega_0 < 25$	$3 < \delta_0 \leqslant 10$	III	融沉	富冰冻土
	$\omega_0 \geqslant 25$	$10 < \delta_0 \leqslant 25$	IV	强融沉	饱冰冻土
粉砂、细砂	$\omega_0 < 14$	$\delta_0 \leqslant 1$	I	不融沉	少冰冻土
	$14 \leqslant \omega_0 < 18$	$1 < \delta_0 \leqslant 3$	II	弱融沉	多冰冻土
	$18 \leqslant \omega_0 < 28$	$3 < \delta_0 \leqslant 10$	III	融沉	富冰冻土
	$\omega_0 \geqslant 28$	$10 < \delta_0 \leqslant 25$	IV	强融沉	饱冰冻土
粉土	$\omega_0 < 17$	$\delta_0 \leqslant 1$	I	不融沉	少冰冻土
	$17 \leqslant \omega_0 < 21$	$1 < \delta_0 \leqslant 3$	II	弱融沉	多冰冻土
	$21 \leqslant \omega_0 < 32$	$3 < \delta_0 \leqslant 10$	III	融沉	富冰冻土
	$\omega_0 \geqslant 32$	$10 < \delta_0 \leqslant 25$	IV	强融沉	饱冰冻土
黏性土	$w_0 < w_p$	$\delta_0 \leqslant 1$	I	不融沉	少冰冻土
	$\omega_p \leqslant \omega_0 < \omega_p + 4$	$1 < \delta_0 \leqslant 3$	II	弱融沉	多冰冻土
	$\omega_p + 4 \leqslant \omega_0 < \omega_p + 15$	$3 < \delta_0 \leqslant 10$	III	融沉	富冰冻土
	$\omega_p + 15 \leqslant \omega_0 < \omega_p + 35$	$10 < \delta_0 \leqslant 25$	IV	强融沉	饱冰冻土
含土冰层	$\omega_0 \geqslant \omega_p + 35$	$\delta_0 > 25$	V	融陷	含土冰层

注：1. 总含水量 ω_0 包括冰和未冻水；

　　2. 本表不包括盐渍化冻土、冻结泥炭化土、腐殖土、高塑性黏土。

冻土的平均融化下沉系数 δ_0 可按下式计算：

$$\delta_0 = \frac{h_1 - h_2}{h_1} = \frac{e_1 - e_2}{1 + e_1} \times 100\% \tag{7-10}$$

式中　　h_1，e_1——冻土试样融化前的高度（mm）和孔隙比；

　　　　h_2，e_2——冻土试样融化后的高度（mm）和孔隙比。

7.5.4 冻土的工程勘察

7.5.4.1 勘察内容

（1）多年冻土勘察应根据多年冻土的设计原则、多年冻土的类型和特征进行，应查明下列内容：

1）多年冻土的分布范围及上限深度；

2）多年冻土的类型、厚度、总含水量、构造特征、物理力学和热学性质；

3）多年冻土层上水、层间水和层下水的赋存形式、相互关系及其对工程的影响；

4）多年冻土的融沉性分级和季节融化层土的冻胀性分级；

5）厚层地下冰、冰椎、冰丘、冻土沼泽、热融滑塌、热融湖塘、融冻泥流等不良地质作用的形态特征、形成条件、分布范围、发生发展规律及其对工程的危害程度。

（2）勘察点布置。多年冻土地区勘探点的间距，应满足岩土勘察规范中的要求外，尚应适当加密。勘探孔的深度应满足下列要求：

1）对保持冻结状态设计的地基，不应小于基底以下2倍基础宽度，对桩基应超过桩端以下3~5m；

2）对逐渐融化状态和预先融化状态设计的地基，应符合非冻土地基的要求；

3）勘探孔的深度必须超过多年冻土上限深度的1.5倍；

4）在多年冻土的不稳定地带，应查明多年冻土下限深度；当地基为饱冰冻土或含土冰层时，应穿透该层。

7.5.4.2 勘探测试

多年冻土的勘探测试应满足下列要求：

（1）多年冻土地区钻探宜缩短施工时间，采用大口径低速钻进，终孔直径不宜小于108mm，必要时可采用低温泥浆，并避免在钻孔周围造成人工融区或孔内冻结；

（2）应分层测定地下水位；

（3）保持冻结状态设计地段的钻孔，孔内测温工作结束后应及时回填；

（4）取样的竖向间隔，除应满足《岩土工程勘察规范》（GB 50021—2009）第4章的要求外，在季节融化层应适当加密，试样在采取、搬运、贮存、试验过程中应避免融化；

（5）试验项目除按常规要求外，应根据需要，进行总含水量、体积含冰量、相对含冰量、未冻水含量、冻结温度、导热系数、冻胀量、融化压缩等项目的试验；对盐渍化多年冻土和泥炭化多年冻土，应分别测定易溶盐含量和有机质含量；

（6）工程需要时，可建立地温观测点，进行地温观测；

（7）当需查明与冻土融化有关的不良地质作用时，调查工作宜在2月至5月份进行；多年冻土上限深度的勘察时间宜在9、10月份。

对季节性冻土，要特别注意冻胀与融陷对工程建设的影响。

7.6 其他特殊性土

其他特殊性土包括填土、盐渍土、混合土、风化岩和残积土、污染土等。

7.6.1 填土

（1）基本特征。填土是指由人类活动而堆填的土。按其物质组成和堆填方式可分为素填土、杂填土和冲填土。

（2）填土的工程性质。

1）不均匀性。填土由于成分复杂，回填的方法、厚度和时间的随意性，因此不均匀性是其显著的特点。素填土由于成分较单一，不均匀性比杂填土略好。

2）自重压密性。填土属欠固结土，在土的自重和地面水的作用下有自行压密的特点。粗颗粒组成的砂、碎石素填土的自重压密时间约2~5年，细粒土组成的素填土自重压密时间约需5~15年，含有大量生活垃圾的杂填土自重压密时间可长达30年。

3）填土的湿陷性。由于填土土质疏松、结构性差，故浸水后会产生强烈的湿陷。

4）低强度和高压缩性。由于填土孔隙比大、结构性差，因此强度低、压缩性高。

（3）填土分类。按《岩土工程勘察规范》（GB 50021—2009），根据物质组成和堆填方式，填土可分为下列四类：

1）素填土（plain fill）。素填土由碎石土、砂土、粉土和黏性土等一种或几种材料组成，不含杂物或含杂物很少。

2）杂填土（miscellaneous fill）。杂填土含有大量建筑垃圾、工业废料或生活垃圾等杂物。

3）冲填土（rinse fill）。冲填土由水力冲填泥砂形成。

4）压实填土（well-compacted fill）。压实填土按一定标准控制材料成分、密度、含水量，分层压实或夯实而成。

（4）勘察要点。

1）填土勘察应包括下列内容：

① 搜集资料，调查地形和地物的变迁，填土的来源、堆积年限和堆积方式；

② 查明填土的分布、厚度、物质成分、颗粒级配、均匀性、密实性、压缩性和湿陷性；

③ 判定地下水对建筑材料的腐蚀性。

2）填土勘察应在规范规定的基础上加密勘探点，确定暗埋的塘、浜、坑的范围。勘探孔的深度应穿透填土层。

3）勘探方法应根据填土性质确定。对由粉土或黏性土组成的素填土，可采用钻探取样、轻型钻具与原位测试相结合的方法；对含较多粗粒成分的素填土和杂填土宜采用动力触探、钻探，并应有一定数量的探井。

（5）试验方法。填土的工程特性指标宜采用下列测试方法确定：

1）填土的均匀性和密实度宜采用触探法，并辅以室内试验；

2）填土的压缩性、湿陷性宜采用室内固结试验或现场载荷试验；

3）杂填土的密度试验宜采用大容积法；

4）对压实填土，在压实前应测定填料的最优含水量和最大干密度，压实后测定其干密度，计算压实系数。

（6）填土的工程评价。填土的工程评价应符合下列要求：

1）阐明填土的成分、分布和堆积年代，判定地基的均匀性、压缩性和密实度；必要时应按厚度、强度和变形特性分层或分区评价；

2）对堆积年限较长的素填土、冲填土和由建筑垃圾或性能稳定的工业废料组成的杂填土，当较均匀和较密实时可作为天然地基；由有机质含量较高的生活垃圾和对基础有腐蚀性的工业废料组成的杂填土，不宜作为天然地基；

3）填土地基承载力应按规范规定综合确定；

4）当填土底面的天然坡度大于20%时，应验算其稳定性。

5）填土地基基坑开挖后应进行施工验槽。处理后的填土地基应进行质量检验。对复合地基，宜进行大面积载荷试验。

6）利用填土作为地基时，应注意下列几点：

① 对尚未完成自重固结的填土或土质松软不能满足承载力和变形要求的填土，未经

处理不应作为天然地基持力层。对有机质含量大于10%的填土也不宜作天然地基。

② 对已完成自重固结且比较均匀、密度较好的老填土可以作天然地基，但应增加基础和上部结构刚度和强度的措施，以提高和改善建筑物对不均匀沉降的适应能力。

③ 对具不均匀性的填土地基，应进行变形计算，可采用分层总和法，沉降计算系数可以取1.0，也可采用地基和基础共同作用的分析方法进行计算。

④ 填土地基承载力应采用载荷试验确定。

填土地基包含物组分杂乱，具有不均匀性，特别是杂填土，在进行工程建设时必须挖除；其他类型填土经处理后，依工程要求而定。

7.6.2 盐渍土

盐渍土指岩土中易溶盐含量大于0.3%，并具有溶陷、盐胀、腐蚀等工程特性的土。

（1）盐渍土的工程性质。

1）溶陷性。盐渍土浸水后由于土中易溶盐的溶解，在土自重压力作用下产生沉陷现象，盐渍土按溶陷系数分为溶陷性土（溶陷系数δ值等于或大于0.01）和非溶陷性土（δ值小于0.01）。

2）盐胀性。硫酸盐沉淀结晶时体积增大，失水时体积减小，致使土体结构破坏而疏松。碳酸盐渍土中Na_2CO_3含量超过0.5%时，亦具有明显的盐胀性。

3）腐蚀性。硫酸盐渍土具有较强的腐蚀性，氯盐渍土、碳酸盐渍土也有不同程度的腐蚀性。

（2）盐渍土分类。按《岩土工程勘察规范》（GB 50021—2009），盐渍土按主要含盐矿物成分可分为石膏盐渍岩、芒硝盐渍岩等。盐渍土根据其含盐化学成分和含盐量可按表7-8和表7-9分类。

表7-8 盐渍土按含盐化学成分分类

盐渍土名称	$\dfrac{c(Cl^-)}{2c(SO_4^{2-})}$	$\dfrac{2c(CO_3^{2-})+c(HCO_3^-)}{c(Cl^-)+2c(SO_4^{2-})}$
氯盐渍土	>2	—
亚氯盐渍土	2~1	—
亚硫酸盐渍土	1~0.3	—
硫酸盐渍土	<0.3	—
碱性盐渍土	—	>0.3

注：表中$c(Cl^-)$为氯离子在100g土中所含毫摩数，其他离子同。

表7-9 盐渍土按含盐量分类

盐渍土名称	平均含盐量/%		
	氯及亚氯盐	硫酸及亚硫酸盐	碱性盐
弱盐渍土	0.3~1.0	—	—
中盐渍土	1~5	0.3~2.0	0.3~1.0
强盐渍土	5~8	2~5	1~2
超盐渍土	>8	>5	>2

（3）勘察与测试要求。盐渍土的勘探测试应符合下列规定：

1）除应遵守岩土勘察规范规定外，勘探点布置尚应满足查明盐渍岩土分布特征的要求；

2）采取岩土试样宜在干旱季节进行，对用于测定含盐离子的扰动土取样，宜符合表7-10的规定。

3）工程需要时，应测定有害毛细水上升的高度；

4）应根据盐渍土的岩性特征，选用载荷试验等适宜的原位测试方法，对于溶陷性盐渍土尚应进行浸水载荷试验确定其溶陷性；

5）对盐胀性盐渍土宜现场测定其盐胀厚度和总盐胀量，当土中硫酸钠含量不超过1%时，可不考虑盐胀性；

6）除进行常规室内试验外，尚应进行溶陷性试验和化学成分分析，必要时可对岩土的结构进行显微结构鉴定；

7）溶陷性指标的测定可按湿陷性土的湿陷试验方法进行。

盐渍土扰动土试样取样要求见表7-10。

表 7-10　盐渍土扰动土试样取样要求

勘察阶段	深度范围/m	取土试样间距/m	取样孔占勘探孔总数的百分数/%
初步勘察	<5	1.0	100
	5～10	2.0	50
	>10	3.0～5.0	20
详细勘察	<5	0.5	100
	5～10	1.0	50
	>10	2.0～3.0	30

注：浅基取样深度到10m即可。

（4）盐渍岩土工程评价应包括下列内容：

1）盐土中含盐类型、含盐量及主要含盐矿物对岩土工程特性的影响；

2）岩土的溶陷性、盐胀性、腐蚀性和场地工程建设的适宜性；

3）盐渍土地基的承载力宜采用载荷试验确定，当采用其他原位测试方法时，应与载荷试验结果进行对比；

4）确定盐渍岩地基的承载力时，应考虑盐渍岩的水溶性影响；

5）盐渍岩边坡的坡度宜比非盐渍岩的软岩石质边坡适当放缓，对软弱夹层、破碎带应部分或全部加以防护；

6）盐渍岩土对建筑材料的腐蚀性评价应按规范执行。

7.6.3　混合土

由细粒土和粗粒土混杂且缺乏中间粒径的土称为混合土。

按《岩土工程勘察规范》（GB 50021—2009），当碎石土中粒径小于0.075mm的细粒土质量超过总质量的25%时，为粗粒混合土；当粉土或黏性土中粒径大于2mm的粗粒土质量超过总质量的25%时，为细粒混合土。

（1）工程性质。粗粒土的性质将随其中的细粒的含量增长而变差、细粒土的性质因粗粒含量增长而改善。混合土的颗粒分布曲线呈不连续状。混合土主要有坡积土、洪积土、冰水沉积土等。

（2）勘察与试验要求。混合土的勘察应符合下列要求

1）查明地形和地貌特征，混合土的成因、分布，下卧土层或基岩的埋藏条件；

2）查明混合土的组成、均匀性及其在水平方向和垂直方向上的变化规律；

3）勘探点的间距和勘探孔的深度除应满足勘察规范要求外，并应适当加密加深；

4）有一定数量的探井，并应采取大体积土试样进行颗粒分析和物理力学性质测定；

5）对颗粒混合土宜采用动力触探试验，并有一定数量的钻孔或探井检验；

6）现场载荷试验的承压板直径和现场直剪试验的剪切面直径都应大于试验土层最大粒径的 5 倍，载荷试验的承压板面积不应小于 $0.5m^2$，直剪试验的剪切面面积不宜小于 $0.25m^2$。

（3）混合土的工程评价。

1）混合土的承载力应采用载荷试验、动力触探试验并结合当地经验确定；

2）混合土边坡的容许坡度值可根据现场调查和当地经验确定。对重要工程应进行专门试验研究。

7.6.4 风化岩和残积土

岩石在风化营力作用下，其结构、成分和性质会产生不同程度的变异，变异后的岩石称为风化岩。已完全风化成土而未经搬运的称为残积土。

（1）风化岩和残积土的工程性质。

1）软化性。风化岩抗水性弱，浸水后强度迅速降低。

2）不均匀性。残积土尤其是花岗岩残积土，由于球状风化或囊状风化造成风化岩和残积土的不均匀性；或由于岩脉穿插，风化程度不同造成风化岩和残积土的不均匀性。

3）固结特征。花岗岩残积土的固结速度较快，建筑物主体结构完工后，沉降基本完成，后期沉降量很小。

4）膨胀性和湿陷性。灰岩、黏土岩、砾岩、泥岩、玄武岩等的风化岩和残积土可能还有膨胀性或湿陷性。

（2）勘察要点。风化岩和残积土的勘察应查明：

1）母岩地质年代和岩石名称；

2）岩石的风化程度；

3）岩脉风化花岗岩中球状风化体（孤石）的分布；

4）岩土的均匀性、破碎带和软弱夹层的分布；

5）地下水赋存条件。

（3）勘探测试。

1）风化岩和残积土的勘探测试要求。

① 勘探点间距应按复杂场地考虑，勘探点深度应有部分钻孔达到或深入微风化层，钻探中应测定 RQD。

② 应有一定数量的探井。

③ 宜在探井中采用双重管、三重管采取试样，每一风化带不应少于 3 组。

④ 宜采用原位测试与室内试验相结合，原位测试可采用圆锥动力触探、标准贯入试验、波速测试和载荷试验。

⑤ 室内试验除应按规范规定执行外，对相当于极软岩和极破碎的岩体，可按土工试验要求进行，对残积土，必要时应进行湿陷性和湿化试验。

2）花岗岩残积土勘探测试要求。

① 应测定其中细粒土的天然含水量 w_f、塑限 w_p、液限 w_L。

② 花岗岩类残积土的地基承载力和变形模量应采用载荷试验确定。有成熟当地经验时，对于地基基础设计等级为乙级、丙级的工程，可根据标准贯入试验等原位测试资料，结合当地经验综合确定。

（4）工程评价。风化岩和残积土的岩土工程评价应符合下列要求：

1）对于厚层的强风化和全风化岩石，宜结合当地经验进一步划分为碎块状、碎屑状和土状；厚层残积土可进一步划分为硬塑残积土和可塑残积土，也可根据含砾或含砂量划分为黏性土、砂质黏性土和砾质黏性土；

2）建在软硬互层或风化程度不同地基上的工程，应分析不均匀沉降对工程的影响；

3）基坑开挖后及时检验，对于易风化的岩类，应及时砌筑基础或采取其他措施，防止风化发展；

4）对岩脉和球状风化体（孤石），应分析评价其对地基（包括桩基）的影响，并提出相应的建议。

7.6.5 污染土

由于致污染物侵入改变了物理力学性质的土，称为污染土（polluted soil）。

（1）污染土场地分类。

污染土场地包括可能受污染的拟建场地、受污染的拟建场地和受污染的已建场地三类。

（2）勘察要求。

1）污染土场地的勘察包括下列内容：

① 查明污染前后土的物理力学性质、矿物成分和化学成分等；

② 查明污染源、污染物的化学成分、污染途径、污染史等；

③ 查明污染土对金属和混凝土的腐蚀性；

④ 查明污染土的分布，按照有关标准划分污染等级；

⑤ 查明地下水的分布、运动规律及其与污染作用的关系；

⑥ 提出污染土的力学参数，评价污染土地基的工程特性；

⑦ 提出污染土的处理意见。

2）污染土勘探。

① 污染土的勘探点和采取试样间距应适当加密。当有地下水时，应在勘探孔的不同深度采取水试样。

② 污染土的承载力采用载荷试验和其他原位测试确定，并进行污染土与未污染土的对比试验。

（3）试验方法。

1）污染土的室内试验内容包括：

① 根据土在污染后可能引起的性质改变，增加相应的物理力学性质试验项目；

② 根据土与污染物相互作用特性，进行化学分析、矿物分析、物相分析，必要时作土的显微结构鉴定；

③ 进行污染物含量分析、水对混凝土和金属的腐蚀性分析；

④ 考虑土与污染物相互作用的时间效应，并作污染与未污染和不同污染程度的对比试验。

2）污染土的勘探测试。当污染物对人体有害或对机具仪器有腐蚀性时，应采取必要的防护措施。

（4）工程评价。污染土的工程评价应满足下列要求：

1）划分污染程度并进行分区；

2）评价污染土的变化特征和发展趋势；

3）判定污染土、水对金属和混凝土的腐蚀性；

4）评价污染土作为拟建工程场地和地基的适宜性，提出防治污染和污染土处理的建议。

由于特殊土地基、土性的差异及其复杂性与分布的区域性，对于其勘察评价，应结合具体工程要求，依据相应的规范，并参考当地经验，进行理论探讨与模拟试验等，进行合理的分析与评价，以保障特殊土地区建（构）筑物的安全性。

复习思考题

7-1 何为特殊土，常见的特殊土有哪些？

7-2 软土有何特性，如何进行工程勘察？

7-3 简述膨胀岩土的工程评价的主要内容。

7-4 何谓湿陷性黄土，如何划分黄土的湿陷类型与等级？

7-5 消除黄土湿陷性有哪几种处理方法？

7-6 何谓冻土，如何进行工程分类？

7-7 填土有哪些类型，工程中如何处理？

7-8 红黏土是怎样形成的？试述其主要特征。

7-9 如何对盐渍土地基进行分析与评价？

7-10 已知一黄土场地，第一层黄土的湿陷系数 $\delta_{zs}=0.015$（厚度为 1m）；第二层 $\delta_{zs}=0.018$（厚度为 3 m）；第三层 $\delta_{zs}=0.03$（厚度为 1.5 m）；第四层 $\delta_{zs}=0.05$（厚度为 8 m）。试判定此黄土地基的湿陷等级。

8 岩土工程勘察

工程地质勘察是为工程建设服务，通过调查与测绘，运用各种勘察手段与方法，获取建筑场地及其相关地区的工程地质条件的原始资料和工程地质论证。其结合具体建（构）筑物的类型、要求与特点以及当地的自然条件和环境进行，并提出工程地质评价，为设计、施工提供依据。岩土工程勘察是运用工程地质学基本原理与方法，查明场地工程地质条件，为岩土体的改造与利用提出整治措施与合理化的建议。

岩土工程包括岩土工程勘察、岩土工程设计、岩土工程施工和岩土工程检测，是工程建设前期要开展的基础性工作，提出解决岩土工程问题的决策性建议和岩土工程设置、改造、利用和施工的指导性意见，服务于工程建设全过程。

岩土工程勘察的基本方法有：工程地质调查与测绘、勘探与取样、原位测试与长期观测、室内试验、资料整理与分析、岩土工程勘察报告书编制与阅读使用。

8.1 概　　述

各类建设工程都离不开岩土，它们或以岩土为材料，或与岩土介质接触并相互作用。对与工程有关的岩土体的充分了解，是进行工程设计与施工的重要前提。我国地域辽阔，自然地理环境复杂，土质各异，地基条件区域性较强。

了解岩土体，需要查明其空间分布与工程性质，在此基础上才能对场地的稳定性，工程建造适宜性以及不同地段地基的承载力、变形特征等做出评价。了解岩土体特性的基本手段，就是进行岩土工程勘察。通过岩土工程勘察，为各类工程设计提供必需的工程地质资料，在定性的基础上做出定量的工程地质评价。

与岩土工程勘察有关的主要术语如下：

（1）场地（site）。它是指工程建设所直接占有并直接使用的有限面积的土地。

（2）地基（foundation soils，subground）。它是支承基础的土体或岩体（即受结构物影响的那一部分地层）。

（3）基础（foundation footing）。它是结构物向地基传递荷载的下部结构，具有承上启下的作用。

（4）工程地质条件（engineering geological conditions）。它是指工程建筑物所在地区地层的岩性、地质构造、水文地质条件、地表地质作用及地形地貌等地质环境各项因素的综合。

（5）岩土工程问题（geotechnical engineering problems）。它是指工程建筑物与岩土体之间所存在的矛盾或问题。

（6）不良地质作用（adverse geologic actions）。它是由地球内力或外力产生的对工程可能造成危害的地质作用。

（7）岩土工程勘察（geotechnical investigation）。它是指根据建设工程的要求，查明、分析、评价建设场地的地质、环境特征和岩土工程条件，编制勘察文件的活动。

8.1.1 岩土工程勘察的目的、任务、准则和要求

目前，世界各地的建筑、水利、交通等土木工程，成功的（见图8-1、图8-2）与发生事故的（见图8-3、图8-4）都很多，场地岩土工程条件是否查明已成为其成败的主要原因。

图8-1 CCTV 大楼

图8-2 国家体育场（"鸟巢"）

图8-3 加拿大 Transcona 谷仓的倾覆

图8-4 "5·12"汶川地震中的东方汽轮机厂

8.1.1.1 岩土工程勘察的目的

岩土工程勘察的目的在于查明场地工程地质条件，综合评价场地和地基安全稳定性，为工程设计、施工提供可靠的计算指标和实施方案。

8.1.1.2 岩土工程勘察的任务

岩土工程勘察是综合性的地质调查，其基本任务包括：

（1）查明建设场地的地形、地貌以及水文、气象等自然条件；

（2）研究地区内的地震、崩塌、滑坡、岩溶、岸边冲刷等不良地质现象，判断其对工程场地稳定性的危害程度；

（3）查明地基岩土层的工程特性、地质构造、形成年代、成因、类型及其埋藏分布情况；

（4）测定地基岩土层的物理力学性质，并研究在工程建造和使用期可能发生的变化与影响；

（5）查明场地地下水的类型、水质及其埋藏条件、分布与变化情况；

（6）按照设计和施工要求，对场地和地基的工程地质条件进行综合评价；

（7）对不符合工程安全稳定性要求的不利地质条件，拟订采取的措施及处理方案。

研究程序取决于建筑物类别、规模、不同的设计阶段、拟建场地的复杂程度、地质条件、当地经验等。

8.1.1.3　岩土工程勘察技术准则和要求

岩土工程勘察是基本建设的一个重要环节。勘察成果是项目决策、设计和施工的重要依据，直接关系到工程建设的经济效益、环境效益和社会效益。在进行工程勘察工作时，应掌握以下基本技术准则：

（1）在理论与方法及工程经验方面，要充分做到工程地质、土力学与岩体力学相结合，定性与定量相结合。

（2）在工程实践方面，必须做到勘察与设计、施工密切配合协作，力求技术可靠与经济的合理统一，岩土条件与建设要求的统一。

（3）将岩土体既看成是地质体，又要看成是力学介质体，同时将其看作是工程的实体。

（4）采用各项岩土参数时，应注意岩土体材料的非均匀性及各向异性，参数与原型岩土体性状之间的差异及其随工程环境不同而可能产生的变异。测定岩土性质时宜通过不同的试验手段进行综合验证。

（5）工程勘察宜以实际观测的数据和岩土性状为依据，并以原型观测、实体试验及原位测试作为对类似的工程进行分析论证的依据，但应考虑到不同的工程类型在设计、施工方面的差异。对重点工程宜进行室内试验或现场的模型试验。

（6）在岩土工程稳定性计算中宜用两种以上的可能方案进行比较，通常取其安全系数最小的一种方案作为安全控制。为避免保守，可结合当地的实际工程经验对照以进行必要的修正。

在岩土工程勘察中，应执行现行相关标准与规范（程），在工程项目不断创新的前提下，提高现有准则与要求。

8.1.2　岩土工程勘察分级

不同建筑场地的工程地质条件不同，不同规模和特征的建筑物对工程地质条件的要求也不尽相同，所要解决的岩土工程问题也有差异，因此，工程建设所采取的地基基础、上部结构设计方案，以及岩土工程勘察所采用的方法、所投入的勘察工作量的大小也可能不同。岩土工程勘察等级划分对确定勘察工作内容、选择勘察方法及确定勘察工作量投入多少具有重要的指导意义。工程规模较大或较重要、场地地质条件以及岩土体分布和性状较复杂者，所投入的勘察工作量就较大，反之则较小。岩土工程勘察分级的目的是突出重点、区别对待、利于管理。按《岩土工程勘察规范》（GB 50021—2009）规定，岩土工程勘察等级应根据工程重要性等级、场地复杂程度等级和地基复杂程度等级三项因素综合确定。

8.1.2.1　工程安全等级

工程的安全等级，是根据由于工程岩土或结构失稳破坏，导致建筑物破坏而造成生命财产损失、社会影响及修复可能性等后果的严重性来划分的。

根据国家标准《建筑结构可靠度设计统一标准》（GB 50068—2001）的规定，将工程结构划分为三个安全等级，《岩土工程勘察规范》（GB 50021—2009）与之对应，也将工程安全等级划分为三级（见表8-1）。

表8-1　工程安全等级

安全等级	破坏程度	工程类型
一级	很严重	重要工程
二级	严　重	一般工程
三级	不严重	次要工程

对于不同类型的工程来说，应根据工程的规模和重要性具体划分。目前房屋建筑与构筑物的安全等级，已在国家标准《建筑地基基础设计规范》（GB 50007—2011）中明确规定（见表8-2）。此外，各产业部门和地方根据本部门（地方）建筑物的特殊要求和经验，在颁布的有关技术规范中划分了适用于本部门（地方）的工程安全等级，一般划分为三级。

目前，对于地下硐室、深基坑开挖、大面积岩土处理等尚无工程安全等级的具体规定，可根据实际情况划分。大型沉井和沉箱、超长桩基和墩基、有特殊要求的精密设备和超高压设备、有特殊要求的深基坑开挖和支护工程、大型竖井和平硐、大型基础托换和补强工程，以及其他难度大、破坏后果严重的工程，以列为一级安全等级为宜。

表8-2　房屋建筑与构筑物安全等级

安全等级	破坏后果	建筑类型
一级	很严重	重要的工业与民用建筑；20层以上的高层建筑；地形复杂的14层以上的高层建筑；对地基变形有特殊要求的建筑；单桩承受的荷载在4000kN以上的建筑物
二级	严　重	一般的工业与民用建筑
三级	不严重	次要的建筑物

8.1.2.2　场地复杂程度等级

场地复杂程度是由建筑抗震稳定性、不良地质现象发育情况、地质环境破坏程度和地形地貌条件四个条件衡量的，也划分为三个等级（见表8-3）。

表8-3　场地复杂程度等级

等级 场地条件	一级	二级	三级
建筑抗震稳定性	危险	不利	有利（或地震设防烈度不大于6度）
不良地质现象发育情况	强烈发育	一般发育	不发育

等级 场地条件	一级	二级	三级
地质环境破坏情况	已经或可能强烈破坏	已经或可能受到一般破坏	基本未受破坏
地形地貌条件	复杂	较复杂	简单

注：一、二级场地各条件中只要符合其中任一条件即可。

8.1.2.3 场地条件的判别

A 建筑抗震稳定性

按国家标准《建筑抗震设计规范》（GB 50011—2010）规定，选择建筑场地时，对建筑抗震稳定性地段的划分规定为：

危险地段：地震时可能发生滑坡、崩塌、地陷、地裂、泥石流及发震断裂带上可能发生地表位错的部位。

不利地段：软弱土和液化土，条状突出的山嘴，高耸孤立的山丘，非岩质的陡坡、河岸和斜坡边缘，平面分布上成因、岩性和性状明显不均匀的土层（如古河道、断层破碎带、暗埋的塘洪沟谷及半填半挖地基）等。

有利地段：岩石和坚硬土或开阔平坦、密实均匀的中硬土等。

上述规定中，场地土的类型按表 8-4 划分。

表 8-4 场地土的类型划分

场地土类型	土层剪切波速/m·s^{-1}	岩土名称和性状
坚硬场地土	$v_s > 500$	稳定的岩石，密实的碎石土
中硬场地土	$500 \geqslant v_{sm} > 250$	中密、稍密的碎石土，密实、中密的砾、粗、中砂，$f_k > 200$kPa 的黏性土和粉土
中软场地土	$250 \geqslant v_{sm} > 140$	稍密的砾、粗、中砂，除松散外的细、粉砂，$f_k \leqslant 200$ 黏性土和粉土，$f_k \geqslant 140$kPa
软弱场地土	$v_{sm} \leqslant 140$	淤泥和淤泥质土，嵩山的砂，新近代沉积的黏性土和粉土，$f_k < 130$kPa

注：1. v_s、v_{sm} 分别为土层的剪切波速和平均剪切波速，后者取地面以下 15m 且不深于场地覆盖层厚度范围内各土层的剪切波速，按土层厚度加权的平均值计；

2. f_k 为地基土静承载力标准值（kPa）。

B 不良地质现象发育情况

不良地质现象泛指由地球外动力作用引起的，对工程建设不利的各种地质现象。它们分布于场地内及其附近地段，主要影响场地稳定性，对地基与基础、边坡和地下硐室等具体的岩土工程有不利影响。

"强烈发育"是指由于不良地质现象发育而导致建筑场地极不稳定，直接威胁工程设施的安全。例如，山区崩塌、滑坡和泥石流的发生，酿成的地质灾害，破坏甚至摧毁整个工程建筑物；岩溶地区溶洞和土洞的存在，所造成的地面变形甚至塌陷，对工程设施的安全也会构成威胁，即对工程安全可能有潜在的威胁。

C　地质环境破坏程度

由于人类工程的经济活动导致地质环境的干扰破坏，是多种多样的。例如，采掘固体矿产资源引起的地下采空区；抽汲地下液体（地下水、石油）引起的地面沉降、地面塌陷与地裂缝；修建水库引起的边岸再造、浸没、土壤沼泽化；排除废液引起岩土的化学污染等等。地质环境破坏对岩土工程实践的负影响是不容忽视的，往往对场地稳定性构成威胁。地质环境的"强烈破坏"，是指由于地质环境的破坏，已对工程安全构成直接威胁；如矿山浅层采空导致明显的地面变形、横跨地裂缝建筑物的变形等。"一般破坏"是指已有或特有地质环境的干扰破坏，但并不强烈，对工程安全的影响不严重。

D　地形地貌条件

地形地貌条件主要指地形起伏和地貌单元（尤其是微地貌单元）的变化情况。一般情况，山区和丘陵区场地地形起伏大，工程布局较困难，挖填土石方量较大，土层分布较薄且下伏基岩面高低不平。地貌单元分布较复杂，一个建筑场地可能跨越多个地貌单元，因此地形地貌条件复杂或较复杂。平原场地地形平坦。地貌单元单一，土层厚度大且结构简单均匀，因此地形地貌条件简单。

8.1.2.4　地基复杂程度等级

地基复杂程度也划分为三级：

（1）一级地基。符合下列条件之一者即为一级地基：

1）耕土种类多，性质变化大，地下水对工程影响大，且需特殊处理；

2）多年冻土及湿陷、膨胀、盐渍、污染严重的特殊性岩土，对工程影响大，且需作专门处理的；变化复杂，同一场地存在多种的或强烈程度不同的特殊性岩土也包括在内。

（2）二级地基。符合下列条件之一者即为二级地基：

1）岩土种类较多，性质变化较大，地下水对工程有不利影响。

2）除上述规定之外的特殊性岩土。

（3）三级地基。

1）岩土种类单一，性质变化不大，地下水对工程无影响；

2）无特殊性岩土。

8.1.2.5　岩土工程勘察等级

综合上述三项因素的分级，可将岩土工程勘察划分为三个等级（见表8-5）。

表8-5　岩土工程勘察等级的划分

勘察等级	确定勘察等级的因素			勘察等级	确定勘察等级的因素		
	工程安全等级	场地等级	地基等级		工程安全等级	场地等级	地基等级
一级	一级	任意	任意	二级	三级	一级	任意
	二级	一级	任意			任意	一级
		任意	一级			二级	二级
二级	二级	二级	二级或三级	三级	三级	二级	三级
		三级	二级			二级	三级
						三级	二级或三级

8.1.3　岩土工程勘察阶段的划分

岩土工程勘察一般划分为三个阶段，即可行性研究阶段、初步勘察阶段与详细勘察阶段。当地质条件复杂或有特殊要求的工程以及基坑开挖后发现与原勘察资料不符时，需要进行施工勘察。

岩土工程勘察是为工程建设服务的，它的基本任务就是为工程的设计、施工以及岩土土体治理加固等提供地质资料和必要的技术参数，对有关的岩土工程问题做出评价，以保证设计工作的完成和顺利施工。因此，岩土工程勘察也相应地划分为由低级到高级的各个阶段。工程勘察阶段与设计阶段的划分是一致的。

可行性研究勘察也称为选址勘察，其目的是要强调在可行性研究时勘察工作的重要性，特别是对一些重大工程更为重要。勘察的主要任务，是对拟选场址的稳定性和适宜性做出岩土工程评价，进行技术、经济论证和方案比较，满足确定场地方案的要求。这一阶段一般有若干个可供选择的场址方案，都要进行勘察；各方案对场地工程地质条件的了解程度应该是相近的，并对主要的岩土工程问题作初步分析、评价，以此比较说明各方案的优劣，选取最优的建筑场址。本阶段的勘察方法，主要是在搜集、分析已有资料的基础上进行现场踏勘，了解场地的工程地质条件。如果场地工程地质条件比较复杂，已有资料不足以说明问题时，应进行工程地质测绘和必要的勘探工作。

初步勘察的目的，是密切结合工程初步设计的要求，提出岩土工程方案设计和论证。其主要任务是在可行性研究勘察的基础上，对场地内建筑地段的稳定性做出岩土工程评价，并为确定建筑总平面布置，对主要建筑物的岩土工程方案和不良地质现象的防治工程方案等进行论证，以满足初步设计或扩大初步设计的要求。此阶段是设计的重要阶段，既要对场地稳定性做出确切的评价结论，又要确定建筑物的具体位置、结构形式、规模和各相关建筑物的布置方式，并提出主要建筑物的地基基础、边坡工程等方案。如果场地内存在不良地质现象，影响场地和建筑物稳定性时，还要提出防治工程方案。因而岩土工程勘察工作是繁重的。但是，由于建筑场地已经选定，勘察工作范围一般限定于建筑地段内，相对比较集中。本阶段的勘察方法，在分析已有资料基础上，根据需要进行工程地质测绘，并以勘探、物探和原位测试为主。应根据具体的地形地貌、地层和地质构造条件，布置勘探点、线、网，其密度和孔（坑）深按不同的工程类型和岩土工程勘察等级确定。原则上每一岩土层应取样或进行原位测试，取样和原位测试坑孔的数量应占相当大的比重。

详细勘察的目的，是对岩土工程设计、岩土体处理与加固、不良地质现象的防治工程进行计算与评价，以满足施工图设计的要求。此阶段应按不同建筑物或建筑群提出详细的岩土工程资料和设计所需的岩土技术参数。显然，该阶段勘察范围仅局限于建筑物所在的地段内，所要求的成果资料精细可靠，而且许多是计算参数。例如，工业与民用建筑需评价和计算地基稳定性和承载力；提供地基变形计算参数，预测建筑物的沉降、差异沉降或整体倾斜；判定高烈区地震区场地饱和砂土（或粉土）地震液化，计算液化指数；深基坑开挖的稳定计算和支护设计所需参数，基坑降水设计所需参数，以及基坑开挖、降水对邻近工程的影响，桩基设计所需参数，单桩承载力等。本阶段勘察方法以勘探和原位测试为主。勘探点一般应按建筑物轮廓线布置，其间距根据岩土工程勘察等级确定，较之初勘阶段密度更大。勘探坑孔深度一般应以工程基础底面为准算起。采取岩土试样和进行原位测试的坑孔数量，比初勘阶段要大。为了与后续的施工监理衔接，此阶段应适当布置监测工作。

以上是岩土工程勘察阶段划分的一般规定。对工程地质条件复杂或有特殊施工要求的重要工程，还需要进行施工勘察。施工勘察包括施工阶段和竣工运营过程中一些必要的勘察工作，主要是检验与监测工作、施工地质编录和施工前地质预报。它可以起到核对已取得的地质资料和所作评价结论准确性的作用，以此可修改、补充原来的勘察成果。施工勘察并不是一个固定的勘察阶段，是视工程的需要而定的。此外，对一些规模不大且工程地质条件简单的场地，或有建筑经验的地区，在满足工程设计、施工要求时，可以简化勘察阶段。因此，勘察阶段的划分及要求在保证安全、合理的前提下可依具体情况调整。

岩土工程勘察包括各类工程，房屋建筑与构筑物、地下硐室、道路（路基）、桥梁隧道、岸边工程、管道与架空线路工程、废弃物处理工程、核电工程、基坑工程、既有建筑物的增载与保护、水利水电工程、港口工程等。勘察场地包括泥石流场地、岩溶场地、滑坡与危岩及崩塌、强震区场地、地下采空区场地等。具体要求依工程类型、场地条件及相关规定确定。

8.1.4 勘察任务书

任务书应说明工程的意图、设计阶段、要求提交勘察成果（即勘察报告书）的内容和目的，提出勘察技术要求等，并提供勘察工作所必需的各种图表资料，应配合不同设计阶段的要求而有所差别。

为配合初步设计阶段进行的勘察，在任务书中应说明工程类别、规模、建筑面积及建筑物的特殊要求、主要建筑物的名称、最大荷载、最大高度、基础最大埋深和最大设备等有关资料等，并向勘察单位提供附有坐标与比例尺的地形图，图上应标出勘察范围。

对详细设计阶段，在勘察任务书中应说明需要勘察的各建筑物的具体情况，如建筑物的上部结构特点、层数及高度、跨度及地下设施情况、地面整平标高、采取的基础形式、尺寸和埋深、单位荷载或总荷载以及有特殊要求的地基基础设计和施工方案等，并附有经上级部门批准附有坐标及地形的建筑总平面布置图（1∶500～1∶2000）。如有挡土墙时，还应在图中注明挡土墙位置、设计标高以及建筑物周围边坡开挖线等。

8.1.5 勘察工作程序

勘察工作的程序应根据勘察任务书的要求，进行搜集资料、现场踏勘、制定纲要、现场勘探与测试、土工试验、资料分析与整理、编写勘察报告书。

8.2 岩土工程勘察方法

常用的勘察方法包括：工程地质测绘与调查、勘探与取样、原位测试与室内试验等。

8.2.1 工程地质测绘

工程地质测绘（geotechnical investigation）是岩土工程勘察的基础工作，在可行性研究或初步勘察阶段之前，应先进行工程地质测绘。但在详细勘察阶段为了对某些专门的地质问题作补充调查，亦可进行工程地质测绘。当地质条件复杂或有特殊要求的工程项目时也应先进行。

工程地质测绘是运用地质、工程地质理论，对与工程建设有关的各种地质现象进行观察和描述，初步查明拟建场地或各建筑地段的工程地质条件。将工程地质条件诸要素采用不同的颜色、符号，按照精度要求标绘在一定比例尺的地形图上，并结合勘探、测试和其他勘察工作的资料，编制工程地质图。其目的是为了研究拟建场地的地层、岩性、构造、地貌、水文地质条件及物理地质现象等。对场地或各建筑地段的稳定性和适宜性做出初步评价。

工程地质测绘方法主要有两种：一种是像片成图法，是利用地面摄影或航空（卫星）摄影的像，在室内根据判释标志，结合所掌握的区域地质资料，把判明的地层岩性、地质构造、地貌、水系和不良地质现象等，调绘在单张像片上，并在像片上选择需要调查的若干地点和路线，然后据此做实地调查、进行核对修正和补充，将调查得到的资料，转在等高线图上而成工程地质图；二是实地测绘法，常用的实地测绘法包括路线穿越法、界线追索法和布点法三种。

（1）路线穿越法是沿着与地层走向、构造线方向以及地貌单元分界线相垂直的方向穿越测绘场地，详细观察沿线的地质情况，把观察到的地质现象标示在地形图上。

（2）界线追索法是一种辅助方法，系沿着地层走向或某一构造线方向追索，以查明其延伸情况和接触关系。

（3）布点法是在上述方法工作基础上，对某些具有特殊意义的研究内容布置一定数量的观测点，逐步进行观测。

上述三种方法都需设置观测点，地质观测点的布置、密度和定位应满足下列要求：

（1）在地质构造线、地层接触线、岩性分界线、标准层位和每个地质单元体都应有地质观测点。

（2）地质观测点的密度应根据场地的地貌、地质条件、成图比例尺及工程特点来确定，并应具代表性。

（3）地质观测点应充分利用天然和已有人工露头，当露头较少时，应根据具体情况布置一定数量的探坑或探槽。

（4）地质观测点的定位应根据精度要求和地质条件的复杂程度选用目测法、半仪器法和仪器法。地质构造线、地层接触线、岩性分界线、软弱夹层、地下水露头、有重要影响的不良地质现象等特殊地质观测点，宜用仪器法定位。

工程地质测绘的主要内容有：地层岩性、地质构造、地貌、水位地质、不良地质现象、既有建筑物调查、人类活动对场地稳定性的影响等。

工程地质测绘的成果资料包括：实际材料图、综合工程地质图、工程地质分区图、综合地质柱状图、工程地质剖面图以及各种素描图、照片和文字说明等。

利用遥感影像资料解释进行工程地质测绘时，现场检验地质观测点数宜为工程地质测绘点数的 30% ~50% 。野外工作主要内容有：检查解释标志、检查解释结果、检查外推结果、对室内解释难以获得的资料进行野外补充。

8.2.2 勘探工作

各类建筑工程均离不开岩土。对与工程有关的岩土体进行充分了解是工程设计与施工的前提。查明拟建场地的工程地质条件，保障建筑物的安全，勘探工作是最基本的方法之一。勘探工作是在工程地质调查测绘所取得的各项定性资料基础上，直接地深入地下岩（土）层，取得所需的工程地质和水文地质资料，进一步对场地条件进行定量评价。勘探工作一般包括坑探、钻探、触探与地球物理勘探。

8.2.2.1 勘探方法及其分类

岩土工程勘探方法一般分为直接、半直接与间接三大类。

（1）直接勘探。其是指用人工或机械开挖的探井、探槽、竖井、平硐以及大口径的钻孔。其勘探工程断面尺寸大，工作人员可进入其中，在较大的暴露面上对岩土层进行观察，取样或原位试验，是最直接的勘探，坑探是工程勘探的直接方法。

（2）半直接勘探。其包括各类较小口径的取样钻探。从钻探孔中采取的岩土样品可能是连续岩芯，也可能是分段的受扰动土样，甚至是由钻孔分层环液携带出地面的岩土粉屑，据这些样品了解地层的性质、分布、变化情况。在钻孔中还可采取室内试验样品或进行各种孔内原位测试。

（3）间接勘探。其包括触探与地球物理勘探。

触探是将某种形式的探头以某种方式贯入地层之中，凭借贯入时的感触和贯入难易程度，即某种贯入指标来判断地层的变化及性质。其一般分为动力触探与静力触探。

地球物理勘探是以研究地下物理场（如电场、磁场、重力场）为基础的勘探方式（用于岩土工程勘察中，简称工程物探）。不同地质体物理性质上的差异直接影响地下物理场的分布规律，通过观测、分析、研究这些物理场并结合有关地质资料，可判断地层的分布与变化情况，解决地质构造、地下埋藏物以及地下水分布规律等方面的一些问题。

在实际工程中，布置勘探工作时应综合考虑各类勘探方法的特点，互为补充。

8.2.2.2 勘探方法的选择

各种勘探方法的功能与应用如表 8-6 所示。

表 8-6　勘探方法的功能与应用

勘探方法		功 能 特 点	应 用	限 制
直接	探井探槽	可在掘进范围内直接观察地层岩性及地质构造；可在其中采取高质量的岩土试样；可在其中进行大型的原位测试	可用人工开挖，适用于地形陡峻的山地；应用于滑坡、断层、特殊土（如黄土）的勘探	受地下水限制，开挖深度不能太大
	竖井平硐		应用于大型岩土工程，如大坝、隧道、地下硐室的勘探	费用高、施工难度太大、施工时间长

续表 8-6

勘探方法		功 能 特 点	应 用	限 制
半直接	钻探	可采取岩土芯样，根据岩土样品、钻进参数、手感等鉴别地层；可采取岩土试样；可进行孔内原位测试；可观测地下水位	普遍应用于各类工程的勘探	对地质构造溶洞形态等只能做出推断，有时可能发生误判
间接	触探	根据贯入指标间接地划分地层，兼有原位测试功能；可获得全断面的贯入曲线，对土层的细微变化反应灵敏	普遍应用于地基土的勘探，效率高，成本低	不能直接观察地层，有时贯入曲线具有多解性，可能发生误判
	物探	具有"透视性"，可简单快捷地获得有关地层岩性、地质构造、地下埋藏的信息；可测得岩土层的某些物理力学性质参数	多作为辅助手段配合其他勘探方法使用，效率高，成本低	不同方法均有各自的应用条件和局限性，常具多解性，无其他方法配合易误判

选用何种勘探方法，应结合工程实际及岩（土）性状、设计要求、地质条件及环境等综合考虑。

8.2.2.3　岩土工程勘探工作中常用的坑探工程类型

A　坑探特点

坑探工程也称为掘进工程、井巷工程，它在岩土工程勘探中占有很重要的地位，与一般的钻探工程相比它有以下优点：勘察人员能直接观察到地层结构，岩土的天然状态以及各地层之间的接触关系，并能直接取出接近实际的原状岩土样；便于素描，也可利用坑探等做原位岩土体物理力学测试。但在使用时，受自然地质条件的限制，也存在耗时、耗财且勘探周期长的缺点。

B　坑探的类型

岩土工程勘察中常用的坑探工作有轻型坑探（包括探槽、试坑、浅井）和重型坑探。一般包括：竖井（斜井）、平硐和石门（平巷）（图 8-5）。现将不同坑探工程特点和适用条件列于表 8-7 中。

在工程勘探中，当钻探方法难以准确查明地下情况时，可采用探槽进行勘探。探槽多以人工开挖为主，当遇大孤石、坚硬土层或风化岩时，要采用爆破。其断面为梯形与阶梯形、长条形，且两壁常为上宽下窄的槽子。长度可据需要与地质条件决定，宽度与深度也可据覆盖层的性质和厚度决定，只需便于工作即可。

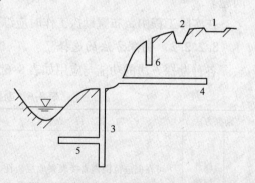

图 8-5　工程地质常用的坑探类型示意图
1—探槽；2—试坑；3—竖井；4—平硐；
5—石门；6—浅井

表8-7 各种坑探工程的特点和适用条件

名 称	特 点	适 用 条 件
探槽	在地表深度小于3～5m的长条形且两壁常为上宽下窄断面梯形和阶梯形的槽子	剥除地表覆土,揭露基岩,划分地层岩性,研究断层破碎带;探查残积层的厚度和物质、结构
试坑	从地表向下,铅直的、深度小于3～5m的圆形或方形小坑	局部剥除覆土,揭露基岩;做载荷试验、渗水试验,取原状土样
浅井	从地表向下,铅直的、深度5～15m的圆形或方形井	确定覆盖层及风化层的岩性及厚度;做载荷试验,取原状土样
竖井（斜井）	形状与浅井相同,但深度大于15m,有时需支护	了解覆盖层的厚度和性质,作为风化壳分带、软弱夹层分布、断层破碎带及岩溶发育情况、滑坡体结构及滑动面的判别依据;布置在地形较平缓、岩层又较缓倾的地段
平硐	在地面有出口的水平坑道,深度较大,有时需支护	调查斜坡地质结构,查明河谷地段的地层岩性、软弱夹层、破碎带、风化岩层等;做原位岩体力学试验及地应力量测,取样;布置在地形较陡的山坡地段
石门（平巷）	不出露地面而与竖井相连的水平坑道,石门垂直岩层走向,平巷平行岩层走向	了解河底地质结构,做试验等

探井的开口形状有圆形、椭圆形、方形或长方形,深度不宜超过地下水位。井口保护应做好防雨措施,防止地基土应力过大使井口边缘失稳或造成坠石与伤人事故。弃土堆放在下坡方向上离井口边缘不少于2m以外,平面面积不宜太大,便于操作取样即可。在开挖过程中,井壁需要一定的支护,支护方法包括模板法、咬合法和插入法三种。

探洞一般应用在坝址、大型地下工程、大型边坡的勘察工程中,当需要详细查明深部岩层性质和构造特征时,可采用竖井或平硐,其深度、长度、断面按工程要求确定。

C 坑探工程设计书的编制

坑探工程设计书是在岩土工程勘探总体布置的基础上编制的,主要内容如下:

(1) 坑探工程的目的、类型和编号。

(2) 地层岩性,如断裂构造性质、规模、产状、延伸及变化。

(3) 地形地貌和工程地质特性。

(4) 掘进深度及论证。

(5) 施工条件。施工条件包括岩性及其硬度等级,掘进的难易程度,采用的掘进方法(铲、镐挖掘或爆破作业等);地下水位,可能涌水状况,应采取的排水措施,是否需要支护材料、结构等。

(6) 岩土工程要求。其包括掘进过程中应仔细观察、描述的地质现象和应注意的地质问题;对坑壁、顶、底板掘进方法的要求,是否许可采用爆破作业及其作业方式;取样地点、数量、规格和要求等;岩土试验的项目、组数、位置以及掘进时应注意的问题;应提交的成果。

D 坑探工程展示图

坑探工作结束,必须将该处的地质资料以文字与图件反映出来,须进行地质编录。展示图是坑探工程编录的主要内容，是必须提交的主导成果资料。展示图是将沿坑探工程的壁、底面所编制的地质断面图，按一定的制图方法将三维空间的图形展开在平面上。比例尺视工程规模、形状及地质条件的复杂程度而定（一般为 1：25～1：100）。

a　探槽展示图

首先进行探槽地形态测量。用罗盘确定探槽中心线的方向及其各段的变化，水平（或倾斜）延伸长度、槽底坡度。在槽底或槽壁上用皮尺作一基线（水平或倾斜方向均可），并用小钢尺从零点起逐渐向另一端实测各地质现象，按比例尺绘制于方格纸上。这样便得到探槽底部或一壁的地质断面图。除槽壁和槽底外，有时还要将端壁断面图绘出。作图时需考虑探槽延伸方向和槽底坡度的变化，遇此情况时则应在转折处分开，分段绘制。

探槽的素描，通常沿其长壁与槽底进行，绘制一壁一底的展示图。探槽展示图一般表示槽底和一个侧壁的地质断面，有时将两端壁也绘出。展开的方法有两种：一种是坡度展开法，即槽底坡度的大小，以壁与底的夹角表示。此法的优点是符合实际；缺点是坡度陡而槽长时不美观，各段坡度变化较大时也不易处理。另一种是平行展开法，即壁与底平行展开（见图8-6）。这是经常被采用的一种方法，它对坡度较陡的探槽更为合适。

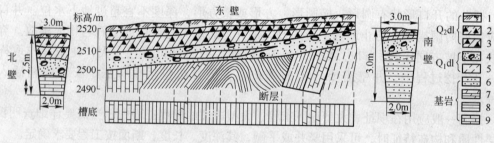

图8-6　探槽展示图

b　试坑（浅井、竖井）展示图

此类铅直坑探工程的展示图，也应先进行形态测量，然后作四壁和坑（井）底的地质素描。其展开的方法也有两种：一种是四壁辐射展开法，即以坑（井）底为平面，将四壁各自向外翻倒投影而成（见图8-7）。该法一般适用于作试坑展示图。另一种是四壁展开法，即四壁连续平行排列（见图8-8）。它避免了四壁辐射展开法因探井较深导致的缺陷。因此，这种展开法一般适用于浅井和竖井。四壁平行展开法的缺点是，当探井四壁不直立时图中无法表示。

探井编录采用正方形展开法，内接于圆周四方形。理想的四个井壁（正方形边）地质体产状投影，如图8-9所示。

c　平硐展示图

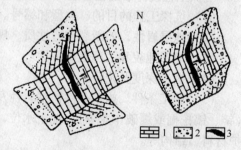

图8-7　用四壁辐射展开法绘制的试坑展示图
1—石灰岩；2—覆盖层；3—软弱夹层

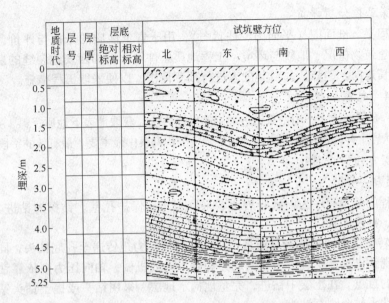

图 8-8 用四壁平行展开法绘制的浅井展示图

平硐在掘进过程中往往需要支护，所以应及时作地质编录。平硐展示图从硐口作起，随掌子面不断推进而分段绘制，直至掘进结束。其具体做法是：最先画出硐底的中线，平硐的宽度、高度、长度、方向以及各种地质界线和现象，都是以这条中线为准绘出的。当中线有弯曲时，应于弯曲处将位于凸出侧的硐壁裂一叉口，以调整该壁内侧与外侧的长度。如果弯曲较大时，则可分段表示。硐底的坡度用高差曲线表示。该展示图五个硐壁面全面绘出，平行展开（见图 8-10）。

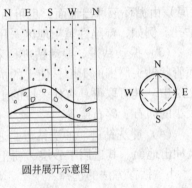

圆井展开示意图

图 8-9 圆井展开示意图

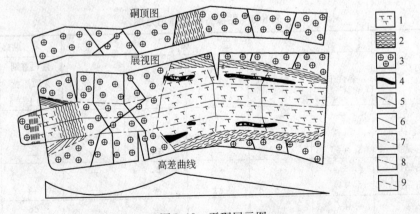

图 8-10 平硐展示图

1—凝灰岩；2—凝灰质页岩；3—斑岩；4—细粒凝灰岩夹层；5—断层；
6—节理；7—硐底中线；8—硐底壁分界线；9—岩层分界线

E 坑探工程分析评价

坑探工程平、剖面图（平面图、柱状图），用于岩土性质的分析与评价，包括：拟建场地概况、建筑物概况、地貌与环境、工程地质条件等。例如西安地裂缝的勘察，可通过挖探槽查明其走向、趋势，并对其危害进行预测评析，以便采取工程措施。

8.2.2.4 钻探工程

钻探工程是指在地表下用钻头钻进地层的勘探方法，获取地表下地质资料，并通过钻探的钻孔采取原状岩土样，可作现场测试，它是岩土工程勘察中最主要、最有效的手段之一。

A 钻探方法与设备

a 钻探方法分类

钻探过程的基本程序为：破碎岩土、采取岩土、保护孔壁。钻探的钻进方式有回转、冲击、振动、冲洗四种。

（1）回转钻进。回转钻进是通过钻机钻杆将旋转力矩传递至孔底钻头，同时施加一定的轴向力实现钻进。产生旋转力矩的动力源是人力或机械，轴向压力则依靠钻机的加压系统以及钻机的自重。在土层中钻进，完整地揭示地层，采用钻头或提土钻头钻进，岩芯钻进采用合金钻头或金刚石钻头。

（2）冲击钻进。冲击钻进是利用钻具自重冲击破碎孔底实现钻进，破碎后的岩粉（屑）由循环液冲出地面，也可由带活门的抽筒拖出地面，使岩土达到破碎的目的而加深钻孔。例如，湿陷性黄土地区采用落壁冲击钻头钻进。

（3）振动钻进。振动钻进是采用机械动力所产生的振动力，通过钻杆和钻具传递到孔底管状钻头周围的土中，使土的抗剪阻力骤然降低，同时在一定轴向压力下，使钻头贯入土层中。其可取得具有代表性的土样鉴别地层，效率高，能应用于黏性土、砂类土及粒径较小的卵石、碎石层等。

（4）冲洗钻进。冲洗钻进是通过高压钻机破坏孔底土层，实现钻进，土层破碎后由水流冲出地面。其适用于砂层、粉土层和不太坚硬的黏土层。

b 钻探方法的选择

钻时方式适用于不同岩土层，应据地层情况和工程要求适宜选择。《岩土工程勘察规范》（GB 50021—2009）规定，钻探适用范围见表8-8。

表8-8 钻探方法的适用范围

钻探方法		钻 进 地 层					勘察要求	
		黏性土	粉土	砂土	破碎	岩石	直观鉴别采取不扰动土样	直观鉴别采取扰动土样
回转	螺旋钻探	++	+	+	—	—	++	++
	无岩芯钻探	++	++	++	++	++	++	—
	岩芯钻探	++	++	++	++	++	++	++
冲击	冲击钻探	—	+	++	++	—	—	—
	锤击钻探	++	++	++	+	—	++	++
振动钻探		++	++	++	+	—	—	++
冲洗钻探		+	++	++	—	—	—	—

注：++表示运用；+表示部分运用；—表示不适用。

c 钻探机具设备

根据地层特点与勘察要求，选择合适的钻机。国内常使用的工程勘探钻机有以下几种：

（1）人力钻。人力钻采用的钻具有洛阳铲、钢丝绳钻（锥）探、管钻、螺旋钻、勺钻等，适用于黏性土、黄土、砂层、砂卵石层等。主要有两种钻：一是土钻即小螺旋钻，钻进时，双手握住手把两端，顺时针旋转并向下加压，使钻头逐渐进入地层，每 20 ~ 40cm 提钻一次，掏土继续，接杆可钻深度达 3 ~ 5m；二是带有三角架和人力绞车的手提钻。有回转、冲击功能，钻头有螺旋转头、砸石器等。一般用于基岩层、风化层与土层。

（2）机械钻探。机械钻探一般分回转与冲击两种，适用于建筑工程地基勘察。常用的钻机有 SH-30-2A 型、GYC-J50 型、DPP-100 型（见图 8-11）等。在钻进中，据不同地层，选不同钻头，常用的有抽筒、钢砂钻头与硬合金钻头。

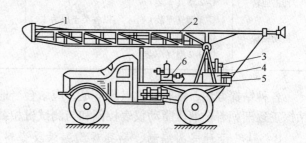

图 8-11　DPP-100 型钻机外观图

1—天车；2—活动钻塔；3—卷扬；4—减速箱；5—转盘；6—水泵

目前我国岩土工程勘察中采用一般钻进方法，主要钻具及适用条件和优缺点如表 8-9 所示。

表 8-9　岩土工程钻探的方法、适用条件、主要钻具及优缺点

钻探方法		适用条件	主要钻具	优　点	缺　点
冲击钻探	人力	黏性土、黄土、砂、砂卵石层，不太坚硬的岩层	洛阳铲、钢丝绳（或竹弓）钻（锥）探、管钻	设备简单、经济，一般不用冲洗液，能准确了解含水层	劳动强度大，难以取得完整岩芯，孔深较浅，仅宜钻直孔
	机械	除上述外，还可用于坚硬岩层	CZ-30 型 CZ-22 型 CZ-20C 型	可用于其他方法难以钻进的卵石、砾石、砂层，孔径较大，可不用冲洗液	不能取得完整岩芯，仅宜钻直孔
回转钻探	人力	黏性土、砂层	螺旋钻、勺钻	设备简单，能取芯、取样，成本低	劳动强度较大，孔深较浅
	机械 硬合金	小于Ⅷ级的沉积岩及部分变质岩、岩浆岩	XU-300-2A 型 XY-100 型 XJ-100-1 型 DPP-1 型（车装）DPP-3 型（车装）	岩芯采取率较高，孔壁整齐，钻孔弯曲小，孔深大，能钻任何角度的钻孔，便于工程地质试验，可取芯、取样	在坚硬岩层中钻进时钻头磨损大，效率低
	机械 钢粒	Ⅶ ~ Ⅻ级的坚硬地层	DPP-4 型（车装）YDC-100 型（车装）SGZ-Ⅰ型 SGZ-Ⅲ型 SGZ-Ⅳ型	广泛应用于可钻性等级高的岩层，可取芯、取样，便于做工程地质试验	钻孔易弯曲，孔壁不太平整，钻孔角度不应小于 75°，岩芯采取率较低
	机械 金刚石	Ⅸ级以上的最坚硬岩层最有效		钻进效率高，钻孔质量好，弯曲度小，岩芯采取率高，能钻进最坚硬的地层，机具设备较轻，消耗功率小，钻具磨损较少，钻时程序较简单	在较软和破碎裂隙发育地层中不适用，孔径较小，不便于做工程地质试验

钻探方法	适用条件	主要钻具	优　点	缺　点
冲击回转钻探	各种岩土层	SH30-2 型	钻进适应性强	孔深较浅
振动钻探	黏性土，砂土，大块碎石土，卵砾石层及风化基岩	M-68 型汽车式、工农-11 型拖拉机式	效率高，成本低	孔深较浅
冲击回转振动钻探	G-1 型（车装） G-2 型（车装） G-3 型（车装） GYC-J50 型（车装） GJD-2 型（车装）	以各类土层为主	钻进适应性强，效率高，轻便，成本低	孔深较浅，结构较复杂

各种钻探方法，各有其优点与不足，应结合当地实际情况选择。目前，国内岩土工程钻探正逐渐朝着全液压驱动仪表控制和与测试机相结合的方向发展。

B　钻孔设计书的编制、钻孔观测编录及资料整理

a　钻孔设计书的编制

为保证钻探工作达到预期目的，除编制整个工程岩土勘探设计外，须逐个编制钻孔设计书，特别是在复杂的地质条件下更要重视钻孔设计书的编制。

钻孔设计书内容要点包括：

（1）钻孔附近的地形、地质概况及钻孔目的。钻孔的目的一定要充分说明，使施钻人员和观测、编录人员都明确该孔的意义及在钻进中应注意的问题。这对于保证钻进、观测和编录工作的质量，至关重要。

（2）钻孔的类型、深度及孔身结构。根据已掌握的资料，绘制钻孔设计柱状剖面图，说明孔中将要遇到的地层岩性、地质构造及水文地质情况等，据以确定钻进方法、钻孔类型、孔深、开孔和终孔直径以及换径深度、钻进速度及保护孔壁的方法等。

（3）岩土工程要求。包括岩土采取率、取样、试验、观测、止水及编录等各方面的要求。编录的项目及应取得的成果资料有：钻孔柱状剖面图、岩土素描（或照相）、钻进观测、试验记录图及水文地质日志等。

（4）说明钻探结束后对钻孔的处理意见。

b　钻孔观测与编录

在钻进过程中，要有详细文字记载，属基本原始资料。在钻进中必须认真、细致地做好观测与编录工作，全面准确地反映钻探工程的第一性地质资料。

钻孔观测与编录的内容包括：岩性观察、描述和编录。对岩芯的描述包括地层岩性名称、分层深度、岩土性质等方面。不同类型的岩土，其岩性描述内容为碎石土、砂类土、粉土和黏性土、岩石。

作为文字记录的辅助资料是岩土试样。岩土芯样不仅对原始记录的检查核对是必要的，而且对施工开挖过程中的资料核对，发生纠纷时的取证、仲裁，也有重要的价值。因此应在一段时间内妥善保存。目前已有一些工程勘察单位用岩芯的彩色照片代替实物。全断面取芯的土层钻孔还可制作土芯纵断面的揭片，便于长期保存。

通过对岩芯的各种统计，可获得岩芯采取率、岩芯获得率和岩石质量指标（RQD）等

定量指标。

岩芯采取率是指所取岩芯的总长度与本回次进尺的百分比。总长度包括比较完整的岩芯和破碎的碎块、碎屑和碎粉物质。

岩芯获得率是指比较完整的岩芯长度与本回次进尺的百分比。它不计入不成形的破碎物质。

岩石质量指标（RQD）是指在取出的岩芯中，只选取长度大于 10cm 的柱状岩芯长度与本回次进尺的百分比。岩石质量指标是岩体分类和评价地下硐室围岩质量的重要指标。

对于每回次取出的岩芯应顺序排列，并按有关规定进行编号、装箱和保管，并应注明所取原状土样、岩样的数量和取样深度。

c 钻孔水文地质观测

钻进过程中应注意和记录冲洗液消耗量的变化。发现地下水后，应停钻测定其初见水位及稳定水位。如果是多层含水层，需分层测定水位时，应检查分层止水情况，并分层采取水样和测定水温。准确记录各含水层顶、底板标高及其厚度。

d 钻进动态观察和记录

钻进动态能提供很多地质信息，所以钻孔观测、编录人员必须做好此项工作。在钻进过程中注意转换层的深度、回水颜色变化、钻具陷落、孔壁坍塌、卡钻、埋钻和涌水现象等，结合岩芯以判断孔内情况。如果钻进不平稳，孔壁坍塌及卡钻，岩芯破碎且采取率又低，就表明岩层裂隙发育或处于构造破碎带中。岩芯钻探时冲洗液消耗量变化一般与岩体完整性有密切关系，当回水很少甚至不回水时，则说明岩体破碎或岩溶发育，也可能揭露了富水性较强的含水层。为了对钻孔中情况有直观的印象，我国水利水电勘察单位使用的钻孔摄影和钻孔电视，可以对孔内岩层裂隙发育程度及方向、风化程度、断层破碎带、岩溶洞穴和软弱泥化夹层等，获取较为清晰的照片和图像。这提高了钻探工作的质量和钻孔利用率。

e 钻孔资料整理

钻探工作结束后，应进行钻孔资料整理。主要成果资料有钻孔柱状图、钻孔操作及水文地质日志图、岩芯素描图及其说明。

8.2.2.5 触探与地球物理勘探

A 触探法

触探法是间接的勘察方法，通过探杆用静力或动力将金属探头贯入土层，由探头所受阻力的大小探测土的工程性质。其用于划分土层，了解地层的均匀性，估算地基土的承载力和土的变形指标等。

据探头结构和入土方式的不同，可分为动力触探与静力触探两大类，现分述如下：

a 静力触探

静力触探试验（cone penetration test，简称 CPT）借助静压力将探头压入土层，利用电测技术测得贯入阻力来判断土的力学性质。

（1）静力触探试验的特点与仪器设备。静力触探试验一般分为机械式和电测式两种，前者采用压力表量测贯入阻力；后者采用传感器和电子测试仪量测贯入阻力。

电测静力触探是应用最广的一种原位测试技术，它具有以下特点：

1）具有勘探与测试双重作用；

2）测试数据精度高，再现性好；

3）测试快速、连续、效率高、功能多；

4）采用电子技术，便于实现测试过程自动化。

由于其直接测试各土层原始状态下有关的物理力学性质，故能查明比较复杂的地基土层的变化。对于饱和砂土、粉质黏土、粉土及高灵敏度软黏土层钻探取样往往不易达到技术要求的土类，或者无法取样的土层，用静力触探连续压入测试获取相关参数，则显示其独特的优越性。

静力触探仪的不足之处在于不能对土层进行直接的观察、鉴别；由于稳固的反力问题没有解决，测试深度一般不超过80m；对于含碎石、砾石的土层和很密实的砂层一般不适合应用等。

（2）仪器设备。静力触探试验仪器设备主要由触探主机和反力装置、探头、量测系统与记录显示装置及探杆组成。

1）触探主机和反力装置。触探主机按传动方式不同可分为机械式和液压式。机械式贯入力一般小于5t，比较轻便，便于人工搬运。液压式贯入力大，一般用于车装，如静力触探车贯入力一般大于10t，其贯入深度大、效率高、劳动强度低，适用于交通方便的场地。

反力装置的作用是固定触探主机，提供探头在贯入过程中所需的反力，一般分为框架地锚和汽车自重加地锚。

2）量测与记录显示装置。量测与记录显示装置一般可分为两种，即电阻应变仪（或数字测力仪）、电子电位差计（自动记录仪）和数据采集记录系统，用来记录测试数据。电阻应变仪间断测记，人工绘图；计算机装置可连续测记，计算机绘图和处理数据，目前应用广泛。

3）探头。探头是静力触探仪量测贯入阻力的关键部件，有严格的规格与质量要求。一般为圆锥形的端部和其后的圆柱形摩擦筒两部分。目前国内外使用的探头可分为单桥、双桥和多用桥探头三种形式（见图8-12）。

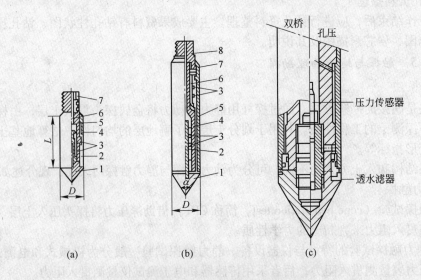

图8-12　静力触探探头类型

（a）单用探头；（b）双用探头；（c）多用探头

1—锥头；2—顶柱；3—电阻应变片；4—传感器；5—外套筒；6—单用探头的探头管过双用探头侧壁传感器；
7—单用探头的探杆接头或双用探头的摩擦筒；8—探杆接头；
L—单用探头有效侧壁长度；D—锥头直径；α—锥角

单用（桥）探头：是我国特有的一种探头形式，只能测量一个参数，即比贯入阻力，分辨率（精度）较低。

双用（桥）探头：是一种将锥头与摩擦筒分开，可以同时测量锥尖阻力和侧壁摩阻力两个参数的探头，分辨率较高。

多用（孔压）探头：一般是将双用探头再安装一种可测触探时所产生的超孔隙水压力装置——透水滤器和孔隙水压力传感器，分辨率最高，在地下水位较浅地区应优先采用。

工程中常选用的探头见表 8-10 所列。

表 8-10　常用探头规格表

探 头	型 号	锥 头			摩擦筒（或套筒）		标 准
		顶角/（°）	直径/mm	底面积/cm²	长度/mm	表面积/cm²	
单用	I-1	60	35.7	10	57		我国独有
	I-2	60	43.7	15	70		
	I-3	60	50.4	20	81		
双用	II-0	60	35.7	10	133.7	150	国标标准
	II-1	60	35.7	10	179	200	
	II-2	60	43.7	15	219	300	
多用（孔压）		60	35.7	10	133.7	150	国际标准
		60	43.7	15	179	200	

4）探杆。探杆是将机械力传递给探头以使探头贯入的装置。它有两种规格，即探杆直径与锥头底面直径相同与小于锥头底面直径两种，每根探杆长度为 1m。

（3）静力触探试验要点与试验成果资料整理。

1）试验要点有：率定探头；现场整平；接通电路；边贯入，边测记。

2）测试成果资料整理。

① 对原始数据进行检查与校正，如深度和零飘校正。

② 分别计算比贯入阻力 p_s、锥尖阻力 q_c、侧壁摩阻力 f_s、摩阻比 F_R 及孔隙水压力 U，计算公式为：

$$p_s = K_p \varepsilon_p \tag{8-1}$$

$$q_c = K_c \varepsilon_c \tag{8-2}$$

$$f_s = K_f \varepsilon_f \tag{8-3}$$

$$F_R = \frac{f_s}{q_c} \times 100\% \tag{8-4}$$

$$U = K_u \varepsilon_u \tag{8-5}$$

式中　K_p，K_c，K_u，K_f——分别为单桥探头、双桥探头、孔压探头的锥头的有关传感器及摩擦筒的率定系数；

ε_p，ε_c，ε_u，ε_f——相对的应变量（微应变）。

③ 分别绘制 f_s、q_c、U、F_R 曲线（见图 8-13）。

上述各种曲线纵坐标（深度）比例尺应一致，一般采用 1：100，深孔可用 1：200；横坐标为各种测试成果，其比例尺应根据数值大小而定。如做了超孔压消散试验，还应绘制孔压消散曲线。

如果采用计算机处理测试数据，则上述成果整理及曲线绘制（见图 8-14）可随测试过程自动完成。

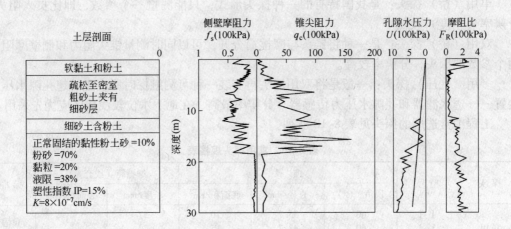

图 8-13　静力触探成果曲线及相应土层剖面图

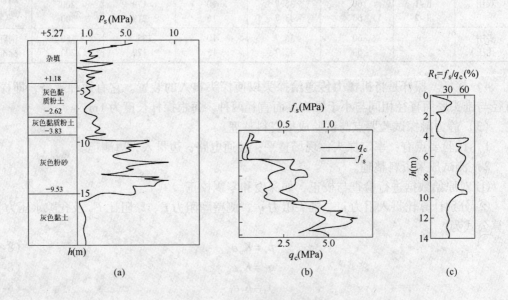

图 8-14　实测曲线示意图

(a) 静力触探 p_s-h 曲线; (b) 静力触探 q_c-h、f_s-h 曲线; (c) 静力触探 R_t-h 曲线

(4) 静力触探试验成果应用。静力触探成果应用广泛, 主要可归纳为以下几个方面:

1) 划分土层及土类判别;

2) 求土层的工程性质指标;

3) 求地基土承载力;

4) 确定单桩承载力和桩端持力层层位与厚度及埋深等。

b　动力触探

动力触探一般是将一定质量的穿心锤, 以一定的高度(落距)自由下落, 将探头贯入土中, 然后记录贯入一定深度所需的锤击次数, 并以此判断土的性质。

(1) 动力触探试验的特点和种类。动力触探技术在国内外应用广泛, 是一种主要的岩土原位测试技术。

动力触探技术具有如下优点：设备简单且坚固耐用；操作及测试方法容易；适应性广，砂土、粉土、砾石土、软岩、强风化岩石及黏性土均可；快速、经济，能连续测试土层；有些动力触探测试（如标准贯入），可同时取样并进行观察与描述。

动力触探试验方法主要可以分为两类：圆锥动力触探试验和标准贯入试验。前者根据所用穿心锤的重量将其分为轻型、重型及超重型动力触探试验。常用的动力触探测试，如表 8-11 所示。一般将圆锥动力触探试验简称为动力触探或动探，将标准贯入试验简称为标贯。

表 8-11 常用动力触探类型及规格表

类型		锤重 /kg	落距 /cm	探头（圆锥头）规格		探杆外径 /mm	触探指标（贯入一定深度的锤击数）	备 注
				锥角/（°）	底面积/cm²			
圆锥动力触探	轻型	10	50	60	12.6	25	贯入 30cm 锤击数 N_{10}	建筑地基基础设计规范
		10	30	45	4.9	12	贯入 10cm 锤击数 N_{10}	英国 BS 规程推荐
	重型	63.5	76	60	43	42	贯入 10cm 锤击数 $N_{63.5}$	岩土工程勘察规范推荐
	超重型	120	100	60	43	60	贯入 10cm 锤击数 N_{120}	岩土工程勘察规范 水电部土工试验规程推荐
标准贯入		63.5	76	对开管式贯入器，外径为 51mm，内径为 35mm，长 760mm，刃角为 18°～20°			贯入 30cm 锤击数 N	国际通用，简称 SPT

（2）圆锥动力触探。

1）圆锥动力触探试验的仪器设备有：导向杆；提引器；穿心锤；锤座；探杆；探头。

2）圆锥动力触探测试要点：

① 轻型动力触探 N_{10} 适用于黏性土、粉土、素填土和砂土。

② 重型动力触探 $N_{63.5}$ 适用于砂类土与碎石土。

③ 超重型动力触探 N_{120} 适用于密实的碎石土、漂石，确定黏粒土的属性、地基的承载力等。

3）圆锥动力触探测试成果整理：

① 检查核对现场记录；

② 实测击数校正及统计分析；

③ 绘制动力触探锤击数与贯入深度关系曲线。

（3）标准贯入试验。

1）标准贯入试验的特点与设备。标准贯入试验（standard penetration test，简写 SPT）与圆锥动力触探的区别主要是探头不同。标准贯入试验的探头是空心圆柱形的（称标准贯入器）。在测试方法上，标准贯入试验是间断贯入；而圆锥动力触探是连续贯入，连续分段计锤击数。标贯的穿心锤重量为 63.5kg，自由落距 76cm，动力设备要有钻机配合。

2）标准贯入试验要点。标准贯入试验自 1927 年问世以来，其设备和测试方法在世界上已基本统一。按原水电部土工试验规程（SD 128—86）规定，其测试要点如下：

214

① 标准贯入试验孔采用回转钻进，先用钻具钻至试验土层标高以上0.15m处，清除孔底残土再进行试验。当在地下水位以下的土层进行试验时，应使孔内水位保持高于地下水位，以免出现涌砂和塌孔；当孔壁不稳定时，应下套管或用泥浆护壁。

② 采用自动脱钩的自由落锤法进行锤击，并减小导向杆与锤间的摩阻力，避免锤击时的偏心和侧向晃动，注意保持贯入器、钻杆、导向杆连接后的垂直度。孔中宜加导向器，以保证穿心锤中心施力。

③ 将贯入器以每分钟打15~30次的频率，先打入土中0.15m，不计锤击数；然后开始记录每打入0.10m及累计0.30m的锤击数N，并记录贯入深度与试验情况。若遇密实土层，锤击数超过50时，不应强行打入，并记录50击的贯入深度。

④ 提出贯入器，取贯入器中的土样进行鉴别、描述记录，并测量其长度。将需要保存的土样仔细包装、编号，以备试验用。

⑤ 重复①~④步骤，进行下一深度的标贯测试，直至所需深度。一般每隔1m进行一次标贯试验。

需要注意的是：标贯和圆锥动力触探测试方法的不同点，主要是不能连续贯入，每贯入0.45m必须提钻一次，然后换上钻头进行回转钻进至下一试验深度，重新开始试验；此项试验适用于黏性土、粉土和砂土，不宜在含碎石层中进行，以免损坏标贯器的管靴刃口。

标贯试验锤击数N值，可对砂土、粉土、黏性土的物理状态、性质、变形参数、地基承载力、砂土与粉土的液化成桩可能性做出评价。

3）标贯测试成果资料。

① 求锤击数N。如土层不太硬，并贯穿0.30m试验段，则取贯入0.30m的锤击数N；如土层很硬，不宜强行打入时，可用下式换算相应于贯入0.30m的锤击数N：

$$N = \frac{0.3n}{\Delta S} \qquad (8-6)$$

式中　n——所选取的贯入深度的锤击数；

　　　ΔS——对应锤击数n的贯入深度，m。

② 绘制标贯击数-深度（N-H）关系曲线。

（4）动力触探试验成果的应用。

由于动力触探试验具有简易及适应性广等突出优点，特别是用静力触探不能贯入的碎石类土，可采用动力触探。动力触探及其成果应用已被列入勘察规范，在勘察实践中应用较广。其主要应用包括：划分土类或土层剖面；确定地基土承载力；确定桩基持力层；确定砂土密实度及液化势；确定黏性土稠度及c、φ值等。

B　地球物理勘探

a　基本原理与分类

地球物理勘探是用专门的仪器来探测各种地质体物理场的分布情况，对其数据及绘制的曲线进行分析解释，从而划分地层，判定地质构造、水文地质条件及各种不良地质现象的一种勘探方法。

利用物探方法研究各种不同的地质体和地质现象的物理前提如下：

地质体具有不同的物理性质：导电性、弹性、磁性、密度及放射性；地质体具有不同的物理状态：含水率、空隙性、固结程度等。

所探测的地质体各部分之间以及该地质体与周围地质体之间的物理性质和物理状态差异愈大，就愈能获得比较满意的结果。应用于岩土工程勘察中的物探则被称为"工程物探"。

（1）物探的特点。

1）设备轻便，成本低，效率高；

2）有些人工难以进入的高难地亦可用航空物探取得观测资料；

3）易于加大勘探密度和从不同方向敷设勘探网线，构成多方位数据阵，具有立体透视性优点；

4）在地面、空中、水上或钻孔中均能探测。

由于地球物理勘探的方法往往受到非探测对象的影响和干扰以及仪器测量精度的局限，其分析解释结果较粗略，且具多解性。为了获得较确切的地质成果，在物探工作之后，还常用钻探与坑探加以验证。为了使物探这一间接勘探手段在岩土工程勘察中有效地发挥作用，岩土工程师在利用资料时，必须较好地掌握各种被探查地质体的典型曲线特征，将数据反复对比分析，排除多解，并与地质调查相结合，求得正确的地质结论。

（2）物理触探的分类。物理触探的分类见表8-12。

表8-12 物探的分类及其在岩土工程中的应用

类 别	方 法 名 称		探 测 对 象
直流电法	电阻率法	电剖面法	寻找追索断层破碎带和岩溶范围，探查基岩起伏和含水层，探查滑坡体，圈定冻土带，研究金属物抗腐蚀性
		电测探法	探测基岩埋深和风化层厚度，地层水平层，探查地下水，圈定岩溶发育范围
	充电法		测量地下水流速流向，追索暗河和充水裂隙带，探测废弃金属管道和电缆
	自然电场法		探测地下水流向和补给关系，寻找河床和水库渗漏点
	激发极化法		寻找地下水和含水岩溶
交流电法	电磁法		小比例尺工程地质水文地质填图
	无线电波透视法		调查岩溶和追索圈定断层破碎带
	甚低频法		寻找基岩破碎带
地震勘探	折射波法		工程地质分层，查明含水层埋深及厚度，追索断层破碎带，圈定大型滑坡体厚度和范围
	反射波法		工程地质分层
	波速测量		测量地基土动弹性力学参数
	地脉动测量		研究地震场地稳定性与建筑物共振破坏，划分场地类型
磁法勘探	区域磁测		圈定第四系覆盖下侵入岩界限和裂隙带、接触带
	微磁测		工程地质分区，圈定有含铁磁性底沉积物的岩溶
重力勘探			探查地下空洞
声波测量	声幅测量		探查硐室工程的岩石应力松弛范围，检查混凝土灌浆质量
	声纳法		河床断面测量

类　别	方法名称		探测对象
放射性勘探	γ径迹法		寻找地下水和岩石裂隙
	地面放射性测量		区域性工程地质填图
测井	电法测井		确定含水层位置，划分咸淡水界限，调查溶洞和裂隙破碎带
	放射性测井		调查地层孔隙度和确定含水层位置
	井径井斜测量、井壁取芯		确定断裂破碎带位置
遥感技术	以航空测量为主要手段	主动遥感	宏观工程地质，水文地质调查

8.2.3　现场试验（原位测试）

8.2.3.1　概述

原位测试（in-situ tests）是在基本保持其天然结构、天然含水量以及原位应力状态，在岩土工程勘察现场，在不扰动或基本不扰动土层的情况下对土层进行测试，以获得所测土层的物理力学性质指标及划分土层的一种测试技术。与其他测试技术相比，所测的数据较准确可靠，更符合岩土体的实际情况。

8.2.3.2　常用方法

常用方法主要有两类：一类是土层剖面测试法，主要包括静力触探、动力触探、扁铲侧胀仪试验及波速法等；另一类是专门测试法，主要包括载荷试验、旁压试验、标准贯入试验、抽水试验、十字板剪切试验等。土的专门测试法可得到土层中关键部位土的各种工程指标，测试成果可直接供设计部门使用，且其精度超过室内试验的成果。

土体原位测试的专门法和剖面法，经常配合使用，点、线、面结合，以提高勘测精度与进度。表 8-13 为各种原位测试技术方法及其适用范围。

表 8-13　常用原位测试方法的基本原理、试验目的和适用范围

试验名称	试验类型	基本原理	试验目的	适用范围
载荷试验	平板载荷试验	利用 $P\text{-}S$ 曲线确定各种特性指标	（1）确定地基土的承载力和变形模量； （2）确定湿陷性黄土的湿陷起始压力	适用于碎石土、砂土、粉土、黏性土、填土、软土和软质岩石
	螺旋板载荷试验		（1）确定地基上的承载力和变形模量； （2）估算地基上固结系数、不排水抗剪强度	适用于砂土、粉土、黏性土的软土
	桩基载荷试验		（1）定单桩竖向和水平承载力； （2）当埋设有桩底反力和桩身应力、应变量测元件时，可直接测定桩周土的极限侧阻力的极限端阻力以及测定桩身应力变化和桩身的弯矩分布； （3）估算地基土的水平抗力系数的比例系数	适用于各类桩基
	动载荷试验		确定基础竖向震动力加速度 a 和基底动压力 p_a	适用于各类地基土

试验名称	试验类型	基本原理	试验目的	适用范围
旁压试验	自钻式旁压试验		(1) 确定地基土承载力; (2) 确定地基旁压模量; (3) 估算原位水平应力、不排水抗剪强度、剪切模量、固结系数	适用于软土、黏性土、粉土和砂土
静力触探试验	静力触探试验	用静力将探头以一定速度压入土中,利用探头内力传感器,通过电子量测仪器将探头受到的贯入阻力记录下来,根据阻力大小判定土层性质	(1) 进行土层分类; (2) 确定地基土承载力; (3) 确定软土不排水抗剪强度; (4) 确定变形参数; (5) 确定砂土相对密实度; (6) 估算单桩承载力; (7) 判定饱和砂土、饱和粉土地震液化可能性	适于黏性土、粉土、软土、砂土和填土
	孔压静力触探试验		(1) 划分土的类别; (2) 判定黏性土状态; (3) 估算饱和黏性土的固结系数	
直剪试验	直剪试验	在试洞、试坑、探槽或大口径钻孔内对岸地土体试样(块体)施加法向荷载,求得岩土体本身、岩土体沿软弱结构面以及岩体与混凝土接触面的抗剪强度指标	(1) 确定岩土体本身以及与混凝土接触面之间的抗剪强度和相应的指标; (2) 确定剪应力与剪切位移的关系; (3) 确定在不同法向力下岩土的比例强度、屈服强度、峰值强度和残余强度	适于各类岩土地基
十字板剪切试验	机械式十字板剪切试验	插入土中的十字板以一定的速度旋转,测出土的抵抗力矩,计算其抗剪强度	(1) 确定软黏土不排水抗剪强度; (2) 估算地基土承载力; (3) 估算单桩承载力; (4) 确定软土路基临界高度; (5) 分析地基稳定性; (6) 判定软土固结历史	适用于软土、黏性土
	电测式十字板剪切试验			
动力触探试验	轻型动力触探试验	利用一定的落锤能量将一定尺寸、一定形状的圆锥探头打入土中,根据贯入击数判定土的性质	确定黏性土、黏性素填土承载力	适用于黏性土、粉土、黏性素填土
	重型动力触探试验		(1) 确定砂土、碎石土密实度; (2) 确定黏性土、粉土、砂土和碎石土承载力	适用于砂土、碎石土
	超重型动力触探试验		(1) 确定碎石土密实度; (2) 确定碎石土承载力	适用于砾砂、碎石土
标准贯入试验	标准贯入试验	利用一定落锤能量,将一定尺寸的贯入器打入土中,根据贯入击数判定土的性质	(1) 确定砂土密实度; (2) 确定黏性土状态; (3) 确定砂土承载力,估算单桩承载力; (4) 确定土的变形参数; (5) 判定饱和砂土、粉土液化	适用于砂土、粉土、黏性土

试验名称	试验类型	基本原理	试验目的	适用范围
波速测试	单孔法波速测试	测定剪切波和压缩波在地层中的传播时间，根据已知的传播距离计算地层中波的传播速度	（1）划分场地土类型； （2）计算地基动弹性模量、动剪切模量、动泊松比； （3）评价岩体完整性； （4）计算场地卓越周期； （5）判定砂土液化； （6）检验地基加固效果	适用于岩石和各类地层
	跨孔法波速测试			
岩体应力测试	孔壁、孔底、孔径应变测试	通过粘贴在钻孔某点的电阻应变片，测量应变变化	（1）测定岩体内部某点应变值； （2）计算岩体内部某点的初始应力值	适用于地下水位以上完整和较完整岩体
	表面应变测试	用应力解除法或应力恢复法测量应变	测量岩体表面或地下硐室围岩表面的应力状态	

试验类型与方案根据工程要求、岩土特性、地质条件综合考虑而选择。

8.2.4 室内试验

8.2.4.1 概述

室内试验是将在拟建场地采取的岩土试样储运到试验室进行试验，在岩土工程勘察中占重要地位，是揭示岩土的特性、进行土类定名和土层划分的依据之一。室内试验包括土的物理性质试验、压缩、固结、抗剪强度、土的动力性质试验以及岩石试验等（土的物理力学性质试验见第 4 章）。

8.2.4.2 室内土工试验主要项目和方法

土工试验的主要项目和方法见表 8-14。

表 8-14 土工试验的主要项目和方法

项目名称	试 验 方 法
含水量	烘干法、酒精燃烧法、比重法
密度	环刀法、蜡封法
比重	比重瓶法、浮称法、虹吸管法
液限	圆锥仪法、蝶式法、联合测定法
塑限	滚搓法、联合测定法
颗粒级配	筛分法、比重计法、移液管法
相对密度	ρ_{dmin}　ρ_{dmax} 试验
击实	轻型、重型
压缩（固结）	标准法、快速法、回弹试验、再压缩试验
湿陷	实际荷重法、双线法
渗透	常水头、变水头
三轴压缩	UU、CU、CD、测或不测孔压、一个土样多级加压
动三轴	各向等压、各向不等压
无侧限抗压强度	原状土、重塑土
直接剪切	快剪、固结快剪、慢剪、反复剪
自由膨胀率	烘干土（人工制备）在纯水中膨胀
膨胀率	有荷载、无荷载
膨胀力	平衡法（以外力平衡内力，体积不变）
收缩	线缩率、体积率、收缩系数
加州承载比	在 $\phi152mm$ 承载比试验筒内作贯入
酸碱度（pH 值）	电测法、比重法
可溶盐	易、中、难溶岩，总量测定（烘干法），各离子含量（化学分析法）
有机含量	重铬酸钾容量法、烘失法

8.2.4.3 土的物理性质试验

土的物理性质试验包括：含水量试验、比重试验、密度试验、颗粒分析试验、界限含水量试验、砂土的相对密度试验，其试验方法可参阅《土工试验方法标准》（GB/T 50122—1999）。

根据《岩土工程勘察规范》（GB 50021—2009）规定，各类工程均应测定下列土的分类指标和物理性质指标：

砂土（sandy soil）：颗粒级配、比重、天然含水量、天然密度、最大与最小干密度。

粉土（silt）：颗粒级配、液限、塑限、比重、天然含水量、天然密度和有机质含量。

黏性土（clay soil）：液限、塑限、比重、天然含水量、天然密度和有机质含量。

8.2.4.4 土的力学性质试验

土的力学性质试验包括压缩性、抗剪强度、侧压力系数、孔隙水压力系数、无侧限抗压强度、灵敏度试验。

8.2.4.5 土的动力性质试验

土的动力性质试验有动三轴试验、动单剪试验和共振柱试验。以得到土的动弹性模量、动剪切模量和动泊松比。

8.2.4.6 土的水理性质试验

水、土作为环境介质会对建筑结构及地基产生腐蚀作用，其中的化学成分起主要作用，要评价水土的腐蚀性，必须首先分析水、土中的化学成分。

8.2.4.7 岩石性质试验

岩石性质试验包括岩石的物理性质试验与力学性质试验。

在岩土工程勘察中室内试验所测定的岩土性质指标的选择，还应考虑岩土工程勘察的等级，即场地与地基的复杂程度以及工程的重要性，对拟建场地及工程项目进行定量、定性的分析与评价，以保证工程质量与建筑物的安全与正常使用。

8.3 岩土工程勘察报告书

岩土工程勘察报告是岩土工程勘察的最终成果，是工程设计、工程施工及工程治理的基本依据。因此，通过岩土工程分析评价，对前期野外工作和室内试验获取的各种地质资料、发现的地质问题进行定性和定量的分析评价，是岩土工程勘察的重要工作程序。

8.3.1 岩土工程评价方法

8.3.1.1 评价的内容和要求

岩土工程分析评价是勘察资料整理的重要部分，是勘察成果整理的核心内容。它是在各项勘察工作成果和搜集已有资料的基础上，依据工程的特点和要求进行的。

（1）其与工程地质评价的区别在于：

1）分析评价的任务和要求在广度与深度上大大增加。

2）分析评价时，要求与工程密切结合，解决工程问题，而不仅仅是离开实际工程去分析地质规律。

3）要求预测和监控施工运营的全过程，而不是仅为设计服务。

4）不仅要求提供各种资料，而且要针对可能产生的问题，提出相应的处理对策和建议。

（2）岩土工程分析评价主要包括以下内容：

1）场地的稳定性和适宜性评价。

2）为岩土工程设计提供场地地层结构和地下水空间分布的参数、岩土体工程性质和状态的设计参数。

3）为拟建工程施工和运营过程中可能出现的岩土工程问题提出评价依据，并提出相应的防治对策和措施，以及合理的施工方法。

4）提出地基与基础、边坡工程、地下硐室等各项岩土工程方案设计的建议。

5）预测拟建工程对现有工程的影响、工程建设的环境变化，以及环境变化对工程的影响。

（3）岩土工程评价的主要要求如下：

1）必须与工程密切结合，充分了解工程结构的类型、特点和荷载组合情况，分析强度和变形的风险和储备。不仅要分析地质规律，且要切实解决工程实际问题。

2）掌握场地的地质背景，考虑岩土体材料的非均匀性、各向异性和随时间的变化，评估岩土参数的不确定性，确定其最佳估值。

3）参考类似工程的经验，以作为拟建工程的借鉴。

4）论据不足、实践经验不多的岩土工程，可通过现场模型试验和足尺试验以及现场测试等进行分析评价。对于重大工程和复杂的岩土工程问题，应在施工过程中进行监测，并根据监测资料适当调整原先制订的设计和施工方案，而且要预测和监控施工、运营的全过程。

8.3.1.2 评价方法

应采用定性分析评价与定量分析评价相结合的方法进行。在定性分析评价的基础上进行定量分析评价，若不经过定性分析评价是不能直接进行定量分析评价的。对某些问题仅作定性分析评价即可。定性分析和定量分析都应在有详细资料和数据的基础上，运用成熟的理论和类似工程的经验进行论证，宜提出多个方案进行比较。

A 定性分析

定性分析是岩土工程分析评价的首要步骤和基础，对下列问题，可仅作定性分析：

（1）工程选址及场地对拟建工程的适宜性。

（2）场地地质条件的稳定性。

（3）岩土性状的描述。

B 定量分析

需作定量分析评价的内容如下：

（1）岩土体的变形性状及其极限值。

（2）岩土体的强度、稳定性及其极限值，包括地基和基础、边坡和地下硐室的稳定性。

（3）岩土压力及岩土体应力的分布与传递。

（4）其他各种临界状态的判定问题。

定量分析可采用解析法、图解法或数值法。其中解析法是使用最多的方法，它以经典的刚体极限平衡理论为基础。数学意义较严格，但由于应用时对实际地质体有一定的前提假设条件，以及边界条件的确定和计算参数的选取也都存在误差和不确定性，甚至有一定的经验性，所以应有足够的安全储备以保证工程的可靠性。解析法可分为定值法和概率分析法。

目前我国岩土工程定量分析普遍采用定值法，对特殊工程需要时可辅以概率法进行综合评价。按《岩土工程勘察规范》（GB 50021—2009）的规定，岩土工程计算应符合以下要求：

（1）按承载力极限状态计算，可用于评价土坡稳定、挡土墙稳定性、承载力和地基整体稳定性等问题。可根据有关设计规范规定，用分项系数或总安全系数方法计算，有经验时也可用隐含安全系数的抗力容许值进行计算。

（2）按正常使用的极限状态计算，并以工程使用要求进行复核，可用于评价岩土体的变形、动力反应、透水性、涌水量及渗入量等。

其中，承载力极限状态（破坏极限状态）可以分为两种情况：岩土体中形成破坏；岩土体过量变形或位移导致工程的结构破坏。

属于第一种情况的有地基的整体滑动、边坡失稳、挡土墙结构倾覆、隧洞冒顶或塌帮、渗透破坏等。属于第二种情况的有：由于土体的湿陷、震陷、融陷或其他大变形，造成工程的结构性破坏；由于岩土体过量的水平位移，导致桩的倾斜、管道破裂、邻近工程的结构性破坏；由于地下水的浮托力、静水压力或动水压力造成的工程结构性破坏等。

正常使用极限状态（功能极限状态），对应于工程达到正常使用或耐久性能的某种规定限值。属于正常使用极限状态的情况有：影响正常使用的外观变形、局部破坏、振动以及其他待定状态。例如，由于岩土体变形而使工程发生超限的倾斜、沉降、表面裂隙或装修损坏；由于岩土刚度不足而影响工程正常使用的振动；因地下水渗漏而影响工程（地下室）的正常使用。

C 反分析

反分析仅作为分析数据的一种手段，适用于根据工程中岩土体实际表现的性状或效果反求岩土体的特性参数，或验证设计计算，查验工程效果及事故的技术原因。在对场地地基稳定性和地质灾害评价中使用较多。

反分析应以岩土工程实体或足尺试验为分析对象。根据系统的原型观测，查验岩土体在工程施工和使用期间的表现，检验与预期效果相符的程度。反分析在实际应用中分为非破坏性（无损的）反分析和破坏性（已损的）反分析两种情况，它们分别适用于表 8-15 和表 8-16 中所列的情况。

表 8-15 非破坏性反分析的应用

工程类型	实测参数	反演参数
建筑物工程	地基沉降变形量或地面沉降量、基坑回弹量	岩土变形参数、地下水开采量等
动力机器基础	稳态或非稳态动力反应数据，包括位移、加速度	岩土动刚度、动阻尼

工程类型	实测参数	反演参数
支护结构	水平及垂直位移、岩土压力、结构应力	岩土抗剪强度、岩土压力、锚固力
公路	路基依路面变形	变形模量、承载比

表 8-16　破坏性反分析的应用

工程类型	实测参数	反演参数
滑坡	滑坡体的几何参数，滑动前后的观测数据	滑动面岩土强度
饱和粉细砂	地震前后的密度、强度、水位、上覆压力、标高等	液化临界值

岩土工程的分析评价，应根据岩土工程勘察等级区别进行。对丙级岩土工程勘察可根据邻近工程经验，结合触探和钻探取样试验资料进行分析评价；对乙级岩土工程勘察，应在详细勘探、测试的基础上，结合邻近工程经验进行，并提供岩土的强度和变形指标；对甲级岩土工程勘察，除按乙级要求进行外，尚宜提供载荷试验资料，必要时应对其中的复杂问题进行专门研究，并结合监测工作对评价结论进行检验。

8.3.1.3　岩土工程特性指标的统计和选用

（1）岩土物理力学性质指标，按场地的工程地质条件及相应的地貌单元和层位分别统计；

（2）参数的平均值 ϕ_m 按下式计算：

$$\phi_m = \frac{\sum\limits_{i=1}^{n} \phi_i}{n} \tag{8-7}$$

式中　ϕ_i——岩土参数的实测值。

（3）参数的标准差 σ_f 按下式计算：

$$\sigma_f = \sqrt{\frac{1}{n-1}\left[\sum_{i=1}^{n} \phi_i^2 - \frac{\left(\sum\limits_{i=1}^{n} \phi_i\right)^2}{n}\right]} \tag{8-8}$$

（4）参数的变异系数 δ 按下式计算：

$$\delta = \frac{\sigma_f}{\phi_m} \tag{8-9}$$

（5）主要参数宜绘制沿深度变化的图件，并按变化特点划分为相关型和非相关型。需要时应分析参数在水平方向上的变异规律。

相关型参数宜结合岩土参数与深度的经验关系，确定剩余标准差，并用剩余标准差计算变异系数。

$$\sigma_r = \sigma_f \sqrt{1-r^2} \tag{8-10}$$

$$\delta = \frac{\sigma_r}{\phi_m} \tag{8-11}$$

式中　σ_r——剩余标准差；

r——相关系数，对非相关型，$r = 0$。

（6）岩土参数的标准值 ϕ_k 可按下列方法确定：

$$\phi_k = \gamma_s \phi_m \tag{8-12}$$

$$\gamma_s = 1 \pm \left\{ \frac{1.704}{\sqrt{n}} + \frac{4.678}{n^2} \right\} \delta \tag{8-13}$$

式中　γ_s——统计修正系数。

式（8-13）中的正负号按不利组合考虑，如抗剪强度指标的修正系数应取负值。

统计修正系数 γ_s 也可按岩土工程的类型和重要性、参数的变异性和统计数据的个数，根据经验选用。

（7）在岩土工程勘察报告中，应按下列不同情况提供岩土参数值：

1）一般情况下，应提供岩土参数的平均值、标准差、变异系数、数据分布范围和数据的数量；

2）承载能力极限状态计算所需要的岩土参数标准值，应按式（8-12）计算；对于设计规范另有专门规定的标准值取值方法时，可按有关规定执行。

8.3.2　勘察报告书编写及应用

8.3.2.1　岩土工程勘察报告的主要内容

岩土工程勘察报告必须配合相应的勘察阶段，针对建筑场地的地质条件、建筑物的规模、性质及设计和施工要求，对场地的适宜性、稳定性进行定性和定量的评价，提出选择建筑物地基基础方案的依据和设计计算的参数，指出存在的问题以及解决问题的途径和办法。岩土工程勘察报告一般应遵循勘察纲要，内容包含文字部分与图表部分。

A　文字部分

（1）勘察目的、任务、要求和依据的技术标准。

（2）拟建工程概况。其主要包括建筑物的功能、体型、平面尺寸、层数、结构类型、荷载（有条件时列出荷载组合）、拟采用基础类型及其概略尺寸及有关特殊要求的叙述。

（3）勘察方法和勘察工作量布置。

（4）场地地形、地貌、地层、地质构造、岩土性质及其均匀性。

（5）各项岩土性质指标、岩土的强度参数、变形参数、地基承载力的建议值。

（6）地下水埋藏情况、类型、水位及其变化。

（7）土和水对建筑材料的腐蚀性。

（8）可能影响工程稳定的不良地质作用的描述和对工程危害程度的评价。

（9）场地稳定性和适宜性的评价。

（10）对岩土利用、整治和改造的方案进行分析论证，提出建议；对工程施工和使用期间可能发生的岩土工程问题进行预测，提出监控和预防措施的建议。

B　图表部分

（1）岩土工程勘察报告中应附必要的图件，主要包含：勘探点平面布置图，工程地质柱状图，工程地质剖面图，原位测试成果图表，室内试验成果图表，岩土的综合利用、整治、改造方案的有关图表，岩土工程计算简图及计算成果图表。

当大型岩土工程勘察项目或重要勘察项目需要时，尚可附综合工程地质图、综合地质柱状图、地下水等水位线图、素描及照片等。

（2）除综合性岩土工程勘察报告外，也可根据任务要求，提交单项报告，主要有：岩土工程测试报告（如工程静力触探试验报告）、岩土工程检验或监测报告、岩土工程事故调查与分析报告、岩土利用及整治或改造方案报告、专门岩土工程问题的技术咨询报告。

岩土工程勘察阶段根据工程要求及场地的岩土工程条件可适当简化，以图表为主，辅以必要的文字说明；对一级岩土工程勘察还应对专门性的岩土工程问题提交研究报告和监测报告。

C　常用图表的编制方法

（1）勘探点平面布置图。勘探点平面布置图是在建筑场地地形底图上，把拟建建筑物的位置和层数、各类勘探点和原位测试点的编号与位置用不同的图例表示出来，并注明各勘探点、测试点的标高和深度、剖面线及其编号等。

（2）工程地质柱状图。柱状图是根据钻孔的现场记录整理出来的。记录中除了注明钻进的工具、方法和具体事项外，其主要内容是关于地层的分布（层面的深度、层厚）和地层的名称和特征的描述。绘制柱状图之前，应根据土工试验成果及保存的钻孔岩芯土样对分层情况和野外鉴别记录进行认真的校核，并做好分层和并层工作。当测试成果与野外鉴别不一致时，一般应以测试成果为主，只有当试样太少且缺乏代表性时才以野外鉴别为准。绘制柱状图时，应自上而下对地层进行编号和描述，并用一定的比例尺、图例和符号绘图。在柱状图中还应同时标出取土深度、标贯位置及击数、地下水位等信息数据。

（3）工程地质剖面图。工程地质柱状图只反映场地某一勘探点处地层的竖向分布情况，工程地质剖面图则反映某一勘探线上地层沿竖向和水平向的分布情况。由于勘探线的布置常与主要地貌单元或地质构造轴线相垂直，或与建筑物的轴线相一致，故工程地质剖面图是岩土工程勘察报告的最基本的图件。

剖面图的垂直距离和水平距离可用不同比例尺。绘图时，首先将勘探线的地形剖面线绘出，标出勘探线上各钻孔中的地层层面，然后在钻孔的两侧分别标出层面的高程和深度，再将相邻钻孔中相同的土层分界点以直线相连。当某地层在邻近钻孔中缺失时，该层可假定于相邻两孔中间尖灭。剖面图中应标出原状土样的取样位置和地下水位线。各土层应用一定的图例表示，可以只绘出某一地段的图例，该层未绘出图例部分可由地层编号识别，这样可使图面更为清晰。

在工程地质柱状图和剖面图上也可同时附上土的主要物理力学性质指标及某些试验曲线（如静力触探曲线和标准贯入试验曲线等）。

8.3.2.2　岩土工程勘察报告的质量要求

岩土工程勘察报告必须经过主管部门审验后，才能提交委托方生效。对岩土工程勘察报告要求如下：

（1）应阐明本项工程的勘察目的、任务和要求，拟建（构）筑物类型、安全等级、结构、层数、高度、平面尺寸、荷载、基础类型和尺寸、特殊要求等。

（2）应说明本项工程的勘察技术要求、需解决的主要问题和所遵循的技术标准。

（3）采用勘探、测试手段和工作方法必须是适用的；勘探点的布置及数量和深度必须满足现行规范要求，并是合理的；使用的勘探设备、仪器的规格、性能应能满足勘察技术的要求。

（4）对场地工程地质条件的论述应包括：

1）有充分的、正确的原始数据，并正确地提供参数的统计值；

2）根据统计值正确分析和评价岩土的工程性能；

3）采用正确的选值方法，提供安全并且经济的主要岩土工程参数的建议值。

（5）对于特殊性地基土应进行其特殊性评价。例如，湿陷性黄土地基应定量评价其湿陷类型和湿陷等级；膨胀土地基应评价其膨胀性等。

（6）正确划分场地抗震地段、场地土类型和建筑场地类别，并说明划分依据；当场地内存在饱和砂土或粉土时，应对其液化趋势做出判定，并确定可液化指数和液化等级。

（7）对地基基础方案的分析与论证，应包括天然地基、人工地基、桩基础以及地基处理方案的建议。

（8）对各项岩土工程定量分析和评价均应说明采用的计算公式、参数选值、计算过程或计算表。

（9）报告书应编排得当、叙述清楚、用词恰当、语法通顺、文字精练、单位符号符合现行规范。

（10）报告书所附图表内容齐全、比例合适、图面清晰且规范。

8.3.2.3 岩土工程勘察报告的阅读与使用

阅读勘察报告书时，应熟悉勘察报告的主要内容，了解勘察结论和计算指标，进而判断报告中的建议对拟建工程的适用性，做到正确使用勘察报告。对场地条件、拟建建筑物概况，进行综合分析，在设计施工中充分利用有利的工程地质条件。主要工作如下：

（1）场地稳定性评价。对地质条件复杂地区的地质构造及地层成层条件、不良地质现象以及分布规律、危害程度和发展趋势等应引起高度重视。其关系到建设项目可行性中的选址问题，对场地有直接危害或潜在威胁。如果必须在其中较为稳定的地段进行建筑时，需采取必要的防治措施。

（2）地基持力层的选择。对不发生威胁场地稳定性建筑地段，在满足地基承载力和变形两个基本要求时，从地基—基础—上部结构相互作用出发，在熟悉场地条件的基础上，经过试算和方案比较，优先采用天然基础上浅埋基础方案，合理选择地基持力层。

在应用勘察报告时，最重要的是注意所提供资料的可靠性。在使用报告过程中，注意和发现问题，对有疑问的关键问题一定要查清，以便减少差错，发掘地基潜力，保证工程质量。

8.4 岩土工程勘察报告实例

8.4.1 文字部分

8.4.1.1 工程概况

A 结构形式及规模

受某单位的委托，对拟建的住宅小区及地下车库进行详细勘察阶段的岩土工程勘察。根据建设方提供的拟建物平面图及《建（构）筑物地基岩土工程勘察任务委托书》，其基本情况见表8-17。

表8-17　建筑物情况介绍表

| 建筑编号 | 设计±0.0标高/m | 楼高/m | 层数 | | 结构类型 | 基础埋置/m | 基础埋置标高/m | 基底压力标准组合/kPa |
			地上	地下				
①号楼	504.575	78.0	26	1	剪力墙	−6.0	498.58	520
②号楼	504.455	78.0	26	1	剪力墙	−6.0	498.46	520
③号楼	503.720	78.0	26	1	剪力墙	−6.0	497.72	520
④号楼	508.986	78.0	26	1	剪力墙	−6.0	502.99	520
⑤号楼	507.950	78.0	26	1	剪力墙	−6.0	501.95	520
⑥号楼	506.625	78.0	26	1	剪力墙	−6.0	500.63	520
⑦商业	505.250	15.0	3	1	框架	−6.0	499.25	200
地下车库				1	独基	−6.0		200
				2		−10.0		

因建筑物平面布置图上未提供拟建地下车库地面±0.0设计标高，故拟建地下车库按其与主楼±0.0设计标高一致考虑。

B　勘察目的

（1）对场地及其附近进行不良地质作用调查，评价场地稳定性及建筑适宜性。

（2）查明场地地形地貌、地层结构，提供各层地基土的物理力学性质指标；对地基均匀性、压缩性等做出评价。

（3）查明湿陷性黄土的分布厚度与深度，判定黄土场地的湿陷类型及黄土地基的湿陷等级。

（4）查明场地地下水的类型及埋藏条件。

（5）判定场地土和地下水对建筑材料的腐蚀性。

（6）判定建筑场地类别，提供抗震设计所需参数。

（7）提供各地基土层的承载力特征值，并提供桩基设计参数。

（8）推荐基坑开挖设计方案，并提供设计所需参数。

（9）对地基基础方案进行比较、分析，推荐适宜的地基基础方案。

C　勘察依据及执行的主要技术标准（略）

D　勘察工作日期（略）

8.4.1.2　勘察与室内试验

A　建筑类别与岩土工程勘察等级

按《建筑地基基础设计规范》（GB 50007—2002），拟建建筑①~⑥号楼（26F）及地下车库（2F）的地基基础设计等级均为乙级；拟建⑦号楼（3F）和地下车库（1F）地基基础设计等级为丙级。

按《湿陷性黄土地区建筑规范》（GB 50025—2004），拟建①~⑥号楼属甲类建筑；拟建⑦号楼和地下车库均属丙类建筑。

按《岩土工程勘察规范》（GB 50021—2001）（2009 版），拟建①～⑦号楼的工程重要性等级和场地复杂程度为二级，地基复杂程度①～②号楼为一级，其余为二级。综合分析，拟建建筑物①～②号楼的岩土工程勘察等级均为甲级，其余为乙级。

B 勘察方案布置

本次勘察根据拟建建筑物总平面布置图，按现行有关规范、规程，沿拟建建筑物周边及角点布置勘探点。共布置勘探点 50 个，孔深 20.0～80.0m，间距为 20.0～37.0m；其中取土试样勘探孔 28 个（包括先井后钻和探井 13 个），不取土试样勘探孔 22 个，其中全程标贯孔 6 个，并在 5 个钻孔旁进行了双静力触探试验，其位置见图 8-15。

C 勘探点定位及高程测量（略）

D 钻探与取样

本次勘察的钻探、取样及标准贯入试验工作由××等负责完成。钻探使用 6 台 DPP-100 型车载钻机，采用回转法钻进，以静压法采取不扰动土试样。钻孔开孔直径为 146mm，终孔直径为 130mm。探井由人工开挖完成，并于井壁掏取不扰动土试样，土样质量等级均为 I 级。

E 原位测试

原位测试包括标准贯入试验、双桥静力触探试验与波速测试。

F 室内试验（略）

G 勘察工作量（略）

8.4.1.3 工程场地条件

A 场地位置、地形与地貌

拟建西安某小区住宅楼及地下车库位于西安市南郊。场地地貌单元属少陵塬黄土台塬。

B 地层结构及岩性描述

根据本次勘探结果，场地地层由填土，第四纪全新世冲、洪积黄土状土、第四纪晚更新世风积黄土、残积古土壤，第四纪中更新世风积黄土、残积古土壤等组成，场地地层为黄土与古土壤相间的黄土梁洼地貌，地层分布规律现按层序分述如下：

①-素填土 Q_4^{ml}：褐黄色，土质不均，松散，含较多植物根系及炭屑，为建筑弃土，在拟建场地内普遍分布。层底深度 0.50～8.30m，层底标高为 491.33～507.65m。

①-1-杂填土 Q_4^{ml}：褐黄色，土质不均，松散，含较多植物根系及炭屑、砖块，为原砖瓦厂残留，主要分布于①～③、⑥、⑦号楼部位。本层厚度为 0.50～8.20m，层底深度 0.50～8.20m，层底标高为 490.99～505.53m。

②-黄土 Q_3^{eol}：褐黄色～黄褐色，局部微红。土质较均匀，孔隙发育，含植物根系、虫孔等，本层上部局部分布有薄层黄土状土，可见微量钙质丝状条纹及小结核，硬塑（个别土试样呈可塑或坚硬），具轻微～强烈湿陷性和自重湿陷性，属中压缩性土（个别土试样呈高压缩性）。本层厚度为 0.90～7.80m，层底深度为 5.50～11.80m，层底标高为 487.49～502.45m。

③-古土壤 Q_3^{el}：棕褐～棕红色，土质不均，可见孔隙，具块状结构。含少量氧化铁、较多白色钙质条纹及钙质结核，底部结核富集，局部成层，层厚最大达 60cm，硬塑（部

分土试样呈可塑或坚硬），具轻微~中等湿陷性和自重湿陷性，属中等压缩性土。本层厚度为3.00~5.70m，层底深度为9.50~15.30m，层底标高为482.99~498.85m。

④-黄土 Q_2^{eol}：黄褐色，土质略均，针状孔隙发育，含有云母片、蜗壳，偶见钙质结核。具轻微~中等湿陷性和自重湿陷性，硬塑（部分土试样呈可塑或坚硬），属中等压缩性土。本层厚度为7.40~10.30m，层底深度为18.80~25.10m，层底标高为473.39~489.65m。

⑤-古土壤 Q_2^{el}：褐红~棕褐~褐红色，土质略均，孔隙发育，块状结构，含大量钙质结核和钙质条纹，底部钙质结核富集。本层局部中部夹有薄层黄土（俗称红二条），颜色较浅。具轻微~中等湿陷性和自重湿陷性，硬塑（部分土试样呈可塑或坚硬），属中压缩性土。本层厚度为4.00~6.10m，层底深度为23.20~30.10m，层底标高为469.04~480.24m。

⑥-黄土 Q_2^{eol}：黄褐~褐黄色，土质均匀，孔隙发育，含有云母片、蜗壳，可见零星的钙质结核，可塑（个别土样呈硬塑），属中压缩性土层顶部局部具轻微湿陷性。本层厚度为3.20~6.10m，层底深度为28.00~34.70m，层底标高为463.29~476.04m。

⑦-古土壤 Q_2^{el}：褐红~棕褐~褐红色，土质略均，孔隙发育，块状结构，含大量钙质结核和钙质条纹，底部钙质结核富集，可塑（少部分土样呈软塑），属中压缩性土。本层厚度为3.50~4.90m，层底深度为32.80~39.30m，层底标高为459.19~471.64m。

⑧-黄土 Q_2^{eol}：黄褐~褐黄色，土质均匀，孔隙发育，含有云母片、蜗壳，偶见零星的钙质结核，可塑（个别土样呈软塑），属中等压缩性土。本层厚度为3.00~4.50m，层底深度为36.00~42.90m，层底标高为455.69~468.14m。

⑨-古土壤 Q_2^{el}：褐红~棕褐~褐红色，土质略均，孔隙发育，块状结构，含大量钙质结核和钙质条纹，底部钙质结核富集，可塑，属中等压缩性土。本层厚度为3.30~4.90m，层底深度为40.00~46.70m，层底标高为451.19~463.95m。

⑩-黄土 Q_2^{eol}：黄褐~褐黄色，土质均匀，孔隙发育，含有云母片、蜗壳，偶见零星的钙质结核，可塑，属中等压缩性土。本层厚度为3.60~6.20m，层底深度为45.00~51.00m，层底标高为446.49~459.44m。

⑪-古土壤 Q_2^{el}：褐红~棕褐~褐红色，土质略均，孔隙发育，块状结构，含大量钙质结核和钙质条纹，底部钙质结核富集，可塑，属中等压缩性土。本层厚度为4.90~7.60m，层底深度为51.00~56.80m，层底标高为440.49~452.15m。

⑫-黄土 Q_2^{eol}：黄褐~褐黄色，土质均匀，孔隙发育，含有云母片、蜗壳，偶见零星的钙质结核，可塑，属中等压缩性土。本层厚度为3.20~8.60m，层底深度为57.20~62.50m，层底标高为434.19~445.65m。

⑬-古土壤 Q_2^{el}：褐红~棕褐，土质均匀，孔隙发育，含有云母片、蜗壳，含大量钙质结核和钙质条纹，底部钙质结核富集，可塑，属中等压缩性土。本层厚度为0.60~4.20m，层底深度为60.00~66.20m，层底标高为432.19~444.55m。

⑭-黄土 Q_2^{eol}：棕褐~褐红色，土质均匀，孔隙发育，含有云母片、蜗壳，含大量钙质结核和钙质条纹，底部钙质结核富集；可塑，属中等压缩性土。本层厚度为2.10~5.30m，层底深度为63.30~70.80m，层底标高为427.19~441.34m。

⑮-土壤 Q_2^{el}：棕褐~褐红色，土质均匀，孔隙发育，含有云母片、蜗壳，含大量钙质结核和钙质条纹，底部钙质结核富集；可塑，属中等压缩性土。本层厚度为3.10~

6.70m，层底深度为 68.90 ~ 73.90m，层底标高为 423.69 ~ 434.64m。

⑯-黄土 Q_2^{eol}：棕褐 ~ 褐红色，土质均匀，孔隙发育，含有云母片、蜗壳，含大量钙质结核和钙质条纹，底部钙质结核富集；可塑，属中等压缩性土。本层厚度为 2.10 ~ 5.00m，层底深度为 72.30 ~ 78.50m，层底标高为 421.59 ~ 432.40m。

⑰-土壤 Q_2^{el}：棕褐 ~ 褐红色，土质均匀，孔隙发育，含有云母片、蜗壳，含大量钙质结核和钙质条纹，底部钙质结核富集；可塑，属中等压缩性土。本层未穿透，本层最大揭露厚度 7.70m，最大揭露深度为 80.00m，相应标高为 421.63m。

C 地下水

场地地下水处于⑦-古土壤及⑧-黄土层中，为第四纪孔隙潜水。主要由大气降水入渗补给。稳定水位埋深为 34.11 ~ 44.50m，相应标高为 461.54 ~ 462.17m。本次勘察期间系平水期，地下水年变化幅度约 1 ~ 2m。

8.4.1.4 岩土工程特性指标

（1）岩土的室内试验指标包括：地基土的一般物理力学性质、地基土的压缩性、黄土的湿陷性、地基土的抗剪强度、地下水及地基土的腐蚀性分析。

（2）岩土的原位测试结果有：标准贯入试验结果、双桥静力触探试验结果、剪切波速测试结果。

8.4.1.5 岩土工程评价

A 不良地质作用

根据《西安地裂缝场地勘察与工程设计规程》（DBJ 61—6—2006）中的西安地裂缝分布图以及目前西安地裂缝研究成果，拟建场地无地裂缝通过。故可不考虑西安地裂缝的影响。

B 填土

拟建场地原为砖瓦窑厂，自 2006 年后逐渐由施工弃土堆积覆盖。场地内普遍分布的素填土及杂填土，由于其堆积时间短，土质不均匀，结构杂乱，自重固结尚未完成，故均属欠固结土，未经处理不得作为天然地基使用，基坑开挖时应防止其坍塌。

C 黄土湿陷性评价

按土工试验成果报告，依据《湿陷性黄土地区建筑规范》（GB 50025—2004），场地内分布的②-黄土、③-古土壤、④-黄土、⑤-古土壤均具湿陷性和自重湿陷性，⑥-黄土个别土试样具湿陷性和自重湿陷性。

自重湿陷性黄土的一般分布深度为 14.00 ~ 27.00m。按上述规范计算的自重湿陷量（自天然地面算起）Δ_{zs} = 18.90 ~ 403.60mm，综合分析确定拟建场地属自重湿陷性黄土场地。

D 地基均匀性

拟建场地地基土层面起伏与地形变化趋于一致，在拟取基础埋深下，拟建物基础主要位于①-素填土、①-1-杂填土和②-黄土中。①-素填土、①-1-杂填土为新近堆积填土，成分杂乱，结构松散，不能作为持力层使用，显然天然地基不均匀，由于下部主要持力层其层位埋深和厚度在水平和竖直方向上分布均匀，对①-素填土、①-1-杂填土需进行换填处理。

E 地基土承载力

根据地基土的工程特性指标、标准贯入试验、双桥静力触探，结合地区经验综合分析，各层地基土的承载力特征值 f_{ak} 建议采用的数值如表 8-18 所示：

表 8-18　地基土承载力特征值

地层名称	地基土的承载力特征值 f_{ak}/kPa	地层名称	地基土的承载力特征值 f_{ak}/kPa
②-黄土	160	⑩-黄土	180
③-古土壤	180	⑪-古土壤	220
④-黄土	170	⑫-黄土	190
⑤-古土壤	180	⑬-古土壤	230
⑥-黄土	160	⑭-黄土	220
⑦-古土壤	190	⑮-古土壤	230
⑧-黄土	170	⑯-黄土	230
⑨-古土壤	200	⑰-古土壤	230

　　F　桩的侧阻力和端阻力特征值

初步设计时，计算桩的侧阻力特征值 q_{sia} 和端阻力特征值 q_{pa}（略）。

　　G　场地土、地下水的腐蚀性评价

本场地环境类型属Ⅲ类。根据水质分析报告和土壤腐蚀性报告，场地土对混凝土结构及钢筋混凝土结构中的钢筋均具微腐蚀性；场地地下水对混凝土结构及钢筋混凝土结构中的钢筋均具微腐蚀性。

8.4.1.6　场地地震效应

（1）建筑场地抗震区段划分。根据本次钻探结果，拟建场地可视为可以进行建设的一般场地。

（2）建筑场地类别及设计地震动参数（略）。

8.4.1.7　地基基础方案论证

（1）拟建⑦号楼（3F）及地下车库（1~2F）。

（2）拟建①~⑥号楼（26F）桩型与桩基持力层选择、单桩竖向承载力特征值计算、桩基沉降、桩基设计与施工中应注意的问题。

8.4.1.8　基坑开挖与支护（略）

8.4.1.9　结论

（1）拟建场地无西安地裂缝分布，也可不考虑临潼-长安断裂错断对拟建场地的影响。可以建筑。

（2）场地上部分布的填土，结构松散，不宜作为天然地基，应进行换填处理，基坑开挖时应防止局部坍塌。

（3）拟建场地为自重湿陷性黄土场地，在拟定基础埋深情况下，①~②号楼地基湿陷等级为Ⅲ级（严重），其余各拟建场地地基的湿陷等级均为Ⅱ级（中等）。

（4）各层地基土承载力特征值可按表 8-18 中建议值采用。

（5）拟建地下车库（-1~-2F）、拟建⑦号商业（3F）采用建议采用灰土挤密桩或孔内深层强夯法（DDC 工法）处理地基；经充分论证后也可采用灰土挤密桩方案。拟建①~⑥（26F）建筑，建议采用素土预挤密全部消除湿陷后的桩基础方案。

（6）基坑深度不大时，宜优先选用台阶式放坡，坡率高宽比宜为 $1:0.50 \sim 1:0.75$。无放坡条件时，基坑支护建议采用土钉墙支护方案。

（7）西安地区抗震设防烈度为 8 度。

（8）场地土和地下水对混凝土结构及钢筋混凝土结构中的钢筋均具微腐蚀性。

（9）场地起伏较大，且场地整平至设计标高时，存在大面积和大厚度挖填方问题，填方厚度为 $0.12 \sim 2.39$m，填方应在基础施工前 3 个月完成，填土的施工应符合有关规范的规定。

（10）施工前应进行普探工作，查明场地内墓穴、枯井、空洞等的分布，并应按有关规定妥善处理。

（11）西安地区季节性冻土标准冻深小于 60cm。

（12）对拟建建筑物应按有关规定进行变形观测。

（13）建筑物的使用与维护应符合现行规范规定。

（14）本勘察文件需经施工图设计文件审查通过后，才能作为施工图设计依据。

8.4.2　图表部分

勘探点平面布置图（见图 8-15）、工程地质剖面图（见图 8-16）、土工试验成果报告

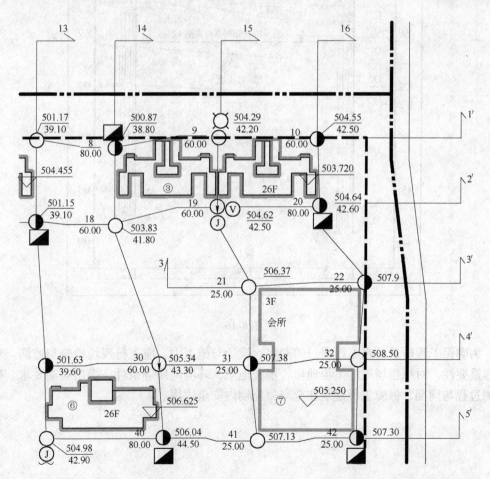

图 8-15　勘探点平面布置图（局部）

表（略）、湿陷性计算表（略）、静力触探单孔曲线柱状图（见图 8-17）、土壤腐蚀性报告（略）、水质分析报告（略）、波速测试成果报告（略）、标准贯入试验成果表（略）、素土挤密桩预处理后灌注桩单桩竖向承载力特征值估算表（略）。

通过岩土工程勘察与评价，对现场试验和室内试验获取的各种地质资料、发现的地质问题进行分析评价，综合考虑拟建场地的稳定性与安全可靠性，为土木工程设计、施工及治理提供科学的依据。

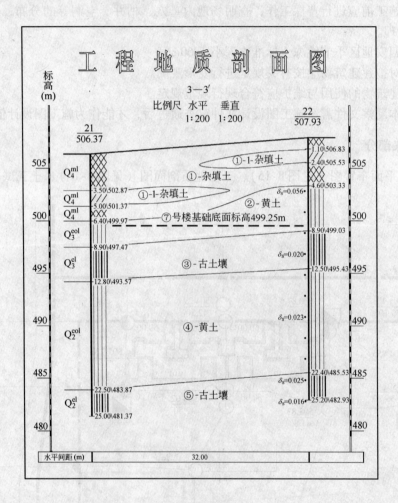

图 8-16

为确保工程质量，在工程项目的勘察、设计与施工中，应进行现场检验与监测。根据工程重要性，对拟建场地的工程地质、水文地质、环境地质等条件，提出监测要求，确定监测过程与周期，保障工程建筑在全寿命周期内安全适用。

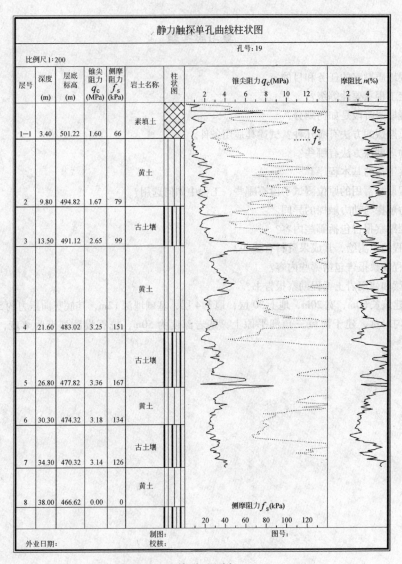

静力触探单孔曲线柱状图

孔号：19

比例尺1：200

层号	深度 (m)	层底标高 (m)	锥尖阻力 q_c (MPa)	侧摩阻力 f_s (kPa)	岩土名称	柱状图
1-1	3.40	501.22	1.60	66	素填土	
2	9.80	494.82	1.67	79	黄土	
3	13.50	491.12	2.65	99	古土壤	
4	21.60	483.02	3.25	151	黄土	
5	26.80	477.82	3.36	167	古土壤	
6	30.30	474.32	3.18	134	黄土	
7	34.30	470.32	3.14	126	古土壤	
8	38.00	466.62	0.00	0	黄土	

外业日期：　制图：　校核：　图号：

综合图例

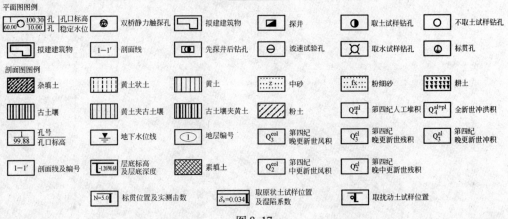

图 8-17

复习思考题

8-1 简述工程地质勘察的任务和目的。

8-2 如何确定工程重要性等级？

8-3 岩土工程勘察阶段是如何划分？

8-4 工程地质勘探的方法有哪几种？试述其适用条件。

8-5 常用的物理勘探方法有哪些？

8-6 简述勘察工作的基本程序。

8-7 岩土工程勘察常用的原位测试手段有哪些，工程中如何选用？

8-8 简述静力触探与动力触探的异同。

8-9 岩土工程勘察报告包括哪些内容？

8-10 何谓工程地质测绘，其成果资料有哪些？

8-11 岩土工程勘察报告包括哪些内容？

8-12 如何阅读和使用岩土工程勘察报告书？

8-13 某高层建筑长 60m，宽 20m，地上 30 层，地下 4 层，基础埋深 12m，其底竖向压力约 550kPa，荷载基本均匀对称，建于河流三角洲平原上，基岩深度为 50m，抗震设防烈度为 8 度，试设计勘察方案。

参 考 文 献

[1] 中华人民共和国国家标准. 岩土工程勘察规范（GB 50021—2009）［S］. 北京：中国建筑工业出版社，2001.

[2] 中华人民共和国国家标准. 岩土工程勘察技术规范（YS 5202—2004 J300—2004）［S］. 北京：中国计划出版社，2005.

[3] 中华人民共和国国家标准. 湿陷性黄土地区建筑规范（GB 50025—2004）［S］. 北京：中国建筑工业出版社，2004.

[4] 中华人民共和国国家标准. 建筑地基基础设计规范（GB 50007—2011）［S］. 北京：中国建筑工业出版社，2002.

[5] 中华人民共和国国家标准. 建筑抗震设计规范（GB 50011—2010）［S］. 北京：中国建筑工业出版社，2010.

[6] 中华人民共和国行业标准. 建筑地基处理技术规范（JGJ 79—2002）［S］. 北京：中国建筑工业出版社，2002.

[7] 中华人民共和国国家标准. 土的工程分类标准（GB/T 50145—2007）［S］. 北京：中国建筑工业出版社，2008.

[8] 林宗元，等. 岩土工程勘察设计手册［M］. 沈阳：辽宁科学技术出版社，1996.

[9] 林在贯，等. 岩土工程手册［M］. 北京：中国建筑工业出版社，1994.

[10] 常士骠，等. 工程地质手册［M］. 3 版. 北京：中国建筑工业出版社，1992.

[11] 陈希哲. 土力学地基基础［M］. 北京：清华大学出版社，1989.

[12] 胡聿贤. 地震工程学［M］. 北京：地震出版社，1988.

[13] 华南工学院. 地基及基础［M］. 北京：中国建筑工业出版社，1989.

[14] 高大钊. 土力学与基础工程［M］. 北京：中国建筑工业出版社，1998.

[15] 高大钊，等. 地基基础测试新技术［M］. 北京：机械工业出版社，1999.

[16] 钱家欢. 土力学［M］. 2 版. 南京：河海大学出版社，1995.

[17] 吴晓. 软土地基与地下工程［M］. 2 版. 北京：中国建筑工业出版社，2005.

[18] 李智毅，唐辉明. 岩土工程勘察［M］. 北京：中国地质大学出版社，2000.

[19] Mitchell J K. 岩土工程土性分析原理［M］. 高国瑞译. 南京：南京工学院出版社，1988.

[20] Brady B H G. Brown E T. Rock mechanics for underground mining（third edition）［M］. Kluwer Academic Publisher，2004.

[21] 王铁行. 岩土力学与地基基础题库及题解［M］. 北京：中国水利水电出版社，2004.

[22] 张荫，冯志焱. 岩土工程勘察［M］. 北京：中国建筑工业出版社，2011.

[23] 华南理工大学等. 地基及基础［M］. 3 版. 北京：中国建筑工业出版社，1998.

[24] 孔宪立. 工程地质学［M］. 北京：中国建筑工业出版社，2011.

[25] 冯志焱，刘丽萍. 土力学与基础工程［M］. 北京：冶金工业出版社，2012.

[26] 李永善，等. 西安地裂及渭河盆地活断层研究［M］. 北京：地震出版社，1992.

[27] 张家明. 西安地裂缝研究［M］. 西安：西北大学出版社，1990.

[28] 郑州地质学校. 地貌学及第四纪地质学［M］. 郑州：地质出版社，1979.

[29] 韩晓雷. 工程地质学原理［M］. 北京：机械工业出版社，2003.

[30] 史如平，等. 土木工程地质学［M］. 南昌：江西高校出版社，1994.

[31] 张荫，王平安. 土木工程地基处理［M］. 北京：科学出版社，2009.

冶金工业出版社部分图书推荐

书　名	作　者	定价(元)
冶金建设工程	李慧民　主编	35.00
建筑工程经济与项目管理	李慧民　主编	28.00
土木工程安全管理教程(本科教材)	李慧民　主编	33.00
土木工程安全生产与事故案例分析(本科教材)	李慧民　主编	30.00
土木工程安全检测与鉴定(本科教材)	李慧民　主编	31.00
土木工程材料(本科教材)	廖国胜　主编	40.00
混凝土及砌体结构(本科教材)	赵歆冬　主编	38.00
岩土工程测试技术(本科教材)	沈　扬　主编	33.00
地下建筑工程(本科教材)	门玉明　主编	45.00
建筑工程安全管理(本科教材)	蒋臻蔚　主编	30.00
建筑工程概论(本科教材)	李凯玲　主编	38.00
建筑消防工程(本科教材)	李孝斌　主编	33.00
工程经济学(本科教材)	徐　蓉　主编	30.00
工程造价管理(本科教材)	虞晓芬　主编	39.00
居住建筑设计(本科教材)	赵小龙　主编	29.00
建筑施工技术(第2版)(国规教材)	王士川　主编	42.00
建筑结构(本科教材)	高向玲　编著	39.00
建设工程监理概论(本科教材)	杨会东　主编	33.00
土木工程施工组织(本科教材)	蒋红妍　主编	26.00
建筑安装工程造价(本科教材)	肖作义　主编	45.00
高层建筑结构设计(第2版)(本科教材)	谭文辉　主编	39.00
现代建筑设备工程(第2版)(本科教材)	郑庆红　等编	59.00
土木工程概论(第2版)(本科教材)	胡长明　主编	32.00
施工企业会计(第2版)(国规教材)	朱宾梅　主编	46.00
工程荷载与可靠度设计原理(本科教材)	郝圣旺　主编	28.00
地基处理(本科教材)	武崇福　主编	29.00
土力学与基础工程(本科教材)	冯志焱　主编	28.00
建筑装饰工程概预算(本科教材)	卢成江　主编	32.00
支挡结构设计(本科教材)	汪班桥　主编	30.00
建筑概论(本科教材)	张　亮　主编	35.00
SAP2000结构工程案例分析	陈昌宏　主编	25.00
理论力学(本科教材)	刘俊卿　主编	35.00
岩石力学(高职高专教材)	杨建中　主编	26.00
建筑设备(高职高专教材)	郑敏丽　主编	25.00